U0244511

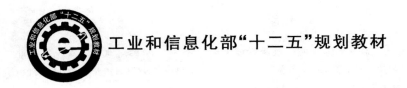

工业和信息化部"十二五"规划教材

航空燃气涡轮发动机
典型制造工艺

申秀丽　张　辉　宋满祥　潘宁民　编著

北京航空航天大学出版社

内 容 简 介

本书是为高等院校飞行器动力工程本科专业高年级教学需求编写的,通过了解航空燃气涡轮发动机主要零部件的制造工艺、装配和试车技术等,可以在学生的飞行器动力设计知识结构和制造工艺之间架起一座桥梁,通过对工艺知识的了解和掌握,提升工程设计的技术水平。

本书的主要内容包括与航空燃气涡轮发动机设计相关的典型制造工艺。全书共分 7 章,主要包括:航空发动机常用材料、典型零件金属成形工艺、叶片制造工艺、盘类零件制造工艺、轴类零件制造工艺、机匣制造工艺、航空发动机的装配工艺和试车工艺等。

本书可作为高等院校飞行器动力工程本科专业的教材,也可供相关专业的学生、教师及工程技术人员参考。

图书在版编目(CIP)数据

航空燃气涡轮发动机典型制造工艺 / 申秀丽等编著
. -- 北京 : 北京航空航天大学出版社,2016.5
ISBN 978 - 7 - 5124 - 2137 - 0

Ⅰ. ①航… Ⅱ. ①申… Ⅲ. ①航空发动机—燃气轮机
—生产工艺 Ⅳ. ①V235.1

中国版本图书馆 CIP 数据核字(2016)第 117329 号

航空燃气涡轮发动机典型制造工艺
申秀丽　张　辉　宋满祥　潘宁民　编著
责任编辑　宋淑娟
*
北京航空航天大学出版社出版发行
北京市海淀区学院路 37 号(邮编 100191)　http://www.buaapress.com.cn
发行部电话:(010)82317024　传真:(010)82328026
读者信箱:goodtextbook@126.com　邮购电话:(010)82316936
北京九州迅驰传媒文化有限公司印装　各地书店经销
*
开本:787×1 092　1/16　印张:18.25　字数:467 千字
2016 年 6 月第 1 版　2023 年 2 月第 5 次印刷　印数:3 501~4 000 册
ISBN 978 - 7 - 5124 - 2137 - 0　定价:48.00 元

前　言

本书是工业和信息化部"十二五"规划教材,可供高等院校飞行器动力工程专业本科高年级学生选用,也可供相关专业的学生、教师及工程技术人员参考。

随着航空燃气轮机推重比(功重比)和可靠性要求的不断提高,工程设计和制造工艺一体化趋势越来越明显。本教材拟通过了解航空燃气涡轮发动机主要零部件的制造工艺、装配和试车技术等,在飞行器动力工程专业学生的工程设计和制造工艺之间架起一座知识的桥梁,通过对工艺知识的了解和掌握,提升工程设计的技术水平。

航空燃气涡轮发动机的主要零件有叶片、轮盘、轴和机匣等,由于航空燃气涡轮发动机在高温、高压、高转速等环境下工作,设计上采用了许多复杂结构和新材料,这些材料加工性差,结构和型面复杂,加工精度高,对零件表面质量有特殊要求,需要特殊的切削刀具、设备以及特种加工工艺。毛坯制造主要采用精密锻压、精密铸造和粉末冶金等技术,采用这些技术可获得精确的毛坯外形,既节约贵重的金属材料,又减少切削加工工作量;用焊接方法制造的航空发动机零、部件数量显著增加,为保证焊接质量,大量采用氩弧焊、电子束焊、真空钎焊、摩擦焊和扩散焊等连接技术。特种加工在航空燃气涡轮发动机制造中是常规机械加工不可缺少的补充加工方法,是借助于电能、热能、电化学能、化学能及特殊机械能等多种能量来实现材料切除的加工方法,其残余应力、冷作硬化、热应力、热影响区及毛刺等表面缺陷均比机械切削表面小。航空燃气涡轮发动机的零件一般都要经过热处理,使零件具备必要的性能,除采用通用的热处理工艺和设备外,还采用真空热处理和在保护气体中的热处理。在化学热处理方面,除渗碳、渗氮外,渗金属和多元素共渗技术都有了很大的发展。表面涂层技术的提高也提高了零件的耐磨性、耐蚀性和热稳定性,延长了使用寿命。

由于飞行器对航空燃气涡轮发动机的性能要求严格,对其空间尺寸又进行了限制,故对航空燃气涡轮发动机的装配过程有特殊的要求和严格的工艺程序。在装配过程中,其配合精度完全靠机械加工精度和钳工调整来保证。一些精密部件(如活门部件)的装配和总装配控制在清洁、防尘并有空调装置的厂房内进行,从而使装配质量大大提高。

本书由申秀丽、张辉、宋满祥和潘宁民共同编写。第1、3、4、5章主要由申秀丽编写;第 2 章主要由张辉编写,申秀丽修改;第 6、7 章由潘宁民、宋满祥编写并修改。

本书聘请了北京航空航天大学陈光教授和中航工业黎明发动机集团有限公司高鸽副总师两位专家进行了评审,特此表示感谢!

本书在编写过程中较多参考了《透平机械现代制造技术丛书》(科学出版社,2002 年),特此表示感谢!对于本书参考的其他未列出参考文献的作者在此一并表示感谢!

限于编者水平,书中缺点、错误在所难免,敬请广大读者批评指正。

作　者

2016 年 3 月

目　　录

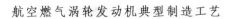

第1章 工艺基础知识

1.1 航空发动机常用材料

航空发动机常用的材料有铜、铝合金、钛合金、不锈钢、高温合金和复合材料等,随着航空发动机推重比(功重比)和涡轮前温度等性能的提高,复合材料所占的比重越来越大。图1-1为航空发动机常用材料用量所占比重随年代的变化图。

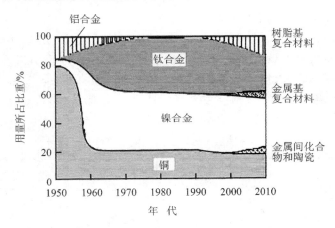

图1-1 航空发动机常用材料的变化趋势[1]

1.1.1 钛合金

1. 钛合金分类

钛是同素异构体,熔点为1 720 ℃,在低于882 ℃时呈密排六方晶格结构,称为α钛;在882 ℃以上时呈体心立方晶格结构,称为β钛[2]。钛合金指以钛为基体金属,并含有其他合金元素及杂质的合金。其主要包括α钛合金、近α钛合金、α-β钛合金和β钛合金,等等。

(1)工业纯钛、α钛合金和近α钛合金[2-4]

工业纯钛指以钛为基体,并含有少量铁、碳、氧、氮和氢等杂质的致密金属,钛含量(质量分数)可达99%,例如TA1、TA2和TA3等。

α钛合金指含有α稳定元素,在室温状态下基本为α相的钛合金,例如TA4等。α钛合金组织稳定,但不能进行热处理强化。

近α钛合金指以α相为基体,仅含有少量β相的钛合金。在室温稳定状态下β相含量(质量分数)一般小于10%,例如TA11、TA15和TA19等。该类合金主要以锻件和模锻件形式供应。

(2)α-β钛合金[3,4]

α-β钛合金指在室温状态下由α相及β相所组成的钛合金。β相含量(质量分数)一般为

$10\%\sim15\%$，例如 TC4、TC11 和 TC16 等。该合金具有良好的综合性能，能较好地进行热塑性加工，能进行淬火、时效使合金强化。

（3）β 钛合金[2,3]

β 钛合金指含有足够多的 β 稳定元素，在适当冷却速度下能使其室温组织的绝大部分为 β 相的钛合金，例如 TB5、TB6 等。β 钛合金在未热处理时就具有较高的强度，在淬火、时效后得到进一步强化；但其热稳定性较差，不宜在高温下使用。

2. 钛合金在航空发动机中的应用

钛合金由于具有较高的比强度、高温蠕变能力、疲劳强度、持久强度和组织稳定性，故在航空发动机风扇和压气机等中、低温部件中大量使用，主要用于制造压气机叶片、盘和机匣等零组件。

（1）钛合金在航空发动机主体材料中的用量

从图 1-1 可以看出，在 20 世纪 50 年代，发动机用钛合金的比例较少，而到了 20 世纪 70 至 90 年代，先进航空发动机钛合金的用量达到了 35% 左右。到了 21 世纪，随着复合材料在发动机应用中的增多，钛合金用量会逐渐减少。一些西方国家的发动机钛合金用量如表 1-1 所列。我国 1988 年定型的 WP13 航空发动机的钛合金用量为 13%，2002 年定型的昆仑发动机的钛合金用量为 15%，太行发动机的钛合金用量提高到 25%[1]。

表 1-1　一些西方国家的航空发动机钛合金用量[1]

发动机型号	J79	JT3D	JT9D	F100	F101	CF6	V2500
推出年代	1956	1960	1969	1973	1976	1985	1989
装备的机型	F-4 F-404	B-707 B-52 F-141	B-747 B-767	F-15 F-16	B-1	A-330 B-747 B-767	A-320 A-321
钛合金用量/%	2	15	25	25	20	27	31

（2）航空发动机用高温钛合金

高温钛合金指可在 300～600 ℃范围内工作的钛合金。世界各国研制的航空发动机用的高温钛合金如表 1-2 所列。

表 1-2　世界各国研制的航空发动机用高温钛合金[4]

工作温度/℃	350	400	450	500	550	600	650
中国	TC1 TC2 TC4	TC6 TC17	TA11	TC11 TA7 TA15	TA12	Ti60	TD3(Ti$_3$Al)
俄罗斯	BT6 BT12	BT3-1	BT8M	BT9 BT20	BT25	BT18y BT36	—
欧美	Ti-64	Ti-6246 IMI550 Ti-17	IMI679 Ti-811	IMI685 Ti-6242	Ti-6242S IMI829	IMI834 Ti-1100	Ti25A110Nb3V1Mo

我国高温钛合金的发展历程如图 1 - 2 所示。

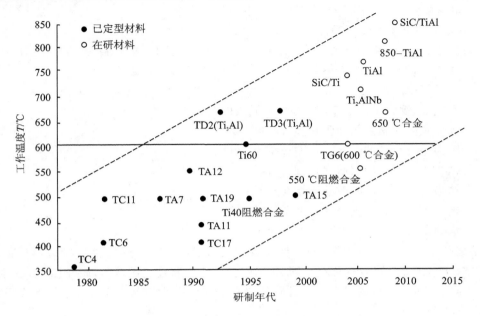

图 1 - 2　我国高温钛合金的发展历程[4]

（3）阻燃钛合金[1,4]

钛合金具有较高的氧化生成热，同时导热性又很差，因此一旦出现转子叶片与机匣间的高能摩擦，就可能产生"钛火"。典型的"钛火"燃烧时间仅为 4~20 s，且难以灭火，因此研制出阻燃钛合金。美国的 AlloyC（Ti - 35V - 15Cr 或 Ti1270）阻燃钛合金已成功应用于 F119 发动机的高压压气机机匣、导向叶片和矢量尾喷管的喷口调节片，这是航空发动机使用的第一种 β 钛合金和阻燃钛合金。AlloyC 阻燃的原理主要有：首先当转子和静子相对摩擦升温时，低熔点（675 ℃）的 V_2O_5 最先熔化起到吸热、熔化和降温的作用；其次 AlloyC 的导热系数远低于普通钛合金，并尽可能达到"绝热燃烧温度"低的要求。

钛合金提高阻燃能力的另一个途径是在钛合金表面渗入金属，从而形成表面阻燃合金[1]。

（4）钛合金的加工性能[5]

钛合金的切削加工性能很差，表现在以下几个方面：

① 强度高，硬度大，摩擦系数大，导热系数低。

② 弹性模量小，加工时工件回弹大，加剧了刀具后刀面的磨损。

③ 刀具切削刃承受的应力大，刀尖或切削刃容易磨损。

④ 在切削加工时，工件极易与刀具表面发生答黏结。

1.1.2　高温合金

1. 高温合金分类

高温合金指以铁、镍、钴为基，能在 600 ℃ 以上高温环境下抗氧化或耐腐蚀，并能在一定应力作用下长期工作的一类金属材料。高温合金按成形方式可分为变形高温合金、铸造高温合金（等轴晶铸造高温合金、定向凝固柱晶高温合金和单晶高温合金）和粉末高温合金[6]。我国

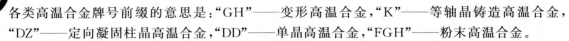

各类高温合金牌号前缀的意思是："GH"——变形高温合金，"K"——等轴晶铸造高温合金，"DZ"——定向凝固柱晶高温合金，"DD"——单晶高温合金，"FGH"——粉末高温合金。

（1）变形高温合金和粉末高温合金编号方法[7]

变形高温合金和粉末高温合金牌号前缀后接 4 位阿拉伯数字，例如 GH4169 和 FGH4095，其中第 2～4 位数字为合金牌号。第 1 位数字表示的意义如下：

1——铁或镍（镍含量小于 50%）为主要元素的固溶强化型合金类；

2——铁或镍（镍含量小于 50%）为主要元素的时效强化型合金类；

3——镍为主要元素的固溶强化型合金类；

4——镍为主要元素的时效强化型合金类；

5——钴为主要元素的固溶强化型合金类；

6——钴为主要元素的时效强化型合金类；

7——铬为主要元素的固溶强化型合金类；

8——铬为主要元素的时效强化型合金类。

固溶强化型指合金通过固溶处理，使成分均匀、晶粒度大小合适，然后制成零件使用，如 GH3044、GH3030 等。时效强化型也即沉淀强化型，指合金通过固溶处理和时效处理，使沉淀强化相 γ' 或 γ'' 等均匀弥散地析出，阻碍位错运动，从而大幅度提高高温合金的强度，如 GH2132、GH4169 等。

（2）铸造高温合金编号方法[7]

铸造高温合金牌号前缀后一般采用 3 位阿拉伯数字，普通等轴晶铸造高温合金允许 4 位数字。第 1 位数字表示分类号，其意义如下：

1——钛铝系金属间化合物高温材料；

2——铁或铁镍（镍含量小于 50%）为主要元素的合金；

4——镍为主要元素的合金和镍铝系金属间化合物高温材料；

8——铬为主要元素的合金。

第 2、3 位数字表示高温合金编号。

2. 高温合金在航空发动机上的应用

在现代航空发动机上，高温合金主要用于燃烧室、涡轮、加力燃烧室和尾喷管等热端部件。随着发动机性能的提高，在压气机的末级也采用高温合金。与钛合金相比，高温合金密度大，因此，在发动机上所占的比重较大。在先进航空发动机上，高温合金重量占航空发动机重量的 60% 以上[6]。但随着复合材料应用的日趋成熟，高温合金在发动机上的应用比例会逐渐减小。

高温合金在发动机上应用技术难度较大的零部件主要有涡轮叶片、涡轮盘、薄壁机匣件和大型整体承力静子铸件等。

1.1.3 复合材料

复合材料是由两种或两种以上物理和化学性质不同的物质组合而成的一种多相固体材料[8]。复合材料具有如下特征：

① 微观上是非均相材料，组分材料间有明显的界面；

② 组分材料性能差异很大；

③ 组成复合材料后性能有较大的改进；

④ 组分材料的体积分数大于 10％[9]。

复合材料按基体材料分类可分为：

① 聚合物基复合材料，其基体主要包括热固性树脂、热塑性树脂及橡胶等，航空发动机主要用树脂基复合材料；

② 金属基复合材料，其基体主要包括铝基、钛基和铜基等，航空发动机主要用钛基复合材料；

③ 无机非金属基复合材料，其基体主要包括玻璃、水泥、碳和碳化硅等，航空发动机主要用碳化硅陶瓷基复合材料[10]。

1. 树脂基复合材料

目前，航空发动机使用的树脂基主要包括热固性树脂中的环氧树脂和双马来酰亚胺。增强相主要是玻璃纤维和碳纤维。树脂基复合材料的工作温度一般低于 180 ℃，最高耐温为 300 ℃[11]，因此，主要应用于发动机的冷端部件，包括反推力装置、外涵道和风扇系统等部件。

目前，国外一些大涵道比涡扇发动机冷端零部件采用了树脂基复合材料，如表 1-3 所列。

表 1-3 大涵道比发动机树脂基复合材料构件及选材[12]

序　号	复合材料	应用零部件	应用背景	公　司
1	玻纤/双马	帽罩前锥	PW4000，PW6000	P&W
2	碳纤/环氧	风扇转子叶片	GE90，GEnx，LEAP-X1C	GE
3	碳纤/环氧	风扇出口导流叶片	PW4084，PW4168	P&W
4	碳纤/双马	发动机短舱及反推装置	Trent700，Trent800	R·R
5	碳纤/环氧		PW4168	P&W

2. 金属基复合材料

金属基复合材料是由一种或几种增强相与金属基体复合而成的多相材料，其中增强相材料一般具有很高的强度、硬度、模量、耐磨性、耐热性以及较低的塑性，而金属基体材料往往具有较好的塑性，但强度和模量等力学性能较低[13]。

金属基复合材料主要应用于发动机的中、低温部件。常用的金属基复合材料包含纤维增强铝合金基、钛合金基等复合材料。其应用如表 1-4 所列。

表 1-4 金属基复合材料在航空发动机上的应用[14]

序　号	复合材料	零部件	应用背景	公　司
1	碳化硅纤维增强的钛基复合材料	风扇叶片	—	GE
		低压轴	F110	
2	硼纤维增强的铝基复合材料	风扇叶片		P&W
3	高强度纤维增强的斜方晶钛铝基复合材料	压气机后转子	IHPTET 计划	—
4	碳化硅纤维增强的钛基复合材料	高压压气机第3、4级整体叶环	IHPTET 计划 XTC-16 核心机	—

3. 陶瓷基复合材料

陶瓷基复合材料具有耐高温、抗氧化、耐磨耗、耐腐蚀等优点。航空发动机常用的陶瓷基复合材料包括碳纤维增韧碳化硅陶瓷基（C_f/SiC）复合材料和碳化硅纤维增韧碳化硅陶瓷基复合材料（SiC_f/SiC）。C_f/SiC 耐温可达 1650 ℃，SiC_f/SiC 耐温可达 1450 ℃。由于 SiC_f/SiC 具有更好的抗氧化性能，因此，得到了更广泛的应用。SiC_f/SiC 的密度为镍基高温合金的 $1/3 \sim 1/4$[15]。其应用如表 1-5 所列。

表 1-5 陶瓷基复合材料在航空发动机上的应用[15,16]

序 号	复合材料	零部件	应用背景	公 司
1	CMCs	低压涡轮导向叶片	LEAP-1	GE
2	SiC_f/SiC	喷管内调节片	M53-2,M88-2	SNECMA
3	SiC_f/SiC	火焰筒（使用温度 1480 ℃）	XTE65/2	美 IHPTET 计划

1.1.4 其他新型材料

1. 形状记忆合金

形状记忆合金（Shape Memory Alloy，SMA）是一种新型智能材料，具有独特的形状记忆效应（Shape Memory Effect，SME）和超弹性效应（Super Elastic Effect，SEE）。

所谓形状记忆效应，即在外力作用下发生较大的塑性变形，但升温后，塑性变形会回复到外力作用前的状态。所谓超弹性效应，即形状记忆合金在较高温度状态下，在加载过程中产生较大的应变，卸载后可恢复到原来的形状[17]。

形状记忆合金在发动机上的应用以 NiTi 合金为主。

2. 金属间化合物

金属间化合物是由两种或多种金属以整数化（化学计量比）组成的化合物。金属间化合物具有复杂的点阵结构，通常是由两种或多种亚点阵嵌套形成的有序超点阵结构，各种组元原子各自占据点阵的固定阵点，最大限度地形成异类原子之间的结合，因此又称为有序金属间化合物[6]。

在航空发动机领域应用的金属间化合物主要有 TiAl 系金属间化合物和 Ni_3Al 基金属间化合物。

TiAl 合金应用的最佳部位是高压压气机叶片和低压涡轮叶片。GE 公司研制的 GEnx 发动机低压涡轮第 6 级和第 7 级叶片采用了铸造 TiAl 合金叶片。该材料也在压气机机匣和扩压器等零件上尝试使用。Ti_3Al 基及 Ti_2AlNb 基合金适用于制造在 650 ℃时使用的航空发动机机匣、结合环等结构件[4]。

由于 Ni_3Al 基金属间化合物的高熔点和低密度，使其在高温下具有高的强度及优良的抗蠕变性能，因此可在 1000 ℃以上高温和恶劣环境下工作。在航空发动机上主要用于高、低压涡轮导向叶片。IC10 合金的铸造性能优良，可进行大缘板复杂导向叶片的整体定向凝固成形[6]。

1.2 典型零件金属成形工艺

金属成形工艺分为凝固成形、塑性成形和焊接成形。锻造技术属于塑性成形工艺，铸造技术属于凝固成形工艺。

1.2.1　锻造技术

锻压指对坯料施加外力,使其产生塑性变形,改变尺寸、形状,并改善性能的成形加工方法。常见的锻压方法有:锻造、冲压、轧制、挤压和拉拔等[18]。

锻造是利用锻锤或压力机等的锤击或加压使坯料或铸锭产生局部或全部塑性变形而获得一定形状、几何尺寸和内部质量的工件的加工方法。锻造工艺过程一般包括备料、加热、锻造、热处理、清理、校正和检验等工序[18]。

锻造的主要特点是可以改变材料组织,提高材料性能,如铸锭开坯锻造后,原铸态的疏松、孔隙、微裂等情况可被压实或焊合;原树枝状结晶被打碎,使晶粒变细;原碳化物偏析和不均匀分布得到改变,使组织均匀,性能改善。锻造可使材料产生塑性流动而获得所需形状的工件,且尺寸精确,再现性好,有利于组织批量生产。

大多数金属锻造变形时,需将材料加热到一定温度范围内进行热锻。按照锻件成形过程中模具温度和变形速度的不同,可以将热锻分为常规热锻、等温锻造和热模锻造等几种方法。精密锻造主要关注零件锻造后的尺寸精度和加工余量。

1. 常规热锻

常规热锻是将锻件加热到一定温度,然后置于温度远低于锻件温度的模具上进行快速锻压成形,整个锻压过程只需几秒钟。常规热锻时,钛合金锻坯一般为 $760 \sim 980$ ℃,镍基高温合金和钢锻坯加热温度一般为 $980 \sim 1250$ ℃。而锤上锻造模具一般加热到 $100 \sim 200$ ℃,压力机锻造模具一般加热到 $100 \sim 450$ ℃[18]。

2. 等温锻造[19,20]

等温锻造指在锻造过程中,模具与工件保持相同的温度,以低应变速率保持变形的一种锻造方法。等温锻造工艺消除了模具对坯料的激冷效应和材料应变硬化的影响,不仅变形抗力小,而且有助于简化成形过程,从而生产出净形锻件或仅需二次加工的近净形锻件。该工艺技术主要用来制造钛合金和镍基合金零部件。

在常规热锻条件下,加热了的毛坯在转移过程中不可避免地会降温。毛坯降温后会导致变形金属的流动不均匀及塑性降低。对于一些难成形的金属材料,如钛合金、铝合金以及镍基高温合金等,锻造温度范围比较窄,尤其是在锻造具有薄的辐板、高筋和薄壁类零件时,会因毛坯降温而使变形抗力急剧增加,塑性降低。采用传统的锻造技术,不仅需要大幅度提高设备吨位,而且还不得不增大锻造余量,导致材料利用率的降低和制件成本的提高。即使这样,还易造成锻件因塑性不足而开裂。

等温锻造时将模具加热至变形温度,毛坯在变形过程中不致降温,变形条件可以看作近似等温。等温锻造与传统锻造技术相比具有许多显著不同的特点:

① 等温锻造的变形速度一般比传统锻造的变形速度低。速度下限除受生产率的限制外,原则上可取任意最小值。

② 变形抗力比普通模锻的低得多。

③ 材料的塑性显著提高。这主要是由于在等温低速变形时,扩散可使软化更充分,并消除显微裂纹。

④ 变形在等温状态下进行,使变形更加均匀。这对于一些难变形的金属,可得到高强度、高塑性零件。

⑤ 等温条件的建立可使钛合金的模锻过程在最佳热机械规范下进行,这为叶片等零件的少、无切削加工创造了可能性。

⑥ 大大节省了叶片等贵重材料的消耗,在一定批量下,等温锻造与传统锻造相比是经济的。

从技术发展的角度看,等温锻造可分为等温精密锻造、等温超塑性锻造和粉末坯等温锻造等。

3. 近等温锻造[21]

近等温锻造与等温锻造的技术思路相同,不同的是将模具加热到低于工件温度 30~80 ℃ 时进行锻造。

采用近等温锻造技术,一方面降低了对模具材料的苛刻要求,扩大了模具的选材范围,使得在大气环境中进行等温锻造成为可能;另一方面,由于锻件与模具存在一定的温差,因此可以为锻件由变形热效应产生的热量提供一定的散热途径。

4. 热模锻造[18]

热模锻造是在等温锻造的基础上发展起来的,是介于常规热锻和等温锻造之间的一种锻造工艺。热模锻造模具的加热温度一般比坯料低 110~225 ℃,在液压机上以 10~20 mm/s 的速度进行锻造。热模锻造时,由于模具与成形件之间具有温差,从而降低了对模具材料的要求。热模锻造主要应用于变形温度较高且变形温度范围较窄的钛合金和高温合金构件。

常规热锻时,模具温度一般为坯料加热温度的 10 %~38 %,等温锻造时则为 95 %~105 %。

热模锻造与常规热锻相比,可以减少常规热锻时由于模具温度过低造成的变形不均匀现象,提高锻件冶金的质量;与等温模锻相比,降低了模具的制造成本,同时由于采用了比等温锻造更快的变形速度,因此可以提高锻件的锻造效率。常规热锻、热模锻造和等温锻造的模具加热温度和锻造时间对比如图 1-3 所示。

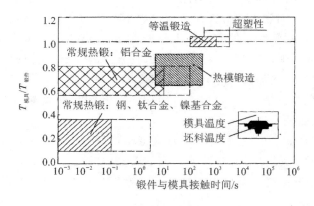

图 1-3 不同锻造方法的对比[18]

5. 精密锻造

精密锻造指在精度高、刚性好的锻压设备上使用精密模具来制造无切削余量或少切削余量锻件的工艺技术。精密锻造与普通模锻相比,常规模锻件所达到的合理尺寸精度为$\pm 0.1\sim$$\pm 0.25$ mm,表面粗糙度 Ra 大于 2.5 μm;而精锻件的尺寸精度一般为$\pm 0.05\sim\pm 0.1$ mm,表面粗糙度 Ra 可达 $1.6\sim0.4$ μm[22]。

精密锻造工艺在航空工业中用于制造形状复杂、壁薄、要求金属流线分布合理和难切削材料的锻件,例如整体叶轮、叶片、钛合金和高温合金零件等。采用精密锻造可以节约贵重材料和减少切削工时,减轻毛坯重量和提高产品性能。航空工业中常用的精密锻造方法 有精密模锻、等温模锻、超塑性等温模锻和多向模锻等。

1.2.2　铸造技术

铸造是将液态金属浇铸到铸型中,冷却凝固后获得毛坯或零件的一种成形方法。铸造适应性强,可以制造形状复杂或具有复杂内腔的毛坯或零件。但是铸造成形过程的工艺较多,容易出现浇不足、缩孔、夹渣、气孔、裂纹和晶粒粗大等缺陷,降低铸件的力学性能[23]。

铸造分为砂型铸造和特种铸造两大类。常用的特种铸造又分为熔模铸造、金属型铸造和压力铸造等。航空发动机的箱体机匣等一般采用砂型铸造技术,而涡轮叶片和承力机匣等一般采用熔模铸造技术。

熔模铸造是采用易熔材料(如蜡料和添加剂等)制成模样,在模样上包裹多层耐火材料,然后将模样熔去,制成无分型面的型壳,经高温焙烧、浇注而获得铸件的方法,又称为失蜡制造[23]。

1.2.3　焊接工艺

1. 焊接分类

焊接指通过适当的手段,使两个分离的金属物体(同种金属或异种金属)产生原子(分子)间结合而连接成一体的连接方法。焊接分为熔焊、压焊和钎焊三种类型[24,25]。

熔焊是在工件焊接的过程中,通过对焊接接头进行加热,使其达到熔化状态,这种焊接方法不需要施加任何压力,因此被称为熔焊。航空发动机中常见的熔焊焊接工艺有:电弧焊、电子束焊、激光焊、等离子弧焊等。

压焊是在固态条件下,通过对工件加压,进而在一定程度上实现原子间的结合,这种焊接工艺被称为固态焊接。航空发动机常见的压焊焊接工艺有:电阻焊、摩擦焊和扩散焊等。

钎焊是在工件焊接的过程中,采用比工件熔点低的金属作钎料,将工件和钎料加热到超过钎料熔点所对应的温度,但是低于工件熔点所对应的温度,这种焊接方式称为钎焊。

2. 电子束焊接[26]

电子束焊是一种高功率密度的焊接方法。它利用空间定向高速运动的电子束撞击工件表面后,将部分动能转化为热能,使被焊金属熔化,冷却凝固成形后形成焊缝。电子束撞击工件时,其动能的 96% 可转化为焊接所需的热能。电子束焊的焊缝形成原理如图 $1-4$ 所示。

电子束焊接的主要优点是焊缝深宽比大、焊接速度高、焊接变形小、一般不需要保护气体和焊剂等。绝大多数的金属和合金均可采用真空电子束焊接。图 $1-5$ 为电子束焊缝和钨极氩弧焊焊缝尺寸的比较。S_1 为电子束焊,焊缝断面面积为 15 mm^2;S_2 为钨极氩弧焊,焊缝断面面积为 353 mm^2。

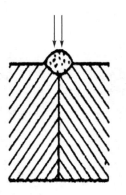 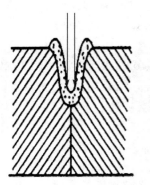 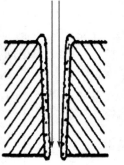 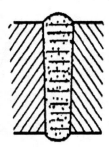

(a) 接头局部出现　　(b) 金属蒸气排开液体金属，　(c) 电子束穿透工件，　(d) 电子束后方
　　熔化、蒸发　　　　　电子束渗入母材　　　　小孔被液态金属包围　　形成焊缝

图 1-4　电子束焊的焊缝形成原理[26]

电子束焊的焊缝接头需进行专门设计和制作加工，接头间隙需严格控制。另外，电子束焦点的直径很小，焊缝宽度窄，电子束与焊缝的对准稍有偏差就可能使焊缝偏离工件接缝造成焊接缺陷。

真空电子束焊指在良好的真空条件下焊接。在这种条件下，电子束很少发生散射，能有效防止熔池金属元素的氧化和烧损，适用于活性金属、难熔金属和质量要求高的工件的焊接。

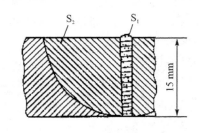

图 1-5　电子束焊的与钨极氩弧焊焊缝比较[26]

3. 电阻焊接[23]

电阻焊是焊件在电极压力作用下，利用电流流过接头的接触面及其邻近区域时产生的电阻热使焊件金属熔化，冷却凝固后形成焊缝的一种压焊方法。

电阻焊按工艺特点分为点焊、缝焊和对焊。在发动机上，点焊常用来为其他焊接工艺定位。电阻焊焊接分类及原理如图 1-6 所示。

4. 扩散焊接[27,28]

扩散焊是在固态下实现材料的焊接，属于压焊。扩散焊时的焊接温度为 0.5～0.8 倍母材的熔点，低于工件材料的熔化温度，焊接表面不会发生熔化。

扩散焊时在外界压力的作用下，被连接界面之间的距离为 2～4 nm（纳米），形成物理吸附。当原子间相互作用的间距达到 0.1～0.3 nm 时，达到局部化学结合，在界面完成由物理吸附到化学结合的过渡。随着时间的延长，局部的活化区域沿整个界面扩展，最终使得整个结合面出现原子间的结合，连接界面结合区再结晶形成共同的晶粒。在金属材料扩散焊时，形成了金属键。

扩散焊的特点是：

① 扩散焊接头的显微组织和性能与母材接近或相同，不存在各种熔化焊的缺陷，也不存在过热组织的热影响区。但焊接加热时间长，易产生晶粒长大。

② 属于高精密的连接方法，工件不变形，可实现机械加工后的精密装配。

③ 对连接表面的制备质量要求较高。

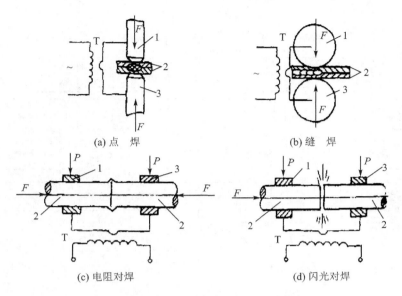

(a) 点　焊　　　　　　　　　　(b) 缝　焊

(c) 电阻对焊　　　　　　　　　(d) 闪光对焊

F—电极压力；T—电源变压器；P—夹紧力
1—电极；2—焊件；3—电极

图 1-6　电阻焊焊接分类及原理图[23]

5. 摩擦焊接

（1）摩擦焊定义及分类[29]

摩擦焊是在恒定或递增压力以及扭矩作用下，利用焊接接触端面之间的相对运动，在摩擦面及其附近区域产生摩擦热和塑性变形热，使焊件摩擦面及其附近区域**温度上升到接近但一般低于熔点**的温度区间，材料的变形抗力降低，塑性提高，界面的氧化膜破碎，在顶锻压力作用下，伴随材料产生塑性变形及流动，通过界面上的扩散及再结晶冶金反应而实现连接的固态焊接方法。

随着技术的发展，摩擦焊工艺的种类越来越多，其分类如图 1-7 所示。

摩擦焊的特点是：

① 摩擦焊属于固态焊接，焊合区的金属为锻造组织，不产生与熔化和凝固相关的焊接缺陷。

② 适合异种材质的连接。

③ 对非圆截面焊接比较困难，所需设备复杂。

④ 焊接接头容易产生飞边，必须焊后进行机械加工。

（2）连续驱动摩擦焊和惯性摩擦焊[30]

工业上广泛使用的旋转摩擦焊包括连续驱动摩擦焊和惯性摩擦焊。

旋转摩擦焊的待焊工件两端分别固定在旋转夹具和移动夹具内，工件被夹紧后，位于滑台上的移动夹具随滑台一起向旋转端移动，移动至一定距离后，旋转端工件开始旋转，工件接触后开始摩擦加热。当达到设定值时，旋转停止，顶锻开始，通常施加较大的顶锻力并维持一段时间；然后，旋转夹具松开，滑台后退，当滑台退到原位置时，移动夹具松开，取出工件。至此，焊接过程结束。

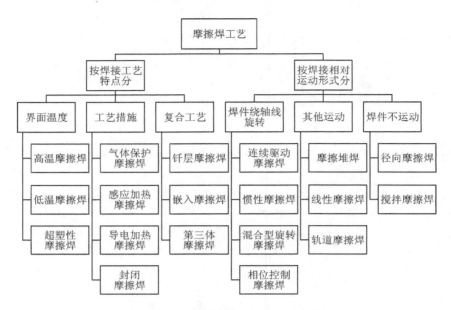

图 1-7　摩擦焊的工艺方法及分类

连续驱动摩擦焊的基本工艺过程如图 1-8 所示。

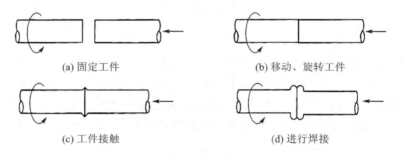

图 1-8　连续驱动摩擦焊的基本工艺过程[29,30]

在连续驱动摩擦焊焊接方法中,在整个加热时间内,电动机都向焊接表面供给能量,试件的相对转速和施加的压力保持不变,总能量由加热时间确定;可采用刹车方法来迅速停止试件的相对运动,从而停止能量供给。

在惯性摩擦焊中,电动机的能量不直接提供给焊接表面,而是通过驱动主轴的飞轮,使其达到一定转速而储存能量,并在随后的焊接中向焊接表面提供焊接能量。飞轮的转动惯量和待焊工件的材料决定了试件接触的初始转速,也就是说,飞轮上储存的能量几乎全部用于焊接过程。

（3）线性摩擦焊[26]

线性摩擦焊是待焊工件一个固定,另一个以一定速度作往复运动,或两个工件相对作往复运动,当工件接触后,在摩擦界面上的凸起部分首先发生摩擦粘接与剪切,并产生摩擦热而实现连接的固态焊接方法。随着工件被压紧,实际接触面积增大,摩擦力迅速升高,摩擦界面温度也随之上升,摩擦界面逐渐被一层高温粘塑性金属所覆盖。这时,产热机制已由初期的摩擦产热转变为粘塑性金属层内的塑性变形产热。在热激活作用下,这层粘塑性金属发生动态再结晶。随着摩擦热量由摩擦面向工件传导，焊接面两侧温度逐渐升高，在压力作用下，焊合区金属发生塑性流动，形成飞边，缩短量逐渐增大。当摩擦焊接区的温度分布和变形达到一定程度后，焊件对齐并施加顶锻压力，此时缩短量急剧增大。在顶锻过程中，焊合区金属通过相互扩散与再结晶，使两侧金属牢固焊接在一起，从而完成整个焊接过程。在线性摩擦焊的整个焊接过程中，摩擦界面温度低于熔点，属于固相焊连接。

连续驱动摩擦焊和惯性摩擦焊一般限于把圆柱面或管截面的焊件焊到相同类型的截面上，而线性摩擦焊却不管工件截面是否对称，均可以进行焊接。因此，线性摩擦焊可用于叶片与轮盘的焊接。

6. 钎　焊

钎焊是采用比母材熔点低的金属材料作钎料，将母材（焊件）与钎料加热到高于钎料熔点，但低于母材熔点的温度，液态钎料依靠毛细管作用自动填充接头间隙，与母材发生溶解、扩散后，冷却凝固而形成焊接接头，实现连接焊件的方法[23]。

钎焊的焊缝质量与性能主要取决于钎料，而钎料的强度和耐热性均低于母材，为了提高接头的承载能力，只能扩大钎焊缝的连接面积，因此，钎焊接头多采用搭接接头。

航空发动机涡轮叶片属于难熔焊或不可熔焊材料，钎焊是最可靠实用的焊接方法之一。对于蜂窝的焊接也常常采用钎焊技术。

1.3　无损检测

1. 无损检测的基本概念

无损检测（或无损探伤）是基于材料的物理性质或制件的使用性能因存在缺陷会发生变化这一事实，在不改变、不损害材料和工件状态以及使用性能的前提下，对其质量进行测试，从而判断材料或制件的符合性的技术。也就是说，无损检测是利用材料内部组织结构异常会引起物理量变化的原理，反过来用物理量的变化来推断材料内部组织的异常[31]。

无损检测技术适用于设计、制造和使用等各个环节。在设计阶段，用于支持损伤容限设计；在制造阶段，用于剔除不合格的原材料、坯料、工序不合格品和改进制造工艺；在成品检测中，用于判定产品对验收标准的符合性；在在役检测中，用于监测产品结构和状态变化，以确保产品运行安全可靠。

根据物理原理的不同，无损检测方法多种多样。在工业应用中最普遍采用的有射线照相检测、超声检测、磁粉检测、渗透检测和涡流（电磁）检测这五大常规无损检测方法。其中，射线照相检测和超声检测主要用于内部和表面缺陷检测，磁粉检测和涡流（电磁）检测用于检测表面和近表面缺陷，渗透检测仅用于探测被测物表面开口的缺陷[32]。

此外还有声发射检测、激光全息检测、红外检测、计算机层析成像检测、泄漏检测、微波检测和错位散斑干涉检测等多种新的无损检测方法。

2. 射线照相检测[23]

射线照相检测是利用射线的物理特性来评价零件内部的质量。射线具有穿透物质的能力，当其穿过物质时，因被物质吸收或散射，强度会发生衰减。若被检件有孔洞等缺陷，则透过缺陷处的射线强度就大，进而使 X 射线胶片相应处的曝光量增多，暗室处理后呈现出较黑的缺陷影像,从而达到检验零件内部质量的目的。

射线照相检测包括 X 射线、γ 射线和中子射线检测。航空发动机零件主要采用 X 射线照相检测。

（1）X 射线成像

X 射线照相检测成像原理如图 1－9 所示。射线照相检测的探伤方法主要用来检测内部体积型缺陷,例如铸件和焊接件的裂纹、气孔、夹杂等缺陷,锻件的夹杂、一定方向的分层和裂纹等缺陷,蜂窝结构的未熔合和脱焊等。

（2）工业 CT 技术

X 射线计算机辅助断层照相技术,简称 X 射线 CT 技术,也称工业 CT 技术。X 射线 CT 成像技术的特点是将射线束、探测器阵列与成像平面处于同一个平面上,通过计算机的大量计算得到被测零件的断层图像。采用 CT 成像技术可以彻底摆脱邻近信号的干扰而得到质量较高的图像,其原理如图 1－10 所示。在航空工艺检测中,CT 技术可以检测精密铸件的内部缺陷以及纤维复合材料及结构中的间隙和纤维方向等。

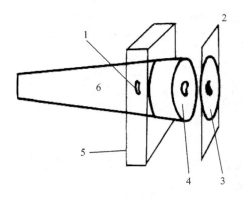

1—缺陷;2—胶片;3—射线图像;
4—射线强度分布图;5—被测零件;6—X 射线束
图 1－9　X 射线成像原理图

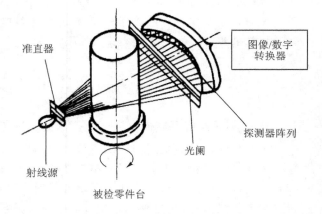

图 1－10　工业 CT 成像原理图

3．超声检测[33]

超声检测是利用电—声转换器产生超声波,再对工件中被材料自身或缺陷所反射、折射、衍射、散射的入射声波经声—电转换形成的接收信号进行分析,以获得有关缺陷或材料特性信息的技术。超声检测穿透能力强,能检测工件深处的缺陷;灵敏度高,可检出极小的缺陷;主要用于检测试件内部的面积缺陷,如裂纹、白点、分层和焊缝中的未熔合等缺陷。

超声检测方法按原理分为穿透法、共振法和脉冲反射法,其示意图如图 1－11 所示。穿透法对近表面缺陷和薄壁零件比较适用。脉冲反射法灵敏度高,能发现很小的不连续性。共振法可检测板材中的分层。超声波探伤能确定缺陷的位置和相对尺寸,但很难判定缺陷的种类[32]。

对于锻件,超声检测能发现与超声波基本垂直的裂纹、白点、分层、大片或密集的夹杂等缺陷。通常采用直射法探测内部缺陷,采用斜射法和表面波法探测与表面不平行的缺陷或表面缺陷。

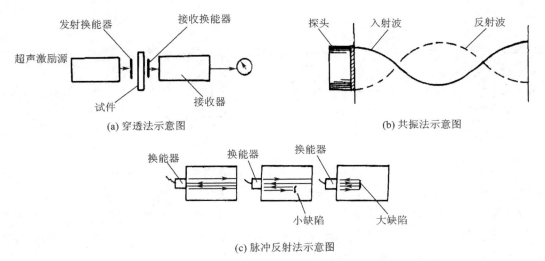

(a) 穿透法示意图　　　　　　　(b) 共振法示意图

(c) 脉冲反射法示意图

图 1-11　超声检测原理示意图[33]

对于焊接件,主要针对熔焊的对接焊缝和角焊缝,探测焊缝中的裂纹、未焊透、未熔合、夹渣和气孔等缺陷。

对于铸件,可检测形状简单、表面工整或经过加工修整的铸钢件,可探测热裂、冷裂、疏松、夹渣和缩孔等缺陷。

超声波探伤不适用于粗晶材料(例如奥氏体钢的铸件和焊缝)和表面粗糙的工件[32]。

4. 磁粉检测[33]

铁磁材料磁化后,存在于表面或近表面的不连续性会产生漏磁场。通过检测漏磁场以发现不连续性的大小及部位的方法,称为漏磁场检测法。漏磁场检测法分为磁粉检测法、电磁感应法、磁电转换元件法及录磁法等。

磁粉检测法是在工件表面上施加磁粉或磁悬液,磁粉受漏磁场磁化、吸引便可聚集在不连续处,产生磁痕,从而显示出不连续性的位置、形状和大小。磁粉检测原理如图 1-12 所示。

磁粉检测适用于铁磁性材料,能发现表面和近表面的裂纹、折叠、夹层、夹杂和气孔等缺陷,通常能确定缺陷的大小、位置和形状,但不能确定深度[32]。

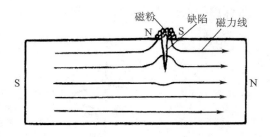

图 1-12　磁粉检测原理图[33]

5. 渗透检测[33]

渗透检测是利用液体来检测非松孔性材料表面开口不连续性的一种无损检测方法。渗透检验不受被检工件的形状、大小、组织结构、化学成分和缺陷方位的影响,操作简单,费用低,其基本原理如图 1-13 所示。

液体渗透剂施加到工件表面上,渗透剂在毛细管作用下渗入表面开口的不连续的缺陷中,经适当停留时间后去除工件表面上多余的渗透剂,在工件表面施加一薄层显像剂,已渗入开口内的渗透剂借助显像剂的毛细管作用重新吸附到工件表面上形成扩大了的不连续性显示,再

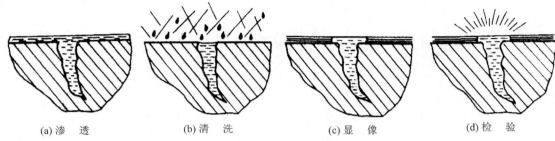

(a) 渗 透　　　　(b) 清 洗　　　　(c) 显 像　　　　(d) 检 验

图 1 - 13　渗透检测原理图[33]

在白光灯(着色法)或紫外线灯下(荧光法)进行检验。

渗透剂分为荧光渗透剂和着色渗透剂两大类,按渗透剂的去除方式可分为水洗型、后乳化型和溶剂型三种。航空工厂主要采用水洗型荧光渗透剂和后乳化型荧光渗透剂,外场检验和航空修理厂及大工件局部检验则采用溶剂型着色渗透剂。

渗透法能发现表面开口的裂纹、折叠、疏松和针孔等缺陷,通常能确定缺陷的大小、位置和形状,但不能确定深度[32]。

6. 涡流(电磁)检测[33]

涡流(电磁)检测是利用电磁感应原理鉴定或区分导电的铁磁性和非铁磁性材料及零件的各种物理状态、组织状态和冶金状态的技术。涡流检测对表面缺陷有较高的灵敏度,速度快,已实现自动化。但其只能检测导电材料,并限于表面和近表面缺陷检测,而难以判断缺陷种类及性质。

在进行涡流检测时,当把通有确定频率和幅度的交流电中的线圈放置在导电体表面或将导电体放置在线圈中时,交流电产生的交变磁场会在导电体表面和近表面感应出呈旋涡状流动的电流及涡流。涡流产生的交变磁场反作用于线圈,导致线圈阻抗改变。通过检测阻抗的变化来探测导电体的缺陷特征。涡流检测的原理如图 1 - 14 所示。

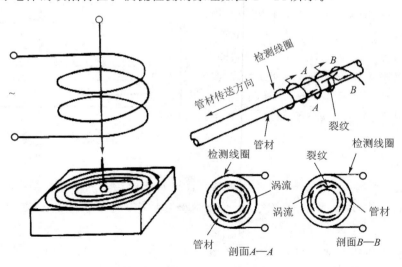

图 1 - 14　涡流检测原理图

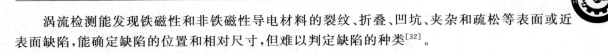

涡流检测能发现铁磁性和非铁磁性导电材料的裂纹、折叠、凹坑、夹杂和疏松等表面或近表面缺陷,能确定缺陷的位置和相对尺寸,但难以判定缺陷的种类[32]。

习　题

1. 试述航空燃气涡轮发动机冷端和热端部件材料的发展趋势。
2. 航空燃气涡轮发动机主要零、部件的成形工艺是什么?
3. 航空燃气涡轮发动机零件为什么要进行无损检测?主要采用什么检测方法?

第 2 章　叶片制造工艺

2.1　叶片概述

2.1.1　叶片的结构特点

1. 叶片的分类

根据航空发动机的不同类型,叶片可分为不同种类。涡喷/涡扇发动机可分为风扇叶片、压气机叶片和涡轮叶片,在小型涡喷/涡扇发动机、涡轴发动机和涡桨发动机中还可能包含离心叶轮。本章不包含离心叶轮的制造工艺。

2. 风扇叶片的结构特点

(1) 概　述

风扇叶片根据展弦比的不同可分为窄弦风扇叶片和宽弦风扇叶片。窄弦风扇叶片是传统结构,为了提高抗震能力和抗外物打伤能力,常常在叶身部位带有凸肩。宽弦风扇叶片不带凸肩,分为实心叶片和空心叶片。钛合金空心宽弦风扇叶片自 20 世纪 90 年代以来已广泛应用于大涵道比涡扇发动机和高推重比小涵道比涡扇发动机[34]中。随着发动机性能的提高,整体叶盘和复合材料风扇叶片也开始得到应用。

图 2 - 1 是小涵道比发动机风扇叶轮,图(a)为配装 F - 15/F - 16 战斗机的 F100 - PW - 229 发动机风扇叶轮(涵道比为 0.6),前两级转子叶片设计有凸肩,第三级转子叶片不带凸肩,均为实心叶片、燕尾形榫接结构[35]。图(b)为 F119 - PW - 100 发动机三级风扇叶轮,第一级风扇叶片为宽弦风扇叶片、空心结构(详见图 2 - 3(c)[36])。三级转子叶片均不带凸肩,为整体叶盘结构[37]。

(a) F100-PW-229发动机风扇叶轮

(b) F119-PW-100发动机风扇叶轮

图 2 - 1　小涵道比发动机风扇叶轮

АЛ－31Ф 发动机为小涵道比涡扇发动机,四级轴流风扇,前三级有阻尼凸肩,采用燕尾形榫接结构,第一级风扇转子直径为 893.3 mm(F110－GE－129 的第一级风扇转子直径为 970 mm[38]),叶片高度为 264 mm[39]。

图 2－2 为大涵道比发动机风扇叶轮,其中图(a)为配装波音 757 客机的 RB211－535C 发动机风扇叶轮[40],其转子叶片带凸肩,为榫接结构[41]。图(b)为配装波音 787 客机的 Trent 1000 发动机风扇叶轮,为不带凸肩的宽弦风扇叶片,通过圆弧榫接结构与轮盘连接[42]。Trent 900 发动机的空心风扇叶片如图 2－2(c)所示。

  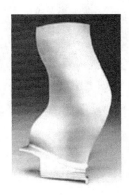

(a) RB211–535C发动机风扇叶轮　　(b) Trent1000发动机风扇叶轮　　(c) Trent900发动机空心风扇叶片[44]

图 2－2　大涵道比发动机风扇叶轮

CFM56－3B－1 发动机的风扇为单级风扇,直径为 1 524 mm,叶片高为 368 mm,带中间凸肩,燕尾形榫头;发展到 CFM56－7B－18 后,单级风扇直径为 1 549.4 mm,为实心宽弦风扇叶片,圆弧形榫头[36]。

与小涵道比风扇相比,大涵道比风扇直径较大,相应的风扇叶片高度较高。PW4084 发动机的风扇直径为 2 844.8 mm,叶片高为 970 mm[45]。该发动机也采用宽弦钛合金空心风扇叶片,中空带肋但无芯部,采用超塑成形/扩散焊工艺[46]。

GE90－115B 是目前世界上较为先进的大涵道比涡扇发动机,其单级风扇的直径为 3 256.3 mm,采用韧性复合材料(IM7/8551)宽弦叶片,三角燕尾形榫头[47],前缘用钛合金防护。

综合以上分析,窄弦风扇叶片包括带凸肩叶片和不带凸肩叶片;宽弦风扇叶片包括实心叶片和空心叶片。榫接结构包括常规燕尾形榫接结构、圆弧燕尾形榫接结构和三角燕尾形榫接结构。而整体叶盘则不包含榫接结构。

(2) 空心风扇叶片结构形式

几种不同的空心叶片结构如图 2－3 所示,图(a)为 RB211－535E4 发动机上采用的蜂窝夹芯结构空心风扇叶片结构[48];图(b)为 Trent600 发动机上瓦伦夹芯结构空心风扇叶片结构[36];图(c)为 F119 发动机上槽型夹芯结构空心风扇叶片结构。

(3) 风扇榫头结构形式

风扇榫头的结构形式包括常规燕尾形榫头和圆弧形榫头。

1) 常规燕尾形榫头

几种不同结构的燕尾形榫头/榫槽结构如图 2－4[49]所示。

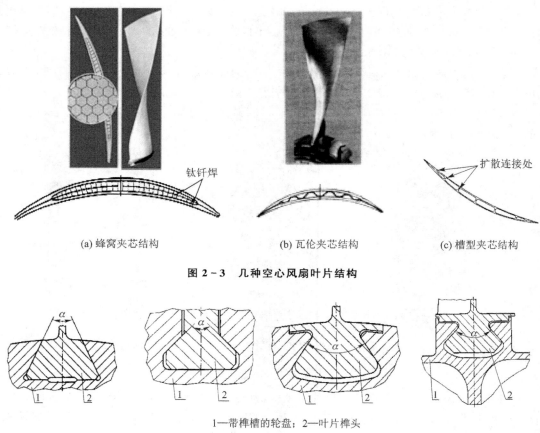

(a) 蜂窝夹芯结构　　　　　(b) 瓦伦夹芯结构　　　　　(c) 槽型夹芯结构

图 2-3　几种空心风扇叶片结构

1—带榫槽的轮盘；2—叶片榫头

图 2-4　几种不同结构的燕尾形榫头/榫槽

2）圆弧形榫头

圆弧形榫头分为周向燕尾形（径向圆弧形）和轴向圆弧形。

a. 周向燕尾形（径向圆弧形）榫头[50]

压气机的后几级由于叶片离心载荷较小，因此常常采用周向燕尾形榫头/榫槽。BR710发动机为 10 级高压压气机，后 7 级均采用周向燕尾形榫头/榫槽，如图 2-5 所示。

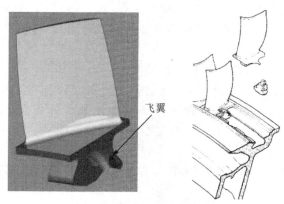

图 2-5　周向燕尾形榫头/榫槽结构示意图[50,51]

b. 轴向圆弧形榫头[52,53]

轴向圆弧形榫头/榫槽示意图如图 2-6 所示,采用轴向圆弧形榫头可以在发动机轴向长度上增加榫头的接触面积,并且当轮盘轴向长度一定时,可增加叶片数。圆弧形榫头可以更好地包容叶片,使叶片的离心负荷向盘传递的路径更合理,从而大大降低榫头部位的接触应力。

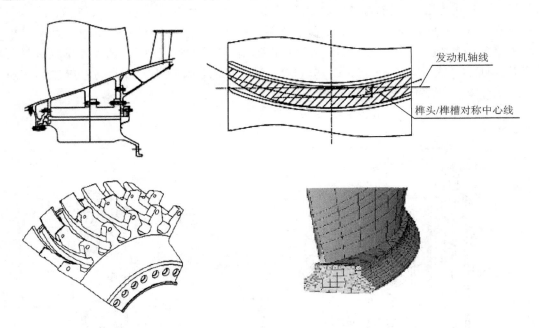

图 2-6　轴向圆弧形榫头/榫槽示意图[52-54]

3. 压气机叶片的结构特点

高压压气机属于核心机,流道尺寸较小,叶片尺寸变化不大。AЛ-31Ф 发动机的压气机为 9 级轴流式,转子叶片外径为 600 mm,内径为 409～553 mm。叶片高度为 95.5～23.5 mm[39]。

图 2-7 为 F110-PW-229 小涵道比发动机 10 级高压压气机。

压气机转子叶片与轮盘的连接形式分为三种:轴向燕尾形、周向燕尾形和整体叶盘。CFM56 发动机高压压气机为 9 级轴流式,第 1～3 级为轴向燕尾形,第 4～9 级为周向燕尾形,所有转子叶片均可单独更换[47]。

图 2-7　小涵道比发动机
高压压气机[35]

4. 涡轮叶片的结构特点

涡轮叶片分为导向叶片和转子叶片。为了实现封严,常常将几个导向叶片做成一体,例如 AЛ-31Ф 高、低压涡轮导向叶片均为三联叶片[39]。涡轮叶片通过表面处理实现抗氧化和隔热。F119-PW-100 发动机高压涡轮叶片表面涂层的底层为 MCrAlY,面层为氧化锆陶瓷涂层,隔热效果达到 150 ℃[47]。

涡轮叶片的结构特点与叶片的冷却方式密切相关。

（1）基本冷却方式

涡轮叶片的基本冷却方式包括气膜冷却、冲击冷却、肋壁强化换热和扰流柱强化换热等。冷气从叶片下部（导叶包括上部）进入叶片内部，通过带肋壁的内流冷却通道，对叶片的内表面实施有效冷却，一部分冷气通过冲击孔，以冲击冷却的形式对叶片前缘内表面进行冷却，一部分通过气膜孔流出，在涡轮叶片表面形成一层冷气薄层，对叶片外表面进行有效保护，剩下的一部分气体经过叶片尾部的扰流柱，被扰动强化换热以后从尾缘排出[55]。基本冷却结构示意图如图 2-8[56] 所示。图 2-9 为遄达 600 发动机高压涡轮转子叶片，该叶片不仅有复杂的外型面，而且还有复杂的型腔[36]。F119-PW-100 发动机高压涡轮叶片通过气膜加多通道对流的复合冷却，其冷却效果可达 450～500 ℃[47]。

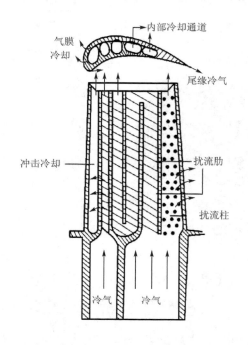

图 2-8　涡轮叶片基本冷却结构示意图[56]

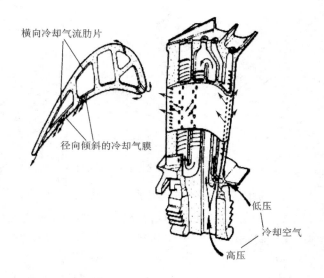

图 2-9　遄达 600 发动机高压涡轮转子叶片[36]

（2）层板冷却和发散冷却方式

层板冷却和发散冷却均处于研究阶段。

为了有效利用冷气，在形成气膜之前通过内部对流冷却、冲击冷却及扰流柱和肋壁等强化换热方式对叶片进行冷却。基于该理论及全气膜冷却形成了多层壁气膜冷却结构，其基本原理类似于多孔发散冷却，冷气在层板内部许多细小通道（0.3～0.4 mm）内流过并吸收热量，然后从气膜孔流出。层板内部有很大的换热面积，细小通道内有很高的换热系数[55,56]。

层板冷却可以大幅度提高燃气温度（200 K）或降低冷却空气的消耗量（30 %～40 %）[55]。层板结构示意图如图 2-10 所示。

发散冷却叶片由骨架和金属丝网制成。骨架承担叶片所受的应力，而由高温合金材料编织成的多层致密丝网形成了叶片所需的气动力外形。这种由丝网制成的叶片表面具有大量的细微小孔，冷却气流便从这些小孔渗出而在叶片外围形成连续而均匀的"保护毯"，从而把燃气

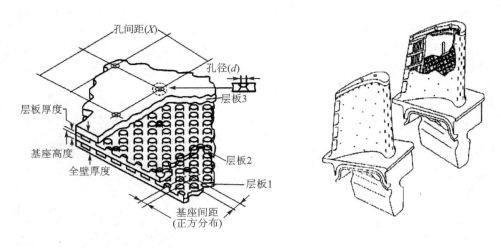

图 2-10　层板结构及层板叶片示意图[56,57]

与叶片表面隔开,大大削弱燃气对叶片的加热,起到隔热的作用。其冷却效果在理想情况下可以达到0.8甚至更高。不过,由于丝网与骨架的连接工艺和材料的高温腐蚀问题没有解决,因此,这种发散冷却叶片目前正处于研究中。发散冷却也可通过采用多孔性材料来实现,但是由于这种材料中的小孔易于堵塞,因此,实际应用较为困难[55]。发散冷却叶片结构示意图如图 2-11[57]所示。

　　涡轮转子叶片通常采用枞树形榫头与轮盘连接。一般分为二齿、三齿和四齿。图 2-12为典型的四齿枞树形榫接结构[58]。

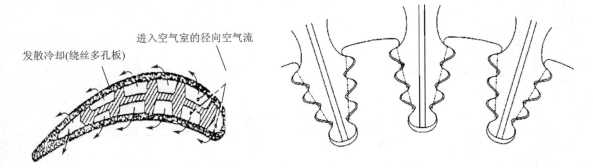

图 2-11　发散冷却叶片结构示意图[57]　　　　　**图 2-12　典型的枞树形榫接结构**

5. 叶片的结构特点及技术要求

　　叶片的结构特点之一是形状复杂(三维空间曲面),而且随着航空发动机性能的不断提高,叶片的型面越来越复杂。

　　叶片的结构特点之二是尺寸跨度大,叶片长度从 20 mm 到 700~800 mm 不等,目前,最长的叶片是 GE90 发动机的风扇叶片,每片高 1.219 2 m,用复合材料制成[36]。

　　叶片的结构特点之三是外载复杂,转子叶片承受由本身质量所产生的离心力;涡轮叶片承受复杂的热应力;所有叶片均承受气动力、由叶片振动所产生的复杂应力和随机载荷等。

叶片的结构特点之四是精度高,一般叶型精度为 0.06~0.2 mm,粗糙度 Ra 为 0.4 μm 以上[59]。

图 2-13 为某实验用发动机压气机转子叶片的技术要求,从该图可以看出,叶身粗糙度和榫头粗糙度 Ra 均为 0.80 μm,榫头轮廓度为 0.02 mm。

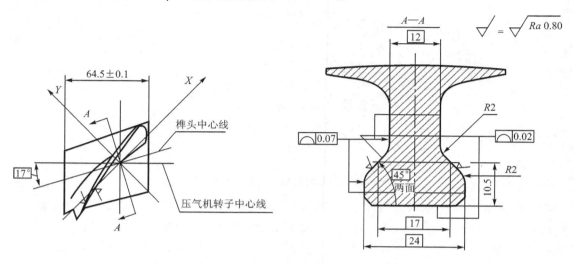

图 2-13 某压气机叶片实验件技术要求[60]

2.1.2 叶片的选材

根据叶片所处部件的位置和载荷特点,选材包含了铝合金、钛合金、不锈钢、高温合金和复合材料等多种材料。因铝合金强度低、耐腐蚀性差、工作温度低,故在现代发动机中已不再使用。

1. 风扇叶片选材

典型的风扇叶片选材如表 2-1 所列。风扇叶片的主要材料有铝合金、钛合金和复合材料。

表 2-1 典型风扇叶片材料及工艺[47]

发动机型号	叶片位置	叶片材料	备 注
秦岭	1、5 级转子叶片	钛合金	锻造
	2~4 级转子叶片	铝合金 2B70	锻造
F100-PW-220	3 级转子叶片	Ti8-1-1(TA11)	—
F110-GE-100	3 级转子叶片	钛合金	整体叶盘
AJI-31Φ	4 级工作叶片	钛合金 BT3-1(TC6)	—
F119-PW-100	3 级转子叶片	钛合金	整体叶盘线性摩擦焊
CFM56-7	单级转子叶片	钛合金 TA6V	实心宽弦
PW4084	单级转子叶片	钛合金	空心
	出口导流叶片	陶瓷增强铝或 6092/SiC/17.5p	—

续表 2-1

发动机型号	叶片位置	叶片材料	备　注
GE90-115B	单级转子叶片	树脂基复合材料 IM7/8551，前缘钛合金防护	—

2. 高压压气机叶片选材

　　根据工作温度的不同，高压压气机叶片的前几级一般选用钛合金，后几级一般选用高温合金或不锈钢。典型压气机叶片选材如表 2-2 所列。

表 2-2　典型压气机叶片材料

发动机型号	叶片位置	叶片材料	备　注
F100-PW-220[47]	1~3 级转子叶片	Ti8-1-1(TA11)	10 级轴流式
	第 4 级转子叶片	Ti6-2-4-6(TC19)	
	第 5~9 级转子叶片	Inco901	
	第 10 级转子叶片	PWA1005	
АЛ-31Ф[39]	工作叶片第 1~2 级	钛合金 BT3-1(TC6)	12 级轴流式。风扇出口温度为 437 K，高压压气机出口温度为 769 K
	工作叶片第 3~5 级	钛合金 BT18	
	工作叶片第 6~9 级	耐热合金 ЭП-718ИД	
	静子叶片第 3~9 级	耐热合金 ЭП-718ИД	
CFM56[47]	第 1~3 级转子叶片	钛合金	9 级轴流式
	第 4~9 级转子叶片	Incol718	
PW4000[47]	第 1~8 级转子叶片	钛合金	11 级轴流式
	第 9~11 级转子叶片	镍基合金	

3. 涡轮叶片选材

　　涡轮叶片包括导向叶片和工作叶片，对于导向叶片，其使用温度是主要因素；而对于工作叶片，除了使用温度外，其力学性能也是重要因素。早期，由于发动机涡轮前温度不高，故均使用变形高温合金；随着涡轮前温度的提高，逐渐采用定向凝固柱晶高温合金、单晶高温合金、金属间化合物基高温合金和陶瓷基复合材料，等等。

　　国内涡轮叶片主要材料的使用情况如表 2-3 所列，典型发动机涡轮叶片的材料如表 2-4 所列。

表 2-3　国内涡轮叶片的主要选材[61]

序　号	材料牌号	材料类别	使用对象	使用温度/℃	应用时间
1	GH4033	变形高温合金	工作叶片	700	20 世纪 60 年代
2	GH2302	变形高温合金	工作叶片	800	20 世纪 60 年代
3	GH4049	变形高温合金	工作叶片	900	20 世纪 60 年代
4	K403	等轴晶铸造高温合金	工作叶片	900	20 世纪 70 年代

续表 2 - 3

序 号	材料牌号	材料类别	使用对象	使用温度/℃	应用时间
5	K417G	等轴晶铸造高温合金	工作叶片	900	20 世纪 80 年代
			导向叶片		
6	DZ125L	定向凝固柱晶高温合金	工作叶片	1 000	20 世纪 90 年代
			导向叶片	1 050	
7	DD3	单晶高温合金	工作叶片	1 040	20 世纪 90 年代
			导向叶片	1 100	
8	DD6	单晶高温合金	工作叶片	1 100	21 世纪
9	IC6	金属间化合物基高温合金	导向叶片	1 150	20 世纪 90 年代
10	IC10	金属间化合物基高温合金	导向叶片	1 150	21 世纪

表 2 - 4　典型发动机涡轮叶片材料

发动机型号	叶片位置	高压涡轮	低压涡轮	备 注
F100 - PW - 229[47]	转子叶片	单晶 PWA1484	单晶 PWA1484	高压涡轮进口温度为 1700 K
AЛ－31Ф[39]	转子叶片	ЖС26 定向凝固合金	ЖС6у 等轴晶合金	高压涡轮进口温度为 1 665 K,低压涡轮进口温度为 1 297 K
	静子叶片	ЖС6у 等轴晶合金	ЖС6у 等轴晶合金	
PW4000[47]	转子叶片	1 级:单晶 PWA1480;2 级:定向凝固 PWA1422	不冷却镍基合金叶片	高压涡轮进口温度为 1 574 K。高压 2 级轴流式,低压 4 级轴流式

2.1.3　叶片的工艺特点

根据叶片的材料特点和外载,叶片的制造工艺包含了精密锻造、精密铸造、各种先进的焊接和机械加工等工序。由于叶片的型面复杂,有的叶片还采用了各种电化学成形工艺。

叶片表面的强化处理包括喷丸强化、激光强化、表面光饰、表面涂层、表面镀层、表面渗层和耐磨层等技术的应用。

在叶片质量控制和特种检测技术方面,采用 X 射线、荧光、超声波等物理检测方法对叶片表面和内部质量进行检测;叶片各部位的尺寸和形状通过电感测量、光学投影测量、激光测量及三坐标测量等技术进行检测。

1. 风扇叶片的工艺特点

实心风扇叶片一般由整体钛合金锻件经机械加工而成。毛坯加工先镦锻出叶根和阻尼凸台,经预锻成形,再精锻、切边。叶身成形可用数控铣、数控仿形磨、电解加工和抛光等工艺[62]。随着大涵道比发动机风扇叶片直径的加大,带凸肩实心风扇叶片的离心载荷越来越大,重量越来越重。从工艺角度讲,精锻毛坯需要昂贵、高精度的压力机和大尺寸、高精度的精锻模具,精锻工序的成本越来越高。

空心风扇叶片包括叶盆、叶背和夹芯层,早期的蜂窝夹芯结构通过辊压成形,采用电阻焊与叶盆、叶背焊为一体。后期的瓦伦结构和槽型结构均采用超塑成形/扩散连接[62]。

风扇叶片表面通过喷丸强化和激光强化来提高低循环疲劳寿命。

2. 压气机叶片的工艺特点

压气机叶片均为实心叶片,少数叶片带凸肩。压气机叶片的毛坯通常采用锻压技术制造,叶身采用仿型加工(电解加工)、数控加工、化学铣削等工艺。榫头采用拉削等工艺。

在焊接技术方面,压气机静子叶片组件、可调叶片组件采用真空钎焊,钛合金叶片阻尼台耐磨合金采用感应钎焊等技术。

3. 涡轮叶片的工艺特点

早期镍基变形高温合金实心涡轮叶片采用锻压技术制造。但随着发动机涡轮前温度的提高,叶片冷却结构越来越复杂,镍基变形高温合金涡轮叶片锻造很难实现空心毛坯成形和毛坯精化,并且晶粒度难以控制。因而,精密铸造的涡轮叶片已取代了锻造的涡轮叶片。目前国内外涡轮叶片的精密铸造技术有了很大发展,实现了从有余量的精密铸造到无余量的精密铸造,从实心到空心,从等轴晶到定向凝固柱状晶和单晶的发展,其内腔冷却技术也实现了从对流冷却到高效复合冷却的变化,等等。

高温涡轮气冷叶片复杂的气膜孔和型腔,采用激光、电子束和电液束等先进打孔工艺和复杂铸造型芯工艺。涡轮叶片采用了大量的焊接技术,包括涡轮叶片的扩散焊和组件钎焊,以及涡轮叶片叶冠耐磨层的真空电弧钎焊、电弧堆焊和激光熔焊等技术。为了抗氧化和耐高温,在涡轮叶片的表面喷涂抗氧化涂层和热障涂层。

2.2　叶片锻压成形

2.2.1　概　述

航空发动机叶片的种类多、数量大、形状复杂、材质性能要求高。随着航空发动机工艺制造技术的发展,叶片模锻技术不断提高,并因此形成了与其他模锻技术不同的一项综合工艺技术。模锻叶片按叶身型面单面加工余量的大小可分为四种类型[59]:

① 普通模锻叶片:叶型加工余量为 1.5～3 mm。

② 小余量模锻叶片:叶型加工余量为 0.5～1.5 mm。

③ 半精锻叶片:叶型加工余量为 0.3～0.5 mm。

④ 精锻叶片:叶型、安装板内侧面锻造余量为 0.2～0.3 mm。

普通模锻和小余量模锻工艺相对简单,对锻压设备、模具、原材料表面和工序间的清理要求都不像半精锻和精锻那么严格,加热过程一般无须防护。半精锻和精锻叶片除了对上述各项都有严格要求外,还必须有一套严格的技术管理程序和科学的监控制度,同时对叶片毛坯的加热和锻造中的润滑等都有严格的要求。

2.2.2　叶片锻压设备

叶片锻压设备主要有机械压力机和螺旋压力机,目前,美国、日本和我国主要使用机械压力机;而西欧则主要使用螺旋压力机[63],例如法国 SNECMA 公司的钛合金精锻叶片采用螺旋压力机[64]。

1. 曲柄压力机

曲柄压力机又称机械压力机,理论上是行程限定机器,是用曲柄滑块机构产生压力而使锻件成形的设备。曲柄压力机的传动机构和工作原理如图 2-14 所示。电机的旋转经中间轴减速,再由曲柄滑块机构转变为滑块的直线往复运动,带动并给放置在下模(固定工作台)中的工件施加压力,一次行程完成一个锻压工序。

曲柄压力机的空行程速度高,滑块接近下死点时的工作速度低且平稳,适合低塑性合金的锻造,例如高温合金和钛合金发动机叶片的精密锻造。

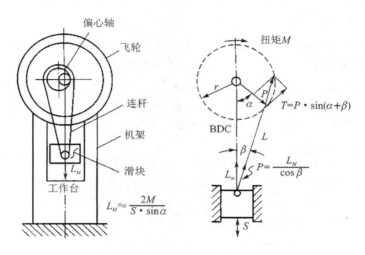

图 2-14 曲柄压力机连杆滑块工作原理图[65]

曲柄压力机有固定的下死点和有限的行程,其滑块速度与滑块位置的关系如图 2-15 所示。由图可知,当压力机滑块接近下死点,也就是锻件需要达到最大变形时,热模锻机械压力机滑块的速度由最大降到最小,导致锻件与模具接触时间增长(约为摩擦压力机的 10 倍),这对精密锻造显然是不利的。因此,对于叶片精密锻造,机械压力机的"时间"特性并不十分理想。

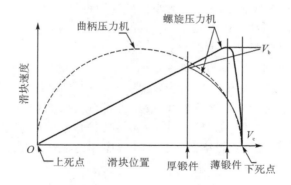

V_b—锻造开始速度;V_c—锻造终了速度

图 2-15 滑块速度与滑块位置的关系

2. 螺旋压力机[65]

螺旋压力机包括摩擦压力机、电动螺旋压力机、液压螺旋压力机和离合器式螺旋压力机。前三者与锻锤相似,基本上是能量限定机器,称为惯性螺旋压力机;但在锻造过程中框架承受全部锻造载荷,因此应属于能量-载荷限定机器。离合器式螺旋压力机可在全行程范围内预选行程和打击载荷,没有固定的下死点,不会闷车,因此称为行程-载荷-能量限定机器。

螺旋压力机是利用螺杆-滑块机构把旋转动能转化为滑块的线性动能而使金属成形的设备。利用摩擦、电直接传动或液压传动来加速飞轮和螺杆转动,推动滑块带动上模向下,对放置在下模中的毛坯施加压力,经过多次或一次打击,完成一个锻压工序。每一个行程,飞轮放出全部能量,然后传动装置反向加速螺杆部件回程。

螺旋压气机兼具锤和压力机的特点,特别适用于精锻。其锻件的精度一般比机械压力机高 1～2 级,较锤上模锻高 2～3 级。

在螺旋压力机的往返行程中,没有固定的下死点。锻件的厚度尺寸不受压力机弹性变形、热胀和锻件材料体积与变形温度变化的影响。在飞轮所储蓄的能量范围内,不受压力和行程的限制,可以从最大到零全部输出,以满足对锻造工艺过程所需要的有效能量和克服设备摩擦能量与弹性变形能量的需要。

螺旋压力机的上述特性十分适合于叶片的精密锻造,因此螺旋压力机是叶片精密锻造的首选终锻设备。

2.2.3　叶片精锻成形

1. 叶片精锻工艺概述

一般认为,锻件叶身部分的余量小于 0.3～0.7 mm,公差小于普通模锻件公差的 1/3,叶身表面不需要切削加工,只需进行砂带磨削、化学铣削或精抛光等,这样的叶片锻造技术就可称为叶片精锻技术[66]。

叶片精密锻造工艺的主要特点[59]是:

① 叶片锻件的尺寸精度高,有的甚至可以做到叶身型面及安装板内缘面仅留抛光余量。

② 叶片锻件的性能好。因为叶片锻件的叶身及叶身与榫头或安装板内缘的转接处可做到很小余量,金属流线在机械加工过程中几乎不会被切断,外露少,所以确保了叶片具有良好的性能。

③ 材料利用率提高。由于采用很小余量的锻造,因此有效减少了叶片锻造过程中的材料消耗。普通模锻叶片的材料利用率约为 30%,精锻叶片的材料利用率则可提高到 50% 以上。

④ 叶片制造生产效率提高。采用精锻工艺制造的叶片锻件,叶身型面榫头或安装板的内缘面余量很小,从而显著减少了机械加工工作量。

在现代发动机中,叶片精锻件已占锻造叶片的 80%～90%。精锻叶片经化学铣和光饰后,不但叶身型面、叶冠和叶根的内缘板面不需要机械加工,就连中间阻尼凸台也无须机械加工。同时,叶片精锻件保持了流线的连续性,改善了叶片的抗疲劳性能[63]。

2. 叶片精锻工艺流程

叶片精锻工艺主要由主导工艺、辅助工艺和叶片检测三部分组成。

主导工艺指叶片从金属棒材坯料到叶片锻件交付所经过的主要工序。其工艺流程为:制坯—预锻—终锻—校正—化学铣削(电解加工等)—热处理—校正—抛光,其中制坯、预锻和终锻是金属发生变形的工序,统称为成形工艺。

成形工艺是叶片精锻工艺的核心部分,也是保证叶片锻件内在冶金质量的关键性工艺。成形工艺包括制坯、预锻、终锻和校正。

1）制 坯

制坯工艺需满足叶片形状对材料在不同部位的体积分布及内部流线的基本要求。常用的制坯工艺如表2-5所列。

表2-5 叶片精锻常用的制坯工艺[59]

制坯工艺	适用范围	优缺点
数控径向锻造机制坯	大型叶片制坯	—
平锻机或电镦机制坯	各种叶片头部和冠部的聚集镦粗、阻尼凸台的预成形	平锻机应用最多,杆部组织性能较差。电镦机对材料选择性较强,应用较少
机械压力机挤杆、墩头制坯	中、小叶片制坯	较先进制坯工艺。可使叶片榫头与叶身部位金属流线初步达到圆滑转接

2）预锻和终锻

预锻需要为终锻提供精确的体积分配,以保证终锻时的变形均匀,避免出现缺陷。预锻的质量和精度将直接影响终锻叶片的最终质量和精度。

终锻是叶片型面和缘板内侧面的最主要工序,它对模具质量的要求在整个成形工艺中是最高的。

预锻和终锻常用的设备为机械压力机和螺旋压力机,通常预锻和终锻采用相同的压力机。下面是几种常见的制坯、预锻和终锻工艺组合[18,59]:

① 数控径向锻造机制坯＋无砧座锤预锻＋螺旋压力机精锻;

② 平锻机或电镦机制坯＋机械压力机预锻和终锻;

③ 镦头制坯＋螺旋压力机预锻和精锻;

④ 电镦机挤压、镦头制坯＋等温锻造压力机预锻和终锻;

⑤ 电镦机挤压、镦头制坯＋机械压力机预锻和终锻。

3）校 正[59]

校正用来处理在终锻、热处理和化学铣削等工艺过程中带来的叶片少量变形,包括型面的弯曲、扭曲以及缘板的少量错移。大叶片和高温合金叶片需加温进行热校正,铝合金或不锈钢制造的小叶片不需加温进行热校正。热校正在液压机或专门的热校正压力机上进行。在进行热校正时,将叶片在专用热校正炉中加热几分钟,然后转入与叶片温度相同的模具中静压几分钟。

3. 压气机叶片精密锻造实例[64]

图2-16为法国SNECMA公司钛合金叶片的精锻工艺流程图,该公司从小叶片到带阻尼凸台的1.2 m长的大叶片均采用同一工艺流程,即顶锻榫头—压扁榫头—(镦粗阻尼凸台)—预锻—终锻—热校正。每批叶片的首件在终锻后用专用三坐标测量机检查全部尺寸合格后方可进行批量生产。

精锻后的叶片型面余量每面约为0.3 mm,化学铣余量和砂带磨余量约为0.15 mm,最后进行振动抛光,型面完全合格后转到机械加工工序。

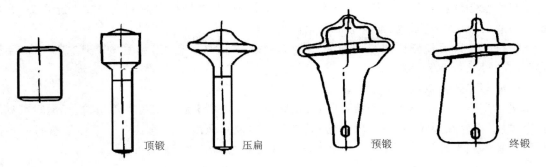

图 2-16　SNECMA 公司钛合金叶片的精锻工艺流程图[64]

2.2.4　叶片特种锻压技术

1. 概　述

在普通锻压设备上进行的特种塑性成形技术或在某些特殊设备上进行的塑性成形技术称为特种锻压技术。叶片特种锻压技术主要有等温模锻成形、高速挤压成形和辊轧(辊锻)成形等。

2. 叶片等温模锻技术

(1)叶片等温模锻模具材料

叶片等温模锻的模具材料需要加热到毛坯的锻造温度。铝合金叶片等温模锻的模具材料一般选用 5CrNiMo 和 3Cr3Mo3VNb 等模具钢。在选择钛合金叶片和高温合金叶片等的模具材料时,其屈服强度应为变形材料屈服强度的 3 倍。英、美等国的钛合金等温模锻材料采用Inconel-713C、IN100、MAR-M200 和 Udimet700 等。而我国一般选用 K403 铸造高温合金作为钛合金等温模锻的模具材料[59]。

(2) 叶片等温模锻与常规热锻的结构参数

与常规模锻相比,等温模锻可以减少锻件的加工余量。典型叶片普通模锻和等温模锻的结构参数如表 2-6 所列。

表 2-6　典型叶片普通模锻与等温模锻结构参数[59]

结构参数	普通模锻	等温模锻
外圆角半径/mm	22	10
内圆角半径/mm	10	3.3
错移/mm	1.27	0.51
歪曲/mm	1.52	0.38
长度和宽度公差/mm	±1.0	±0.38
肋的厚度/mm	12.7	2.5~3.2

(3) 叶片等温模锻示例[18]

叶片为带有凸肩的转子叶片,材料为 TC6。该叶片形状结构复杂,锻造成形技术难度大。锻造工艺为:棒材下料—自由锻制坯—表面清理并涂覆润滑剂—等温锻造成形。

自由锻制坯在空气锤上进行,润滑剂为玻璃润滑剂,锻造模具材料为 N3 高温合金,锻造设备为具有速度控制系统、配备了专业用模具和模具加热炉的液压机。

锻件经吹砂后检测得知,其外形尺寸符合要求,圆角填充较好,无明显缺肉现象,表面不存在裂纹、分层、折叠等锻造缺陷。

热处理工艺为双重退火。

热处理后进行组织和性能检测可知,均满足要求。其中低倍组织细小均匀,无肉眼可见的清晰晶粒,不存在裂纹、夹杂、偏析、缩孔、气孔分层及其他冶金缺陷。由于毛坯锻造时的各部位厚度基本相当,而变形不同,所以从榫头到叶尖的晶粒尺寸逐渐变小。

3. 叶片高速锤挤压技术

（1）挤压技术的基本概念[18]

挤压是对放在挤压筒内的金属坯料施加外力,迫使金属从模芯中挤出,以获得所需断面形状、尺寸并具有一定力学性能的挤压制件的塑性加工方法。

由于挤压加工的金属处于三向压应力状态,因而可以得到比锻造更大的塑性变形;但挤压技术可能使金属产生各向异性。

挤压与锻造方法相比,尺寸精度高,减少加工工作量,并节约原材料,但挤压模具消耗快。

（2）高速锤成形的基本概念[59]

高速锤锻压也称高能率锻压。高能高速锻压是通过突然释放压缩氮或压缩空气中储存的能量,锤头以 10～20 m/s 的高速运动产生巨大的打击能量,锻压出无斜度或小斜度的精密锻件的成形工艺。

高速锤成形工艺根据锻件的变形方法主要分为高速模锻、高速挤锻、高速挤压、粉末压实和粉末锻造几大类。高速锤具有巨大的打击力,可以在一次打击下成形复杂的零件,填充性能良好。但模具及设备损耗相对较大。

由于高的打击能量,可实现高的变形比,锻件可获得细小的均匀强化组织,因此提高了组织性能。但对于变形率敏感的材料,例如高温合金,则很难克服惯性断裂,不适宜高速锤成形。对于对称叶片中的中小叶片,高速锤成形经济性很好;而对于长轴类或非对称叶片,则经济性较差。

（3）叶片高速挤压成形工艺[59]

由于挤压工艺是金属变形中需要变形力最大的一种成形工艺,因此在传统的低速锻压设备上实现叶片挤压比较困难。高能高速锤的应用使得挤压叶片成为可能。可以在一台比较简单的设备上采用一套模具、一次加热、一次成形的方法挤压出小余量的半精锻叶片。

高速挤压的叶片,其纤维顺叶型纵向分布,受力状态良好。

对马氏体不锈钢和部分奥氏体耐热钢（如 GH2036）叶片,可以实现挤压变形热处理,在挤压后无须淬火或固溶处理,而直接进行高温回火或时效处理即可。

高速挤压使得 90 %～95 % 的变形功转换为热能,热效应极为显著。若按传统模压加热毛坯,则钛合金叶片可能因为过热而导致初生 α 含量降低或 β 脆化,从而使叶片塑性和疲劳性能降低;对铝合金叶片则可能由于晶粒粗大而报废。因此,用高速锤挤压叶片,毛坯的加热温度比传统模锻低 30～40 ℃。

铝合金叶片在退火状态下的屈服强度极低,塑性好,可以在冷态或低温加热下进行挤压,叶型余量仅留抛光余量,可设计为 0.1 mm。马氏体不锈钢及耐热钢在冷态及中温下的变形抗力很高,一般叶片余量为 0.3～0.4 mm,后续采用高温回火后的冷塑性(冷辊压)方法制取无余量叶片。

钛合金在冷态及中温下的变形抗力比马氏体不锈钢及耐热钢还高,钛合金叶片的余量一般为 0.4～0.6 mm,后续可采用化学铣削加工成形。对于叶片榫头的余量,由于考虑到榫头中心与叶型中心的调整,榫头四周一般为 1.5～2.0 mm,榫头底面增加到 3～4 mm。图 2-17 为某发动机 TC11 压气机钛合金挤压叶片的挤压件图。

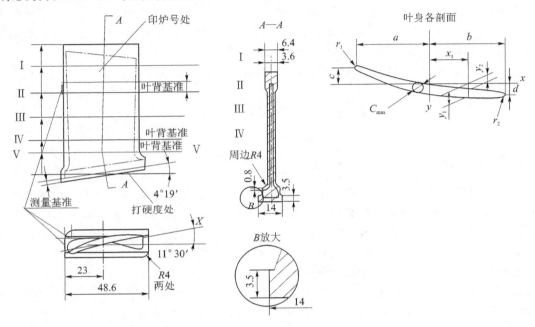

图 2-17　某发动机 TC11 压气机叶片高速挤压图[59]

叶片高速挤压在我国航空发动机系统已投入批量生产几十年,生产数量已达数百万件,成功应用在数个机种上,包括 TC4 钛合金叶片、铝合金叶片、1Cr11Ni2W2MoV 钢叶片,等等。

4. 叶片辊轧技术[59]

(1) 辊轧的基本概念

辊轧(也称辊锻)是使坯料在一对旋转的辊轧模中通过,借助模槽对金属的压力,使其产生塑性变形,从而获得所需要的锻件或锻坯。叶片在室温下进行的辊压称为冷辊压。

辊轧变形的实质是坯料的延伸变形过程。坯料在高度方向经辊轧锻模压缩后,除一小部分金属横向流动而使坯料宽度略有增加外,大部分被压缩的金属沿着坯料的长度方向流动。从辊轧工艺最适于拔长和辗片的工艺特点看,它适用于叶片类零件的辊轧成形。

(2) 典型叶片辊压技术应用

某型发动机的第八、九级压气机转子叶片的材料为不锈钢,毛坯采用高速挤压,榫头部分通过拉削成形,叶肩通过铣削完成,叶身采用冷辊压无余量成形。对于冷辊压叶身,其前、后缘不允许产生锯齿状裂纹,并且允许冷校型面。

5. 选择特种锻压技术的主要原则

任何一种特种锻压技术都有其独特的优点,但也不可避免地存在应用的局限性和缺点。

因此在叶片成形中,正确选择特种锻压技术是十分重要的。其选择的主要原则有:

① 充分考虑叶片材料工艺塑性对某种特种锻压技术的适应性。有的特种锻压技术不适合某些合金制叶片的成形。例如某些高温合金塑性不高,对高速变形敏感,不适合高速锤挤压成形;热强钛合金不适合冷辊轧成形,等等。

② 充分考虑叶片形状对特种锻压技术的适应性。一般来讲,对于两头均有安装板的整流叶片和叶型上带有阻尼台的风扇叶片,既不适宜进行挤压变形,也不适宜采用辊轧精密成形;对于榫头过大、型面很薄的叶片,挤压变形难度也很大,辊轧技术也十分困难。对于这种类型的叶片,一般应尽量避免选择辊轧锻压技术。等温锻造弥补了挤压和辊轧锻压技术的缺点,但却增加了叶片制造的成本,并且生产效率也不及挤压和辊锻技术。

③ 充分考虑所选择的特种锻压技术对叶片整体制造成本的合理性。

2.3　叶片精密铸造

2.3.1　概　述

叶片精密铸造是熔模精密铸造技术在叶片制造中的应用[59],是采用优质的一次性模料在高尺寸精度和高表面光洁度的胎具内形成叶片形状和浇注系统的熔模,在熔模表面涂覆若干层特制涂料,并经过干燥、硬化、脱蜡、焙烧形成一个空心型壳整体,然后在真空熔炼炉内将熔融金属浇入型壳,冷却后去除型壳得到成形金属叶片的工艺。

无余量熔模精密铸造又称为少余量熔模精密铸造。无余量熔模精密铸造的铸件尺寸精度一般情况下可达±0.1 mm,局部尺寸精度要求高的时候可以达到±0.05 mm。同时,铸件(零件)保留了完整的、晶粒细小的铸造表面致密组织,提高了铸件的抗热冲击性能和疲劳强度[67]。

无余量精密铸造在压气机叶片和涡轮叶片上均有应用。

(1) 钛合金压气机叶片的精密铸造技术

钛合金压气机叶片很少采用精密铸造成形。早期采用金属型(长久性铸型)铸造技术铸造钛合金,后又被否定,但美国 P&W 公司采用金属型铸造技术铸造了 F119 高压压气机第四级和第五级阻燃钛合金整流叶片,成本比陶瓷型(熔模)的降低了 40 %。目前还在研究铸造转子叶片的可能性[1]。

(2) 涡轮叶片的精密铸造技术

涡轮叶片成形工艺经历了锻造—铸造—锻造—铸造的复杂过程。20 世纪 60 年代初,由于涡轮叶片的工作温度不断提高,高温合金的合金化程度越来越高,压力加工越来越困难,同时,随着铸造技术的进步,使得高温合金精密铸造成形逐渐成为涡轮叶片的主导成形工艺。特别是定向凝固高温合金和单晶高温合金的出现,使得所有国家的先进新型发动机几乎无一例外地选用铸造高温合金,从此确立了铸造高温合金叶片的稳固地位[68]。

涡轮叶片精密铸造技术的发展可分为两个方向,首先是实心叶片精密铸造向复杂气冷空心叶片铸造的发展,其次是等轴晶向定向结晶和单晶的发展。制造空心气冷叶片的关键是形成叶片复杂内腔的陶瓷型芯。不同的晶粒组织可以通过工艺过程来控制实现。等轴晶、定向凝固合金和单晶的浇注成形工艺比较如图 2-18 所示。

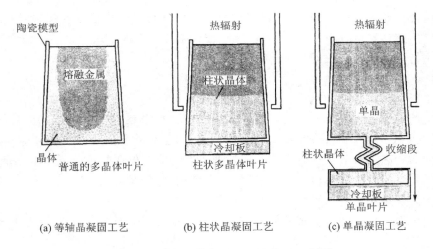

(a) 等轴晶凝固工艺 (b) 柱状晶凝固工艺 (c) 单晶凝固工艺

图 2 - 18 不同晶粒组织浇铸成形工艺[69]

　　精密铸造首先可以成形合金化程度较高、锻造难以成形的高温合金;其次可以成形内腔复杂、表面尺寸精密、表面光洁的涡轮叶片,以得到小余量或无余量叶片;同时,精密铸造可以通过控制晶粒组织来提高涡轮叶片材料的使用温度和力学性能。

2.3.2　涡轮叶片精密铸造工艺流程

1. 实心叶片精密铸造工艺流程

实心叶片的精密铸造工艺流程如图 2 - 19[69]所示。

图 2 - 19　实心叶片精密铸造工艺流程

（1）模具制造

该工序是为蜡模的生产提供模具。模具的尺寸精度和表面粗糙度决定了蜡模的尺寸精度和表面粗糙度。我国目前生产的无余量熔模铸造模具的一般尺寸精度为 ±0.03 ~ ±0.02 mm,最高时可达±0.01~±0.005 mm;表面粗糙度一般可达±0.8~±0.4 μm,更高时可达±0.4~±0.2 μm[70]。

某典型涡轮叶片模具如图 2 - 20[71]所示。

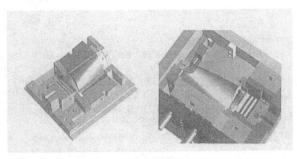

图 2 - 20　某涡轮叶片模具及蜡模示意图

模具的内腔形状就是叶片的外形,其型腔的尺寸精度与表面粗糙度在很大程度上决定了精密铸件最终所能达到的外形精度、外表面粗糙度和壁厚的精度。所以,叶片模具的设计与制造是叶片精密铸造中的一个关键环节。

(2) 熔模成形与熔模组合

该工序主要是形成铸造的蜡模。

制作熔模的模料主要有蜡基模料和松香基模料等。蜡基模料由矿物蜡和动植物蜡构成,熔点小于 60 ℃,用于小型铸件和精度要求不高的铸件,但体积膨胀小、收缩小、熔模尺寸稳定和表面光洁的耐中高温且分子链较大的一些蜡料,如微晶蜡、巴西蜡等也可用于无余量精密铸造。松香基模料以松香为基体,添加部分矿物蜡和动植物蜡,熔点为 60～100 ℃,主要用于精度要求较高的无余量和带有陶瓷型芯的叶片铸件[59]。

我国无余量熔模精密铸造所用模料的技术参数目前已接近或达到了世界先进水平,模料的收缩率可达 0.5 %[70]。

将几个相同的叶片蜡模与浇铸系统(浇口、浇道等)的蜡模通过焊接法或黏结法进行组合,即完成了熔模组合工序。

(3) 型壳制造

型壳制造的主要工序包括涂料挂砂、脱蜡和焙烧三道。

型壳的主要材料包括黏结剂和耐火材料等。无余量熔模精密铸造采用硅溶胶和硅酸乙酯作为黏结剂,用刚玉砂和高岭土等为耐火材料[70]。

将熔模组合好的叶片蜡模浸入由耐火材料、黏结剂和润湿剂等材料制成的料浆中,使蜡模表面附上一层带有一定黏度的料浆,再在上面撒上一层刚玉砂(粒度为 20～100 目),干燥后再重复多次涂料挂砂,直至获得所需厚度的多层型壳。

将型壳加温到蜡模的熔化温度,型壳内的蜡料即可熔化流出,再将型壳放入一定温度(如950 ℃)的电炉内焙烧一定时间,即可得到可以浇铸钢水的型壳,如图 2 - 21 所示。

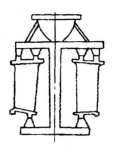　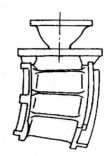

(a) 涡轮叶片型壳　　　　　　　　　(b) 导向器叶片型壳

图 2 - 21　浇铸钢水的型壳[59]

由于合金的熔化温度高,液体金属与铸造型壳接触时间长,浇铸和凝固时的真空度高等因素,使得型壳必须具有如下性能特点:

① 足够的强度,保证在脱蜡、浇铸时不产生破裂。

② 透气性好,避免铸件产生气孔或浇铸不足等缺陷。

③ 热膨胀系数小,抗急热急冷性好,使型壳能抵抗温度急剧变化而不破裂。

④ 导热性好,使金属液凝固速度快,有利于铸件的晶粒细化,提高铸件的综合力学性能。

⑤ 热化学稳定性好,保证型壳与金属液体接触时,在型壳内表面不发生化学反应。若液态合金与型壳内表面发生化学反应,则会在铸件表面产生麻点及钻砂缺陷,从而使铸件表面质量下降。

⑥ 脱壳性好,良好的脱壳性对保证铸件的表面质量,以及减少清壳的劳动强度和提高生产效率都十分重要。

（4）熔化浇铸与脱壳

熔化浇铸需在熔炼设备中进行。目前国内主要的熔炼设备有单室/两室真空熔炼炉、真空熔炼定向结晶炉、大气熔炼反转炉和六出口焙烧烘烤炉等。

在熔炼设备中将高温合金熔化后浇入型壳,冷却后去除型壳即可得到叶片铸件。

熔化合金是利用电磁感应原理,使金属在交变磁场作用下产生涡流,金属不断从外向内加热熔化。三室真空炉可提高产品质量,实现连续生产。

若对冷却过程进行特别控制,则可得到定向柱晶叶片和定向单晶叶片。

2. 空心叶片精密铸造工艺流程

对于空心叶片,应在制备熔模之前,先用特制的陶瓷浆料压制出与叶片内腔相对应的湿态型芯,这种湿态型芯经多台阶加热煅烧获得强度,再将型芯放入压制熔模的胎具中,向胎具内压注糊状蜡料制成内含陶瓷型芯的熔模,用这样的熔模制成的空心型壳中含有与叶片内腔相对应的固态陶瓷型芯,再向空心型壳中浇入熔化的金属,之后得到的金属叶片中含有上述固态陶瓷型芯,然后再用特殊方法去除叶片中的陶瓷型芯,即可得到空心的金属叶片。

空心叶片的铸造工艺流程如图 2-22 所示。空心叶片与实心叶片的区别主要在于型芯。

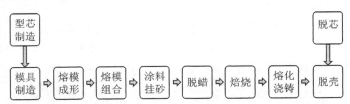

图 2-22　空心叶片精密铸造工艺流程

（1）模具制造

模具包括叶片熔模模具和型芯模具。型芯模具的内腔形状就是型芯的外形。其型腔的尺寸精度与表面粗糙度在很大程度上决定了空心叶片的内腔尺寸、内腔形状和壁厚的精度。

（2）型芯材料

在压制叶片蜡型时,陶瓷型芯需预先安放在模具中,这样能够经受蜡料的冲击力;在脱蜡熔化浇铸的过程中,陶瓷型芯要能经受熔融金属流的冲击和包围,因此,需有较高的软化温度,并且在高温下不与浇注的合金起化学反应;型芯的线膨胀系数与型壳的线膨胀系数要尽可能接近,以保持变形协调;陶瓷型芯形成的内腔不能进行机械加工,因此,要求型芯有较高的表面光洁度和尺寸精度。当叶片熔化浇铸完成后,型芯需与型壳一起脱壳,因此型芯材料需有较好的溶解性,以便顺利地从铸件中溶解出来。

陶瓷型芯的材料包括基体材料和辅助材料。基体材料主要有石英玻璃、电熔刚玉等,辅助材料主要有增塑用的石蜡、松香等。在制造等轴晶及型腔结构简单的叶片时,可选择以石英为基体的陶瓷型芯,而选用氧化铝、锆英粉、莫来石和氧化镁等作矿化剂;在制造定向柱晶、单晶或复杂内腔结构时,主要选用电熔刚玉基的陶瓷型芯。

陶瓷型芯的基体材料和矿化剂均属于非塑性材料,成形时需加入有机增塑剂。

(3)陶瓷型芯制造

将基料和辅料粉末按一定比例混合均匀后,在坩埚中制成料浆,将料浆注入型芯模具制成型芯,再将型芯放入高温炉中烧结,包括去除增塑剂的初烧(600 ℃以下)和终烧(600～1 120 ℃),将焙烧过的型芯浸入硅酸乙酯强化剂中强化烘干,即可得到具有复杂形状、一定强度和耐高温的陶瓷型芯。

典型的复杂内腔叶片的陶瓷型芯如图2-23所示。

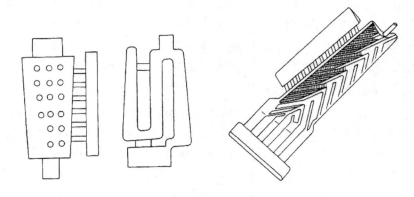

图 2-23　复杂内腔叶片的陶瓷型芯[59]

(4)模料配制、熔模制造、熔模组合

首先将陶瓷型芯不偏不倚地固定在叶片熔模模具中;再用高压压蜡机将配置好的糊状蜡料加压(1 000～6 000 kPa)注入模具中,降温固化后开模取出蜡模,蜡模中包含着陶瓷型芯,图2-24(a)中可隐约看到蜡模内部的陶瓷型芯;然后进行熔模组合。

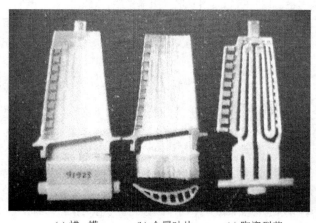

(a)蜡　模　　　(b)金属叶片　　　(c)陶瓷型芯

图 2-24　蜡模、空心金属叶片、陶瓷型芯

（5）脱　芯

将铸造好的叶片浸入氟化氢钾溶液中，即可除去铸件中的刚玉基陶瓷型芯。用氢氟酸腐蚀法、碱煮法、压力脱芯法可去除石英玻璃基型芯。

2.3.3　叶片精密铸造的结晶取向

选用不同的合金材料和控制结晶过程可得到表面晶粒细化和整体晶粒细化的等轴晶叶片、定向结晶叶片和单晶叶片。

1. 定向结晶

定向凝固技术就是在铸型中建立特定方向的温度梯度，使液态金属沿着与热流相反的方向，或者沿着晶体学优先的方向进行凝固的工艺[59]。

合金凝固时晶粒沿与热流相反的方向生长。定向结晶正是利用了晶粒生长的这一特点，人为地控制热流方向，在铸件的凝固过程中，使浇满金属液的铸型按既定方向散失热量、顺序凝固，得到平行排列的柱状晶组织。

为保证定向柱晶挺直生长和避免杂晶，应注意：①必须控制热流方向，使之尽可能平行于叶片主轴方向；②提高凝固界面前液相的温度，并强化已凝固部分对外的散热热流，减小糊状区的高度；③提高熔体温度、纯净度和均匀度。

工业上应用的定向凝固工艺方法经历了三个阶段：功率降低法、快速凝固法和液态金属冷却法。

（1）功率降低法

将底部开口的型壳置于通水冷却的铜板结晶器上，送入定向凝固炉的感应加热室，感应加热线圈的上、下两区同时通电加热，浇入合金液后，将感应圈的下区停电，形成轴向温度梯度，使铸件定向凝固。

（2）快速凝固法（铸型移动法）

将底部开口的铸型置于通水冷却的铜板结晶器上，送入定向凝固炉加热室，加热到预定温度后浇入合金液，然后按规定的速度使铸型徐徐下降，通过辐射挡板逐渐离开加热室，在此移动过程中实现铸件的定向凝固。

（3）液态金属冷却法

将型壳置于定向凝固炉加热室，将其加热到预定温度后，浇入合金液，然后使铸型徐徐下降，浸入液态金属（如铝）池内，在浸入过程中实现铸件的定向凝固。定向凝固工艺过程如图 2-25 所示。定向柱晶叶片浇铸系统如图 2-26 所示。

2. 单　晶

（1）概　述

单晶叶片是只有一个晶粒的叶片。单晶去掉了为强化晶界而采用的熔点较低的硼、碳、铪和锆等元素，合金的熔化温度提高 100 ℃左右，热处理温度增加 75 ℃左右，这样会降低偏析，提高细化的 γ 相，因而可提高蠕变强度。单晶叶片易于涂敷隔热涂层，因而提高了叶片的抗氧化性能。由于铬、钨成分增加，因此抗热腐蚀性能也得到提高。

单晶叶片精铸技术是在定向结晶叶片技术的基础上发展起来的。

（2）单晶铸造

单晶形成与定向凝固的差别在于多了晶体生长的选择阶段,即单晶叶片要经过初始单晶选择阶段,在该阶段末必须形成单个取向合适的晶体,以便于其扩展形成叶片。产生晶粒的方法有选晶法和籽晶法。

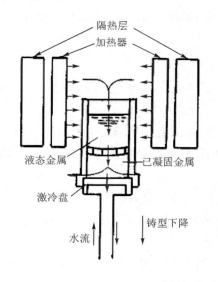

图 2-25　定向凝固工艺过程示意图

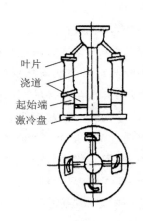

图 2-26　定向柱晶叶片浇铸系统

1）选晶法

浇入铸造型壳的合金液在紧贴水冷却铜结晶盘的起始块处首先结晶,出现许多晶粒。在结晶过程中,这些晶粒在通过选择段(有 4 种选择器,如图 2-27 所示,一般为螺旋形)时会不断被淘汰,最终只有一个晶粒进入型腔,继续按[001]取向生长成为单晶铸件。定向单晶叶片选晶法浇铸系统如图 2-28 所示。

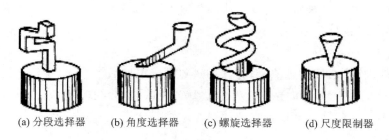

(a) 分段选择器　　(b) 角度选择器　　(c) 螺旋选择器　　(d) 尺度限制器

图 2-27　单晶选择器实例

2）籽晶法

在铸型底部预先设置有所需结晶取向的籽晶,浇入铸型的合金液在该籽晶上升延生长,最后获得结晶取向与籽晶相同的单晶铸件。定向单晶叶片籽晶法浇铸系统如图 2-29 所示。

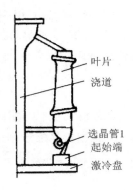

图 2-28　定向单晶叶片选晶法浇铸系统

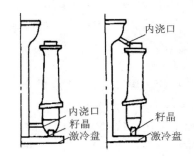

图 2-29　定向单晶叶片籽晶法浇铸系统

2.4　叶片机械加工

叶片机械加工是通过车、铣、磨、拉削、抛光等机械加工工艺方法,将锻造或铸造的叶片毛坯加工为成品叶片的过程。叶片机械加工可分为叶身型面加工和榫齿加工等。机械加工在叶片制造中占有重要地位,随着精锻、精铸和特种加工技术的发展,其地位有所降低,但仍然是不可替代的方法,特别是叶片榫头、上下缘板外表面和叶冠等的加工,仍以机械加工为主。

2.4.1　概　述

叶片采用的材料种类多属不锈钢、钛合金、耐热合金钢和高温合金,其机械切削性能较差,叶片形状结构复杂,尺寸精度、位置度和表面质量要求高,品种繁多,数量多。叶片机械加工的工艺路线具有下述特点:

（1）工序分散

因叶片各部位具有不同的结构特点,故各部位所采用的加工方法也不尽相同,所以较难应用工序集中的原则;并且叶片一般生产批量大、重量小,便于周转运输,所以叶片机械加工工序的安排基本上是分散的。

但是,随着叶片毛坯制造技术的提高,叶身无余量精化毛坯类型的不断扩大,其机械加工工艺路线开始逐渐向着工序集中的方向发展。例如,英国 R·R 公司建成的一条叶片自动化生产线,就是用两台磨削加工中心来完成全部机械加工工序的。它是以叶身定位夹紧,在一台磨削加工中心上完成叶片榫头(包括安装板)部位的尺寸加工,然后在另一台磨削加工中心上完成叶冠部位的全部尺寸加工。

（2）采用特种加工工艺多

叶片技术要求高,结构复杂,采用很多特种加工工艺。空心涡轮叶片和导向器叶片的气膜冷却小孔采用激光打孔、高速电火花和电液束加工等;涡轮工作叶片叶冠的接触面采用氢气保护电弧堆焊耐磨合金、真空电弧钎焊耐磨片、激光重熔耐磨层等;钛合金空心整流叶片采用超塑成形和扩散连接;静子叶片组件采用真空钎焊;压气机叶片的叶身型面采用电解成形加工等。

（3）叶片毛坯类型不同

叶片毛坯对叶片机械加工工艺路线的影响很大。不同类型的叶片毛坯,其加工定位基准的选择不同,叶片各部位尤其是叶身型面的加工方法也不相同,所以叶片毛坯的类型对叶片机械加工工艺路线的安排影响很大。例如,铸造高温合金叶片的榫齿一般需采用缓进磨削加工,而不锈钢模锻叶片的榫齿一般采用拉削加工。大余量的模锻毛坯,其叶身型面加工可采用电解加工后再抛光的方法;但小余量的模锻毛坯,其型面加工就不宜采用电解加工,而需采用仿型铣、砂带磨、抛光或数控铣等方法。

(4) 中间检验工序较多

由于叶片的结构较复杂,技术要求又较高,因此加工工艺路线较长(其中包括中间热处理、表面处理、无损探伤工序等),它的加工质量对发动机的性能、寿命和可靠性影响很大。所以在叶片机械加工工艺路线中安排了很多中间检验工序,以检查叶片内部及外部的质量,避免最终检查时因质量不合格而浪费大量的工时。

2.4.2 叶片机械加工定位

叶片机械加工需要定位,常用的定位技术有六点定位、低熔点合金定位和榫头定位等技术。

1. 六点定位技术[72]

假设一个物体是自由刚体,完全忽略弹、塑性变形,相对于三个互相垂直的坐标平面,可以分解成六个方向的运动,即沿三个坐标轴的移动和绕这三个轴的转动,如图 2-30 所示。

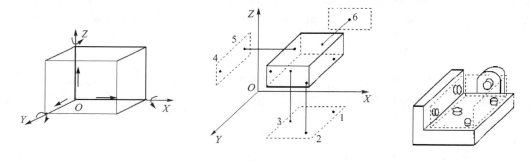

图 2-30   自由刚体六个方向的自由度

XOY 平面称为主基准面,上面分布三个支承点,限制自由刚体的三个自由度,即沿 OZ 轴的平移和绕 OX 和 OY 轴的转动。如果把这三个支承点连成三角形,那么三角形的面积越大,自由刚体越稳固,越容易保证自由刚体的相对位置精度,因此,通常选取自由刚体最大的表面作为主基准面。

YOZ 平面称为导向基准面,上面分布两个支承点,限制自由刚体沿 OX 轴的平移及绕 OZ 轴的转动。两点相距越远,定位就越准确,通常选取自由刚体上最长的表面作为导向基准面。

ZOX 平面称为支承基准面,上面分布一个支承点,限制自由刚体沿 OY 轴的平移。这一支承点通常选取在自由刚体最短、最狭窄的表面上。

六点定位技术不仅在叶片的机械加工中采用,而且在精密锻造和精密铸造的叶片结构设计、工艺设计及尺寸检测中均会广泛使用。

2. 低熔点合金定位技术[73,74]

低熔点合金通常由锡(Sn)、铋(Bi)、铅(Pb)、镉(Cd)和锑(Sb)等几种金属元素组成,由于这几种金属的熔点较低,因此熔合后的熔点一般在 300 ℃ 以下。Bi、Sn、Sb 的硬度较高,强度较好;Pb 、Cd 对人体不好;Cd 在一定温度下易浸入叶片,形成"镉脆"。

无锡叶片厂采用的低熔点合金(Sn 13.3％、Bi 50％、Pb 26.7％和 Cd 10％)的熔点只有 85 ℃。某低熔点合金含铋量 57％、含锡量 42％、含锑量 1％，其熔点为 136 ℃。

由于叶片的型面、榫头、叶冠结构特殊，因此其在机械加工中定位非常困难。而所谓的低熔点合金定位技术就是用浇铸的方法在叶片外形成一个易于定位的体，在加工结束后通过熔化法或敲击法去除低熔点的定位合金，而叶片基体不会损坏。低熔点合金对叶片的包裹可以是全包容式，也可以是局部包容式，如图 2-31 所示。

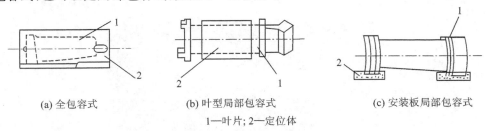

(a) 全包容式　　　　(b) 叶型局部包容式　　　　(c) 安装板局部包容式

1—叶片；2—定位体

图 2-31　低熔点合金定位

通常采用低熔点合金定位的几种情况如下：

① 对叶身型面留有加工余量的叶片，采用低熔点合金定位的目的是为了使叶身型面的加工余量分布均匀，这一点对空心叶片保证壁厚的要求尤为重要。

② 对叶身型面无加工余量的叶片，采用低熔点合金定位的目的是为了保证叶型和安装板相对于叶片设计基准的位置正确；对于导向器叶片来说，另外还有为保证叶型位置和燃气通道的喉部面积符合设计要求的目的。

③ 在加工小叶片或叶身刚性差的叶片榫头(或安装板)时，为了解决难以定位、夹紧的问题，也采用低熔点合金。

低熔点合金定位的工艺过程如下：

① 制作一个与叶片尺寸相适应的金属方盒，方盒的内腔是一个尺寸精确的长方体。

② 将叶片毛坯放入方盒中，并以叶身型面和其他部位上的几个基准点对叶片进行精确的位置调整和定位。

③ 将熔化的低熔点合金浇入金属方盒中。

④ 冷却后打开方盒，取出包容(局部包容或全部包容)着叶片毛坯的精确低熔点合金长方体。在这个长方体上，可同时建立 X、Y、Z 三个方向的基准面。这样，就将毛坯的基准转移到了低熔点合金包容体上。这个低熔点合金长方体可以方便地夹紧在工装上，从而可对叶片的榫头、叶冠、上下缘板等进行铣削、磨削和拉削加工。

⑤ 完成加工后，将低熔点合金去除。锡、铋合金较脆，用敲击的方法既可将定位块打碎取出叶片，也可加热到熔点来熔化掉定位合金。

法国 SNECMA 公司的钛合金叶片在机械加工前采用低熔点合金定位：浇铸锡铋合金(锡 43％，铋 57％)，合金熔化温度为 138 ℃，浇铸温度为 151～165 ℃，膨胀系数小于 0.6 ％。用六点定位法浇铸(图 2-32)。浇

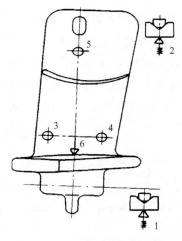

图 2-32　SNECMA 钛合金叶片采用六点定位法进行低熔点合金浇铸[64]

铸过程为：熔化合金—控温—清理夹具—叶片定位夹紧—浇铸合金—取合金—打毛刺—三坐标测量机检查定位点。低熔点合金打掉后必须立即用浓度为85%的硝酸溶液进行腐蚀，去掉表面的残留物质[64]。

3．榫头定位技术

在叶片结构中，榫头的两个侧面较为平整，可作为定位基准。为了提高叶片加工时的刚性，在叶尖增加辅助定位，如图2-33所示。

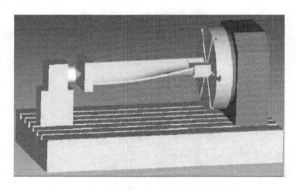

图2-33　叶片机械加工装夹定位[5]

2.4.3　叶身型面加工

叶片的叶身型面绝大多数都是由坐标点组成的空间扭曲曲面。叶片型面质量的好坏直接影响到叶片的工作质量。叶身型面的加工应保证叶片型面型线精度、各截面相对位置精度、叶身型面与榫头基准相对位置精度和叶片表面的完整性等。

叶身型面的加工方法通常有：成形铣削、仿形切削、电解加工、电火花加工、砂带磨削、砂带抛光和手工抛光等。由于数控加工（数控铣削、数控磨削、数控抛光）各种空间曲面具有通用性好、加工精度高、使用工装少等优越性，所以在叶片加工中采用得越来越多，尤其适合于小批量、多品种叶片的加工。

本节介绍典型的叶片叶身型面的数控铣削、仿形切削、砂带磨削、砂带抛光和手工抛光等工艺。

1．叶身型面数控铣削

数控铣削可以得到较高的叶片加工表面精度和质量，随着数控铣削设备的发展，在叶型加工中的应用越来越广泛。相关的设备有通用三坐标、四坐标数控铣床和专用五坐标数控铣床。由于叶片的型面曲率变化较大，从而给加工过程中刀轴的方向控制、实际切削角度和切削参数的选择造成了一定难度[5]。常用的叶片数控铣刀如图2-34所示。

立铣刀　　　　　　　　球头立铣刀　　　　　　　锥度球头立铣刀

图2-34　叶片数控铣刀

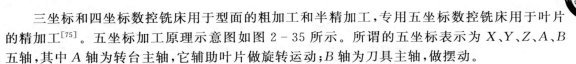

三坐标和四坐标数控铣床用于型面的粗加工和半精加工,专用五坐标数控铣床用于叶片的精加工[75]。五坐标加工原理示意图如图 2-35 所示。所谓的五坐标表示为 X、Y、Z、A、B 五轴,其中 A 轴为转台主轴,它辅助叶片做旋转运动;B 轴为刀具主轴,做摆动。

意大利的法拉利 A175 型五轴联动加工中心,其最大叶片加工尺寸为 700 mm×ϕ450 mm。北京机电院研发的 XKH800 型五轴联动加工中心可用来加工中、小型叶片[5]。

2. 叶身型面仿形切削

仿形切削一般用于叶片的粗加工和半精加工,可分为机械仿形切削加工、液压仿形切削加工和电仿形切削加工。若按不同的工艺方法划分,型面仿形切削加工可分为仿形铣削、仿形车削和仿形磨削等。仿形切削与数控铣削相比,叶片加工的表面精度低,但效率高,对于批量生产优势较明显。但随着叶片型面越来越复杂和数控铣削的不断发展,仿形切削会逐渐被淘汰。

(1) 机械仿形切削加工

机械仿形切削加工是在专用靠模机床上或在普通车床、铣床上附加靠模装置进行的,铣刀(或车刀)与滚轮刚性连接或通过机械装置连接。滚轮沿靠模运动就可铣(或车)削出整个叶身型面(或分别铣出盆、背型面)以及安装板转接处的型面。机械仿形切削加工的优点是:通过在普通通用机床上增加一套靠模装置就能实现,所以在叶片型面加工中经常采用,如图 2-36 所示。

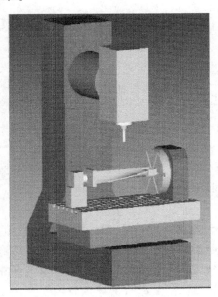

图 2-35　五轴联动铣削叶片原理图[5]

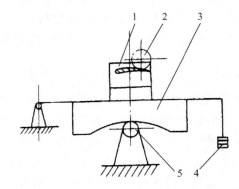

1—叶片；2—盘铣刀；3—靠模；4—配重块；5—滚轮

图 2-36　叶背型面机械仿形加工示意图[59]

(2) 液压仿形切削加工

液压仿形切削加工在液压随动作用的专用仿形机床上进行。加工时滚轮或接触销作用在靠模上的力很小,在小批量生产时,靠模可以用环氧树脂等材料制成。与机械仿形切削加工比较,液压仿形切削加工的操作和调整方便,仿形精度高,生产效率也高,如图 2-37 所示。

(3) 电仿形切削加工

电仿形切削加工的仿形是由电器控制的,其优点与液压仿形切削加工的相同。

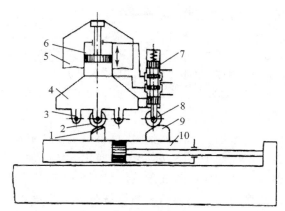

1—叶片；2—铣刀；3—托架；4—头架；5—床身立柱；6—仿形油缸；7—仿形滑阀；
8—滚轮；9—靠模；10—工作台传动油缸

图 2 - 37　三轴液压仿形半自动铣床示意图[59]

3. 叶身型面砂带磨削

（1）砂带磨削方法

砂带磨削的磨具是砂带。砂带借助于张紧机构使之张紧，借助于驱动轮使之高速运动，并在一定压力作用下使砂带与工件表面接触以实现磨削加工的整个过程，其原理如图 2 - 38 所示。

（2）叶片砂带磨削应用

砂带磨削叶片型面也属于靠模仿形加工，其切削工具由砂带代替了铣刀或车刀。相对于砂轮磨削而言，砂带磨削具有易切削和"冷态"切削的特性，不破坏机体组织，波纹度得以减小，叶片表面粗糙度值低，能使型面精度提高，适合于半精加工或精加工工艺，而且效率较高。

砂带磨削较适于大尺寸叶片，对于小叶片有一定的局限性。传统的砂带磨削多为敞开式和半敞开式，工作环境较差。近几年，国外的多轴联动叶片数控砂带磨床，利用数控加工原理实现叶片的砂带磨削，是一个较好的发展方向。

目前采用的砂带磨床可分为两类：一类是宽砂带磨床，用来磨削叶背或叶盆的整个型面，砂带宽度大约等于叶身型面长度；另一类是窄砂带磨床，用来分别加工叶盆或叶背型面。按磨床成形的原理可分为点接触仿形加工、线接触衍生加工、线接触共轭加工、展成法面加工和靠模滚切法加工。图 2 - 39 为利用展成法加工涡轮叶片叶盆型面的某砂带磨床示意图。

如图 2 - 39 所示，叶片用夹具装在工作台 3 上，工作台 3 与扇形齿轮 4 固定在滑板 2 上，滑板 2 由偏心机构获得往复运动。扇形齿轮上方有一固定的齿条 5，当滑板做往复运动时，工作台通过扇形齿轮而摆动，这样便构成了叶片相对于靠模 6 的展成运动。图中 7 为砂带，8 和 9 为导轮，10 为主动轮，11 为配重。当磨削叶背型面时，工作台的摆动不是由扇形齿轮与齿条传动获得的，而是在工作台轴上，通过偏心机构由齿轮与齿轮传动来实现。这样的生产效率很高，适用于磨削型面曲率大的叶片。

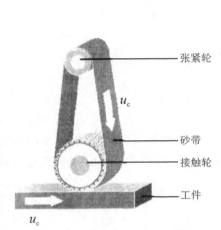

图 2 - 38　砂带磨削方法示意图

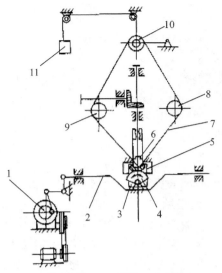

1—偏心机构；2—滑板；3—工作台；
4—扇形齿轮；5—齿条；6—靠模；7—砂带；
8,9—导轮；10—主动轮；11—配重

图 2 - 39　砂带磨床示意图

4. 叶身型面抛光

叶片抛光的质量对发动机性能和质量有直接的影响。如果叶片型面的粗糙度、波纹度和转接质量不好，则会降低发动机的性能和寿命。常用的叶片型面抛光工艺有手工抛光和机械抛光。

（1）手工抛光

叶身型面的手工抛光是工人手持叶片，利用高速转动的磨轮去除型面的部分余量，以便降低型面粗糙度的一种方法，如图 2 - 40 所示。型面抛光分为粗抛光、半精抛光、精抛光和光抛光。抛光的目的在于达到图纸所要求的尺寸精度和表面粗糙度，尺寸精度可达 1～2 级，粗糙度 Ra 可达 0.25 μm。

（2）机械抛光

机械抛光是利用专用砂带抛光机进行抛光。砂带抛光易于保证表面层质量的稳定性，其特点是：

① 叶片的叶盆型面、叶背型面和前、后缘等各部分具有同等的粗糙度；

图 2 - 40　叶片型面手工抛光示意图

② 专用砂带抛光机床只能对叶片进行均匀等量抛光，而不能对叶片型线进行修正，因此要求抛光前的叶片型线准确，且叶片应精锻或铣削到最后精加工尺寸。机械抛光过程示意图如图 2 - 41 所示。

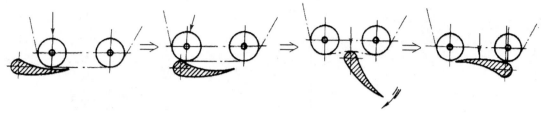

图 2-41　机械抛光过程示意图[59]

（3）抛光的工艺过程及分类

叶片型面的抛光工艺过程包括粗抛光、半精抛光、精抛光和光抛光。

1）型面粗抛光

当型面的余量较大（铝叶片余量大于 0.5 mm、钢叶片余量大于 0.3 mm）时，进行粗抛光来去除余量。粗抛光用砂轮加工，对粗糙度要求不太严格，但严格要求型面的形状和位置度。一般情况下粗抛光留出的余量为 0.05～0.08 mm。

2）型面半精抛光

半精抛光是精抛光的准备工作，主要是消除前道工序的痕迹。半精抛光的型面粗糙度只能比最终的要求差 1 级。一般在半精抛光后，做精抛光型面时不再测量型面。半精抛光型面留出的余量为：铝叶片 0.04 mm，钢叶片 0.02 mm。

3）型面精抛光

精抛光是在半精抛光的基础上对型面进行光饰，使其达到所规定的粗糙度及图纸的技术要求和尺寸精度。精抛光型面可以直接安排在半精抛光之后进行，甚至可以与半精抛光工序合在一起进行。

4）型面光抛光

光抛光一般用较细的膏剂涂在绒轮（细毛毡轮）或布轮上进行，除去的金属更少，有时去掉的金属量几乎为"0"，此时的切削过程主要是除去氧化膜，得到镜面光泽。光抛光多用于叶片最后的光整加工，只检验光洁度，不测量尺寸。

2.4.4　叶片榫头加工

叶片榫头与轮盘榫槽相配合，承载叶片的离心载荷和热载荷等。由于榫头/榫槽接触面很小，工作时要保证接触良好，因此榫头/榫槽的特点是尺寸小，尺寸精度高，形位公差要求严。涡轮转子叶片和压气机转子叶片榫头主要有枞树形榫头和燕尾形榫头。

叶片榫头的加工方法包括：成形铣削、拉削、缓进磨削、电解磨削和车削（只适用于圆弧形榫头）等。高温合金涡轮叶片的枞树形榫头常采用缓进磨削，而以钛合金为主的压气机叶片多采用拉削加工。

1. 榫头成形铣削[59,75]

所谓榫头成形铣削就是以榫头横向剖面轮廓线为母线制作成形铣刀加工榫头的工艺。其示意图如图 2-42 所示。

成形铣削可以加工轴向直齿榫头、轴向圆弧形榫头和环形（燕尾形）榫头。

铣削轴向直齿榫头可以采用普通卧式铣床，也可以采用数控铣床。在普通铣床上的加工技术难度很大,且加工精度难以保证。

环形榫头成形铣削需借助数控圆弧插补进行铣削加工,需要专用五轴数控铣设备。也可在普通卧轴铣床上增加一个摆动工作台,采用翻转夹具进行铣削。

轴向圆弧形榫头需要专用数控铣床,铣削时将叶片的积叠轴线与铣刀轴线平行放置(或倾斜一定角度),铣刀进行圆弧插补加工出所需要的圆弧榫齿。

由于成形铣削加工时的切削力大,榫头精度要求高,因此成形铣削要求设备必须刚性好、精度高。

2. 叶片榫头缓进磨削[59,75]

缓进磨削亦称蠕动磨削,加工时的切削深度大,进给慢,采用高压冷却,如图 2-43 所示。

图 2-42　叶片榫头成形铣削示意图[75]

(1) 切削深度大

普通磨削每次进给深度一般为 0.1 mm 以下,而缓进磨削每次进给深度可以从几毫米到十几毫米甚至高达 30 mm。因为一次切削深度大,砂轮与工件的接触弧长比普通磨削时的长得多,单位时间同时参加磨削的切削刃数随着切深的加大而增加,使磨削效率得到提高,生产率远远高于普通磨削。

(2) 进给慢

缓进磨削工作台为单向送进,送进速度一般从每分钟几毫米到二三百毫米,它比普通磨削时的工作台往复运动速度慢得多,砂轮上的磨粒以缓慢的速度切入工件,避免了磨料与工件边缘的冲击,改善了磨削条件,因此砂轮不易损坏。

(3) 高压冷却

缓进磨削时虽然单粒磨粒所承受的磨削力下降了,但是参加磨削的磨粒数量增多了。金属切除率高,总的磨削力和磨削热是增大的,因此需对磨削区给予充分的冷却,并对砂轮进行高压冲洗,一般为几个大气压,以除去砂轮空隙中的磨屑。

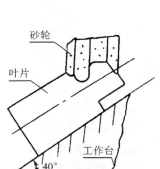

图 2-43　叶片环形榫头
缓进磨削示意图[59]

(4) 缓进磨削示例

缓进磨削具有生产率高和加工表面质量好的优点,目前广泛应用于高温合金叶片榫齿的磨削。磨削枞树形榫齿时,榫齿平行度、错齿量能稳定在 0.015 mm 内,表面粗糙度 $Ra \leqslant 0.8\ \mu m$,残余应力为压应力。针对不同叶片材料、榫齿形状和精度要求,缓进磨削有时采用粗、精两道工序,有时采用粗磨、半精磨和精磨三道工序。磨削某涡轮叶片四齿枞树形榫头,材料为 K417,分为粗磨、半精磨和精磨三道工序完成,尺寸精度为 0.015 mm 以下,表面粗糙度 $Ra \leqslant 0.8\ \mu m$,残余压应力为 490 MPa。

3. 叶片榫头拉削

(1) 概　述

拉削是一种高效率的金属切削工艺。拉刀一次行程就能完成粗、精加工,因此拉削的生产效率很高。拉削的切削深度小,加工表面经刀齿的切削、校准作用,一般能达到 2~3 级精度,

粗糙度 Ra 为 $1.6 \sim 0.8~\mu m$，此外，拉刀的使用寿命特别长，适合加工精度高、表面质量好的批量和大批量生产的零件。拉削在批量生产中几乎已经全部取代了铣削加工。

拉削按拉削速度分为两种：低速拉削和高速拉削。在相同条件下，高速拉削的零件表面质量优于低速拉削的表面质量，目前在航空零件上已越来越多地采用高速拉削。

（2）拉削方式

榫头/榫槽的拉削方式有成形法和渐切法。采用什么方法取决于被加工榫头/榫槽的型面尺寸、位置精度以及加工余量的大小。通常将两种方法结合在一起使用。

成形法：拉刀每个齿切下的金属与拉削表面的最后型面相似（图 2-44(a)）。优点是：由于榫槽型面的加工由拉刀校正齿形精度保证，因此，采用成形法易获得较高的精度和低的表面粗糙度值。缺点是：该方法的拉刀制造比较困难，切屑流动困难，且易刮伤已加工表面；刀齿侧面与被加工表面之间摩擦，影响拉刀耐用度。成形法拉削适用于精拉工步。

渐切法：拉刀的每个齿切下一定金属，同时都参加榫齿齿形的成形加工（图 2-44(b)、(c)）。优点是：拉刀制造简单；刀具耐用度高。缺点是：拉削榫齿型面的精度和表面粗糙度较差。渐切法适用于齿形的粗拉工步。

(a) 成形法　　　　(b) 渐切法一　　　　(c) 渐切法二

图 2-44　拉削方式图

（3）典型叶片榫头拉削

叶片榫头拉削可采用立式拉床或卧式拉床。拉削刀具结构复杂，多采用组合拉刀，每段拉刀分别完成切削部分和切削量，这些功能不一、长短不一的拉刀组合后压紧在拉刀盒内，成为一个完整的组合拉刀。某燕尾形榫头组合拉削拉刀分布图如图 2-45 所示。其中①、②为侧

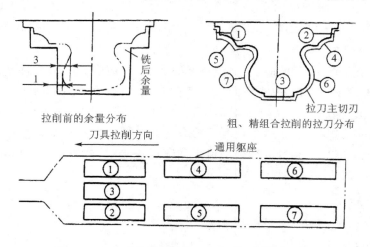

图 2-45　典型燕尾形榫头组合拉削拉刀分布图[59]

面拉刀,③为底面拉刀,④、⑤为盆、背两侧面 R 拉刀,⑥、⑦为两侧面综合拉刀。

拉削成形过程一般为成形法与剪切法相结合。典型的枞树形榫头拉削过程如图 2-46 所示。

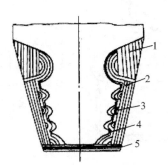

1—第1、2把刀；　2—第5、6把刀；　3—第7、8把刀；
4—第9把(最终成形)刀；　5—第3、4把刀

图 2-46　枞树形榫头拉削成形过程图[59]

2.5　叶片的特种加工

特种加工技术是借助电、热、声、光、电化学、化学及特殊机械能等多种能量或者它们的组合来实现材料去除的加工方法。

在现代航空发动机设计中,为了满足高性能航空发动机的要求,必须大量采用新材料和新结构,这样,产品的可制造性就对制造技术提出了新的挑战,如对难加工材料、复杂型面、精密表面的加工及对特殊要求零件的加工等。特种加工技术的采用,可使航空发动机零件数量减少,结构设计简化,从而在性能、适用性、可靠性和维修性等方面得到提高。

2.5.1　叶片电解加工

1. 电解加工原理

电解加工(Electrochemical Machining,ECM)是基于电化学过程的阳极溶解原理并借助预先成形的阴极,将工件按照一定的形状和尺寸加工成形的工艺方法。在加工过程中,工件接电源正极,工具接电源负极,极间通以低电压、大电流的直流或脉冲电流,同时高速流动的电解液从两极间通过[76]。电解加工原理示意图如图 2-47 所示。

2. 叶片型面电解成形

(1) 叶片型面电解成形工艺

在电解加工时,以叶片为阳极(接直流电源的正极),以工具为阴极(接直流电源的负极),在两极之间的狭小间隙内有高速电解液通过。当工具阴极向叶片不断进给时,在相对于阴极的叶片表面上,金属材料按阴极型面的形状不断地溶解,电解产物被高速电解液带走,于是在叶片的相应表面上就加工出与阴极型面近似相反的形状[59]。

电解加工采用低的工作电压(6~24 V)、大的工作电流(最高可达 20 000 A)、狭小的加工间隙(0.1~0.8 mm)和高的电解液流速(5~60 m/s)[59]。

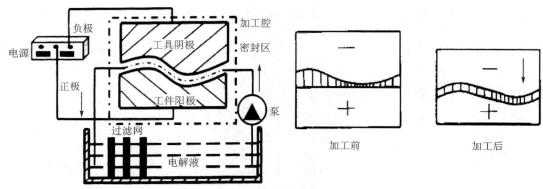

图 2-47　电解加工原理示意图[59,77]

（2）叶片型面电解成形特点

① 电解加工不受金属材料本身硬度和强度的限制，可加工不锈钢、耐热合金钢、钛合金等高硬度、高强度及韧性金属材料。

② 电解加工的生产率较高，且不直接受加工精度和表面粗糙度的限制。电解加工的生产率为电火花加工的 5～10 倍，在某些情况下，比切削加工的生产率还高，美国 Sermatech 公司使用电解加工工艺加工发动机部件，电解加工时间缩短为传统切削加工时间的一半[76]。

③ 电解加工的表面质量较好。电解加工时，工件没有切削加工时的冷作硬化层、热再铸层，以及由此引起的表面显微裂纹和加工纹路。电解加工可以达到较高的光洁度，一般 $Ra=0.3～6.3\ \mu m$，极端时也可达到 $0.2\ \mu m$。

④ 电解加工的尺寸精度不是很高。虽然影响电解加工的因素很多，但电极之间间隙的大小和理化特性是主要原因。电解加工的加工精度一般为 $\pm 0.1\ mm$，加工的叶片圆角半径大于 $0.2\ mm$。电解加工尺寸精度的提高也是目前研究和发展的方向，例如精密微细电解加工和数控电解加工的发展[76]。

⑤ 电解加工由于不存在机械切削力，所以不会产生由切削力引起的残余应力和变形，没有飞边毛刺。

⑥ 电解加工的附属设备较多，占地面积大，机床需有足够的刚性和防腐蚀性能，造价较高，并且电解产物需要进行环保处理。

（3）叶片型面电解成形应用

1）某整流叶片扁孔电解加工

该叶片材料为 1Cr17Ni2，扁孔尺寸为 11.6 mm×4 mm×190 mm，技术要求：$(4\pm 0.2)\,mm$，局部允许 4.4 mm，允许型孔中有不大于 0.5 mm 的台阶。叶片结构（左）及电解加工机床示意图如图 2-48 所示。

2）整体叶盘电解加工

航空发动机压气机或涡轮整体叶盘结构的加工成形非常困难。电解加工便是有效的方法之一，见 3.5 节整体叶盘制造工艺。

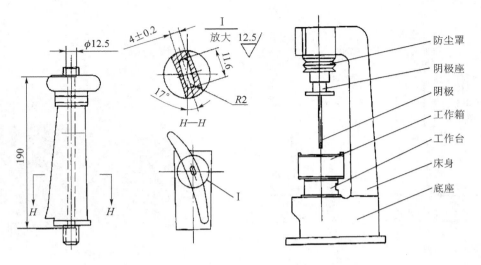

图 2 - 48　电解加工叶片尺寸及机床示意图

3. 叶片小孔电液束加工

（1）电液束加工原理

电液束加工属于电化学技术领域。金属工件接阳极，呈收敛状的毛细血管接阴极，在阴极、阳极间施加直流电压。净化的酸性溶液通过高压输液泵压入导电密封头进入玻璃管电极中，形成持续液束流，射向工件的加工部位，通过电场的作用，对阳极工件进行"溶解"加工[65]。电液束加工原理如图 2 - 49 所示。

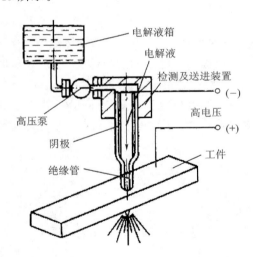

图 2 - 49　电液束加工原理图

在航空发动机领域，电液束加工主要用于涡轮叶片气膜小孔的加工。电液束加工属于无应力冷态溶解加工，从根本上消除了加工放热产生的再铸层和微裂纹等缺陷。表面粗糙度一般为 $1.6 \sim 0.8~\mu m$。电液束加工适宜加工 $\phi(0.2 \sim 0.8)~mm$ 的小孔，最小孔径可达 $\phi 0.125~mm$，深径比可达 100:1[65]。电液束加工小孔的过程及小孔表面质量放大图如图 2 - 50 所示。

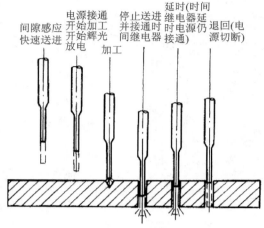

间隙感应 电源接通 停止送进 延时(时间 退回(电
快速送进 开始加工 并接通时 继电器延 源切断)
开始辉光 间继电器 时电源仍
放电 接通)
加工

(a) 电液束加工小孔的过程[59]　　　　　(b) 电液束加工小孔的质量[65]

图 2-50　电液束加工小孔的过程及质量

（2）电液束加工的技术难点

电液束加工的技术难点在于电极的制造。对于毛细玻璃管电极,小尺寸加工比较困难。而由于玻璃管电极刚性的限制,难以实现较大小孔的加工,目前也在开展金属型电极电液束技术的研究。

2.5.2　叶片电火花加工

1. 电火花加工原理

电火花放电去除的微观过程是电场力、磁力、热力、流体动力、电化学和胶体化学等综合作用的结果。在极间电压的作用下,电极与零件之间的绝缘介质被击穿,形成放电通道,电极与零件之间通过通道进行大量的离子交换,产生集中的热能,零件与电极对应部分的界面材料被熔化,并将熔化的材料抛出,原有的放电通道短暂存在后随即消除,产生新的放电通道,这几个过程不断循环,从而形成了宏观的电火花放电去除过程。电火花加工原理及设备如图 2-51 所示。

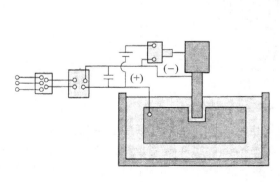

(a) 电火花加工原理　　　　　(b) 瑞士阿奇夏米尔公司的电火花精密加工设备

图 2-51　电火花加工原理及设备[65]

电火花加工适用于加工导电材料,不受材料硬度和熔点等的限制,较适用于成形型腔复杂的结构。电火花加工过程无集中切削力,较适合于零件加工过程中的应力释放和薄壁件的精密成形。电火花加工速度较慢,而且存在电极损耗。

在叶片加工中主要用于小孔、异型孔和涡轮导向叶片封严槽的电火花加工。

2. 电火花加工小孔

(1) 高速电火花小孔加工特点

在用高速电火花加工小孔时,空心电极做轴向旋转进给运动,管电极中通入 1～5 MPa 的高压工作液,能迅速将电极附近的放电腐蚀产物排除,且能强化放电的腐蚀作用。高速电火花小孔加工原理如图 2-52 所示。

小孔加工的主要工艺指标为:表面粗糙度、加工精度生产率(蚀除速度)和电极损耗率。加工过程中对工艺指标起重大影响的主要因素有脉冲参数、工具电极、工件材料和工作液压力等。

高速电火花小孔加工的特点是:加工面积小,深度大,直径一般为 $\phi(0.3～3)$ mm,深径比超过100:1。电火花加工适用于精度、表面质量要求不太高,深径比较大的小孔。

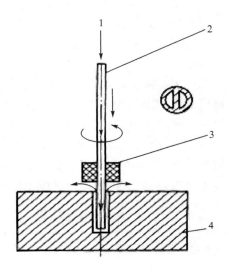

1—高压工作液;2—管电极;3—导向器;4—工件

图 2-52　高速电火花小孔加工原理[65]

由于工具电极的截面积小,易变形,不易散热,排屑困难,因此电极损耗大。工具电极应具备刚性好、容易矫直、加工稳定性好和损耗小的特点。加工时为了避免电极弯曲变形,还需设置工具电极的导向器装置,增加电极的刚度,以保证加工稳定性和加工精度及运动轨迹的一致性。

(2) 高速电火花小孔加工实例

某发动机高压涡轮叶片的叶盆和叶背型面上沿叶高方向线性排列着 9 排气膜冷却孔,其结构简图如图 2-53 所示。

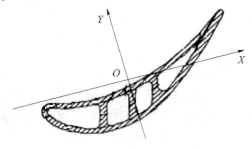

图 2-53　涡轮叶片气膜孔结构简图

技术要求:叶片材料为镍基高温铸造合金,叶片上有 $\phi(0.3+0.1)$ mm 和 $\phi(0.5+0.1)$ mm 的小孔,表面粗糙度 Ra 为 $6.3~\mu m$。

采用高速电火花小孔加工,加工后的叶片经检测,表面再铸层厚为 $0.01～0.04$ mm,比激光加工表面再铸层厚度小,表面粗糙度 Ra 为 5.0~5.5 μm,且无微裂纹,符合技术要求,加工后再进行湿吹砂即可。另外,由于加工时电极做高速旋转运动和轴向伺服进给,孔的圆度、精度较好,因此孔的位置度由合格的夹具和机床来保证。

(3)电火花加工导向叶片封严槽

某导向叶片材料为 K403,封严槽的结构尺寸如图 2-54 所示。封严槽尺寸为 $0.9^{+0.1}$ mm,深度为 $2^{+0.5}$ mm。

在电火花加工过程中,考虑双边放电间隙,将工具电极做成与窄槽型面相似的形状,利用电火花放电腐蚀金属的原理,将工具电极的形状完整地复制到叶片上,并获得最终所要求的尺寸。该方法的加工效率较高,加工一个窄槽只需 6~7 min。参照适当的加工标准,可以获得较好的表面粗糙度。

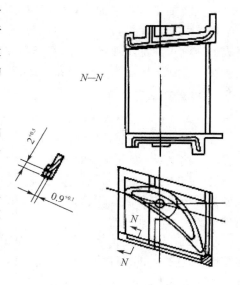

图 2-54　导向叶片封严槽结构示意图[59]

2.5.3　叶片化学铣削

1. 化学铣削工艺

(1)化学铣削方法

化学铣切(简称化铣)是将材料的要加工部位暴露在化学介质(溶液)中进行腐蚀,以获得所需零件形状和尺寸的一种加工方法。图 2-55 为典型单台阶化铣零件,其材料为 1420 铝锂合金,凹槽铣切深度为 5 mm[65]。

图 2-55　典型化学铣削试件[65]

化铣加工前,先在零件毛坯表面均匀地涂覆一层保护涂层,再按照加工样板的形状把加工区的轮廓刻划出来,揭去待加工区域(腐蚀区域)的保护层,然后浸入特定的腐蚀性介质中进行腐蚀,最终清除保护涂层,完成加工。

(2)化学铣削特点

1)化学铣削对材料性能的影响

化铣加工过程无切削力,不会形成切削残余应力,但腐蚀对材料性能可能有影响。对于不锈钢、镍基合金和铝合金,有可能会发生晶间腐蚀,因此,需控制其晶间腐蚀深度。对于钛合金和不锈钢,在化铣过程中有可能导致材料吸氢,因此,在化学铣削时必须检测氢的含量。

2)化学铣削对表面质量的影响

在化学铣削加工中,厚度尺寸是最关键的尺寸,而且在化学铣削的零件中存在着过渡区,过渡区的长度可以是铣削深度的 6 倍或 15 mm。

化铣零件的表面粗糙度受材料和工艺的多种因素影响,包括材料成分、组织、晶粒度、加工状态等,以及工艺溶液成分、含量、温度和吊挂方式等。通常情况下,$Ra \leqslant 3.2$ μm。

3）化学铣削的步骤

主要分 5 个步骤：

① 清洁毛料表面。

② 涂覆防蚀层，目的是保护不需化铣的表面。

③ 刻划防蚀层图形，以限定毛料上要铣削部位的尺寸和形状。简单型面可省略此步骤。

④ 腐蚀加工。

⑤ 清除防蚀层。

钛合金的化学铣削广泛使用的腐蚀液是氢氟酸和硝酸的混合溶液，这种具有氧化性的混合酸的特点是能把化学铣削过程中产生的氢转化为水，从而避免钛材料产生氢脆问题。

2. 化学铣削应用[78]

某压气机第四级转子叶片，精锻成形，材料为 TC11，腐蚀液为氢氟酸、硝酸和添加剂。影响化学铣削工艺的有槽液温度、化铣速度、搅拌和叶片的摆放位置。经试验研究，槽液温度控制在 $50 \sim 60$ ℃，化铣速度控制在 $0.08 \sim 0.12$ mm/min，充分搅拌以获得光亮银白的表面，叶片垂直于槽液放置。

按正常的工艺进行化铣，叶片经精锻后，余量为 $0.15 \sim 0.35$ mm。化学铣削分为两次加工，第一次去除大部分余量，并进行抛修和光饰；第二次去除剩余的余量。经研究认为，精锻加化铣生产钛合金叶片的方法合理、参数可靠，并且降低了成本。

2.5.4　叶片激光加工

1. 激光加工原理

激光通过光学聚焦系统极易获得较高的功率密度，而且激光的功率密度易于控制，调节范围为 $10^{2} \sim 10^{10}$ W/cm²。利用不同的功率密度，激光与材料相互作用可实现不同的应用目的。

当激光以 $10^{2} \sim 10^{3}$ W/cm² 的功率密度入射到材料表面时，材料表面将达到相变温度，从而产生相变硬化；当功率密度达到 $10^{4} \sim 10^{5}$ W/cm² 时，钢会熔化，可用激光进行焊接、熔敷等；当功率密度达到 $10^{5} \sim 10^{8}$ W/cm² 时，材料会被蒸发，可用于激光打孔和激光切割等；当功率密度达到 10^{10} W/cm² 时，可用于激光强化[65]。

激光加工具有以下特点：

① 适合于质硬、难熔、脆韧的金属材料的加工，例如硬质合金、高温耐热合金、铸造合金和不锈钢合金等金属材料。

② 激光加工是无接触加工，加工中没有切削力，夹具结构简单，制造费用低，特别适合新产品的开发和研制。

③ 激光加工的作用时间短，对工件的热影响区小；加工中没有"刀具磨损"问题，工件不会因有切削力而造成变形，适合精密加工。

④ 激光加工的速度快，便于电气控制，生产效率高。

⑤ 在激光加工时，工件不需要放在真空室内，不需要电场环境，在特殊情况下，可透过玻璃罩对零件进行加工。

2. 激光打孔

激光打孔主要用于涡轮叶片的气膜孔等的加工，如图 2－56(a)所示。激光打孔可以加工微孔、小孔，孔径一般在 $\phi(0.02\sim0.5)$ mm 范围内，孔的深径比大于 100∶1，最高可达 200∶1。不适合加工盲孔和对深度尺寸有要求的槽。

激光打孔一般采用脉冲激光，分为冲击制孔和螺旋线切割制孔。冲击制孔的速度快，效率高；而螺旋切割制孔的效率相对较低，但加工精度更好。

在激光制孔过程中，材料在高能量密度的激光作用下，短时间内受热汽化及熔化，其间瞬时高压使气体迅速膨胀而形成爆炸冲击气流，把大多数汽化及熔化材料迅速溅射出去而形成小孔，但一部分没能溅射出去的熔融物围绕孔壁重新凝固形成再铸层（几微米到几十微米量级）。再铸层容易产生微裂纹，如图 2-56(b)所示。

激光加工小孔的表面粗糙度较差，通常 $Ra>6.3$ μm；所加工的孔有不圆度和锥度要求。

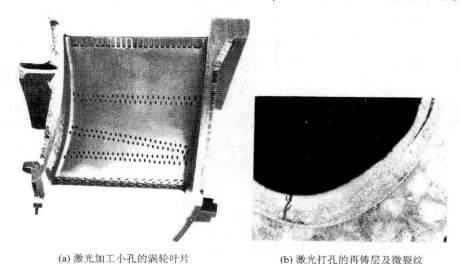

(a) 激光加工小孔的涡轮叶片   (b) 激光打孔的再铸层及微裂纹

图 2-56　激光加工涡轮叶片小孔[65]

2.5.5　空心风扇叶片的成形工艺

1. 蜂窝夹芯结构成形工艺

20 世纪 80 年代，R·R 公司首先研制了第一代宽弦无凸台风扇叶片，其结构形式如图 2-3(a)所示，并在 RB211-535E 和 V2500 发动机上应用。

叶盆、叶背面板采用钛合金热轧钣材，经精锻或等温锻成形，采用化学铣加工出空腔。夹芯蜂窝用钛合金箔钣轧成波纹板，再用电阻焊焊接而成。两面板和夹芯蜂窝块采用活性扩散焊焊成整体结构。外型面在数控铣床上进行精加工[79]。

2. 瓦伦夹芯结构成形工艺

R·R 公司在 20 世纪 90 年代研制的瓦伦夹芯风扇叶片（图 2-3(b)）采用超塑成形/扩散焊接成形工艺。

（1）超塑成形工艺[2]

1）材料的超塑性

超塑性指多晶体材料在断裂之前表现出均匀大延伸率的能力，通常延伸率超过 200%。

具有超塑性的材料能够伸长若干倍、几十倍，甚至上百倍，不出现颈缩，也不会断裂。根据实现超塑性的条件，材料的超塑性一般分为组织超塑性或恒温超塑性、相变超塑性或第二类超塑性、其他超塑性或第三类超塑性。

具有组织超塑性的材料需满足以下几个条件：

① 组织条件：要求晶粒等轴化，并且属于微细晶粒，晶粒尺寸一般小于 $10~\mu m$；要求晶粒具有热稳定性，与单相合金相比，一般双相合金具有更好的热稳定性，且第二相强度和硬度应与基体处于相同的量级上，避免空洞的产生；基体相晶界应为大角晶界，在切应力作用下易发生晶界滑移。

② 应变速率条件：要求应变速率为 $10^{-4} \sim 10^{-2}~s^{-1}$，该值比常规塑性变形低很多，也因此限制了生产率的提高。

③ 温度条件：超塑变形温度不小于 $0.5 T_m$，T_m 为材料熔点热力学温度。

2）组织超塑性材料变形过程中的组织变化

在超塑成形过程中，一般来说，晶粒的等轴性不会改变，晶粒尺寸会长大；会发生晶粒的滑动、转动和换位；位错密度提高；会出现空洞等现象。这些现象会改变材料原来的强度和损伤容限。

在金属的超塑性研究中，铝合金、镁合金和钛合金的研究最为活跃。由于钛合金在常温下难以成形，而其超塑性能良好，因此钛合金成为航空发动机的主要材料之一，其超塑成形成为重要的研究方向。常用的 TC4 钛合金属于 $\alpha + \beta$ 的等轴马氏体两相合金，在超塑成形的应用中较为活跃。

近年来，GH4169 的超塑成形工艺也在研究中。

3）超塑成形工艺原理

超塑成形工艺主要应用于形状复杂、质量轻、结构强度高的薄板类零件。超塑成形类似于塑料的吹塑成形，其原理是将被加热至超塑温度的钣料压紧在模具上，在其一侧形成一个封闭的空腔，在气体压力作用下使钣料产生超塑性变形，并逐步贴合在模具型腔表面，形成与模具型面相同形状的零件。超塑成形原理如图 2-57 所示。

（2）空心风扇叶片超塑成形/扩散焊接成形[79]

该叶片的成形工艺主要分为四个步骤，第一步为超塑成形/扩散焊接准备阶段，包括中间芯板涂止焊剂，三层板采用氩弧焊封口，放入叶片模具；第二步为加温阶段，根据材料的超塑性温度和扩散焊温度进行加温；第三步为扩散焊接；第四步为超塑成形。工艺步骤如图 2-58 所示。

3. 槽型空心风扇叶片成形工艺[79]

P&W 公司生产的槽型空心风扇叶片如图 2-3(c)所示，该叶片没有夹芯，在叶盆和叶背面板内机加工出槽型结构。

与瓦伦型夹芯结构不同，槽型空心风扇叶片的成形过程是首先进行扩散焊，然后进行超塑成形。

叶片坯料为钛合金，通过铣削加工出槽肋，这时的叶盆/叶背均为扁平形状。将带槽肋的扁平形状叶盆和叶背进行扩散焊连接。将连接好的扁平叶片放入叶片模具内，在高温高压下先使叶片超塑成形，最后数控加工出叶根和外形。

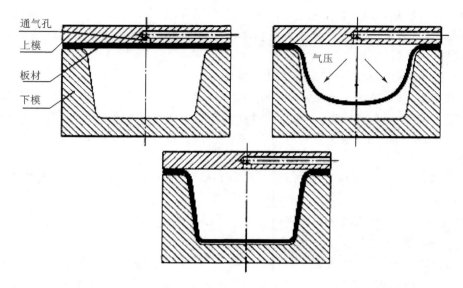

图 2 - 57　超塑成形原理图[2]

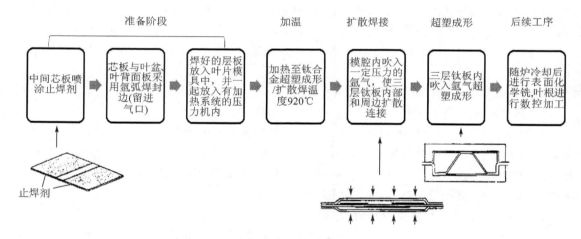

图 2 - 58　瓦伦夹芯空心风扇叶片成形工艺[79]

2.6　叶片表面工程技术

表面工程技术是表面经过预处理后,通过表面涂覆、表面改性或多种表面技术的复合处理,来改变固体金属表面的形态、化学成分、组织结构和应力状况,以获得表面所需性能的系统工程[65]。叶片表面工程技术主要包括表面改性技术、光饰技术和表面涂层技术,是为了提高叶片表面状态疲劳强度、抗腐蚀能力、抗微动磨损及抗点蚀能力等。

2.6.1　叶片表面改性技术

表面改性技术是对表面进行特殊性质的处理,使其在表面以下一定厚度范围内的某种性能发生变化。叶片喷丸和叶片激光强化就是通过在叶片表面形成压应力来达到强化目的的。

1. 喷丸强化

(1) 喷丸强化工艺概述

喷丸强化是提高金属零件疲劳强度的重要工艺措施之一,广泛应用于压气机工作叶片、涡轮工作叶片、静子叶片等零件和组件上。它适用的材料除普通碳素钢外,还有高强度钢、超高强度钢、不锈钢、耐热合金、钛合金、铝合金和镁合金等。

喷丸工艺示意图如图 2-59(a)所示。在喷丸过程中,喷射的弹流像无数的小锤锤击金属表面,使金属表面产生塑性变形(冷作硬化层)(图 2-59(b)),呈现理想的组织状态和残余压应力(图 2-59(c)、(d)),从而提高零件的疲劳强度。从组织结构上看,强化层内形成了密度很高的位错,这些位错在随后的应力和温度作用下在强化层内形成更小的亚晶粒。

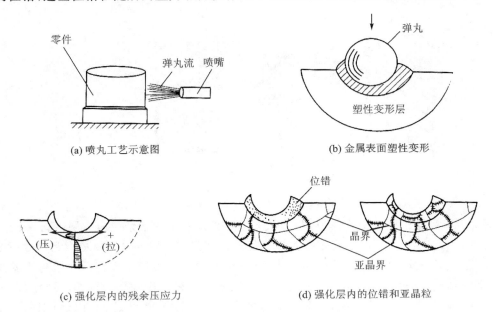

(a) 喷丸工艺示意图　　　　　　(b) 金属表面塑性变形

(c) 强化层内的残余压应力　　　(d) 强化层内的位错和亚晶粒

图 2-59　喷丸工艺过程及原理[65]

喷丸强化工艺对钢和有色金属合金疲劳强度的提高十分有效。相比之下,由于喷丸层深度仅为 0.07~0.5 mm,相对于零件厚度或直径来说是极薄的一层,因此喷丸强化对静强度和冲击强度的影响不是很大。

钢制零件的喷丸强化效果与材料的机械性能有关,通常高强度钢的效果优于低强度钢。有色金属合金如铝合金、钛合金等经喷丸后的疲劳强度都能提高,喷丸强化对钛合金特别有效。用钛合金制造的压气机叶片等已普遍采用喷丸强化方法来提高疲劳性能。

(2) 压气机叶片喷丸示例

叶身喷丸使用带式喷丸机,叶片安装在旋转的皮带夹具上,随着皮带的转动,将叶片带入工作腔内,在工作腔内由自吸喷嘴将玻璃丸喷到叶片叶身表面,完成叶身喷丸。

叶片榫头喷丸使用重力旋转工作台式喷丸机,叶片安装在旋转工作台的夹具上,随着工作台的转动,在工作腔内用铸钢丸喷到叶片榫头表面,完成叶片榫头的喷丸。

喷丸检验:检查试片的喷丸强度,如果低于所要求的弧高值,则重新喷丸试片,待试片合格后方可喷丸叶片。用 10 倍以上的放大镜检查叶片表面的覆盖率。

弹丸选用:叶身一般使用玻璃丸,其破碎率较高,每工作 2 小时检查一次;榫头用铸钢丸,每工作 8 小时检查一次弹丸的破碎率。

2. 叶片表面激光冲击强化

当用从几到几十纳秒的短脉冲高峰值功率密度(大于 10^9 W/cm^2)的激光射到金属零件上时,金属表面吸收层吸收激光能量发生爆炸性汽化蒸发,产生高温(>10 000 K)、高压(>1 GPa)的等离子体。当该等离子体受到约束层的约束时产生高强度压力冲击波,作用于金属表面,并向叶片内部传播,当冲击波的峰值压力处于材料动态屈服极限时,材料表层就会产生应变硬化,残留很大的压应力。激光冲击强化原理如图 2-60 所示。激光射到金属表面时要经过约束层和吸收层。叶片强化通常使用水作为约束层。

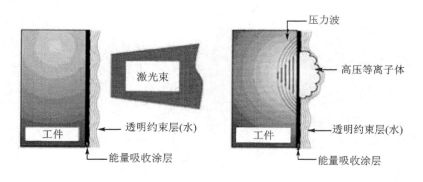

图 2-60 激光冲击强化原理图[80]

采用激光强化工艺的应变影响层深,激光冲击处理获得的残余压应力层可达 1 mm,为喷丸强化的 2~2.5 倍。另外,激光强化可以很好地保持强化位置的表面粗糙度和尺寸精度[81]。

激光强化在发动机叶片上的应用始于 20 世纪 90 年代,美国 GE 公司开始利用激光对涡轮叶片和 F110-GE-100、F110-GE-129 的风扇第 1 级工作叶片进行冲击强化,以提高叶片表面的压应力,防止叶片裂纹,已取得了理想的效果。我国 20 世纪 90 年代针对某型发动机 4 级压气机叶片也开展了激光冲击强化实验研究,2010 年实现了整体叶盘的激光强化。

2.6.2 叶片表面光饰

叶片表面光饰是一种叶片表面强化的方法。其作用是使微观表面轮廓的最大高度降低,生成均匀的冷作硬化层,在消除零件内部有害加工应力的同时,给表面增加一个均匀的微小预压应力,以制止微观裂纹的发展,这样可以大大提高叶片的表面完整性。经光饰后的叶片表面疲劳强度得到提高,从而加强了叶片在恶劣条件下工作的能力。叶片表面光饰有振动光饰工艺和滚动光饰工艺。

1. 振动光饰

叶片表面振动光饰工艺是在专业设备——振动光饰机上进行的。将需加工的叶片与磨料、添加剂混合放进光饰机的环形振动锅(容器)中,如图 2-61 所示,依靠振动锅的周期性振动,使叶片与磨料在运动中相互轻微击打和摩擦产生研磨效果,从而达到对叶片光饰的目的。

利用振动光饰还可对叶片进行尖边倒圆、除锈、除油、除积碳、消除热处理氧化层、去毛刺、表面清洗和抛光等处理,通常可使被加工表面的粗糙度值降低 1~2 级。其工艺特点如下:

① 叶片和磨料连续振动,生产效率高;

② 对叶片结构的局限性小;

③ 被加工表面一致性好,辐射磨痕极小,可以充分暴露叶片表面缺陷,如划伤、切痕等;

④ 磨料选用范围广泛,工艺准备简单;

⑤ 设备振动锅是敞开式的,工作中便于观察加工质量;

⑥ 工作过程中叶片与磨料之间有轻微敲击和摩擦,便于释放前道工序因加工而产生的部分内应力。

通常,由刀具加工形成的表面显微结构和显微硬度的变化对合金强度特性来说多

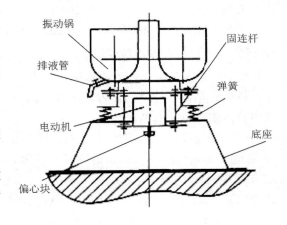

图 2-61　立式振动光饰机简图[59]

半都是有害的,特别是对合金的疲劳强度和应力腐蚀敏感性具有直接影响。而振动光饰加工却能降低表面粗糙度 Ra 的值,对表面形成轻微的、均匀的压应力层,从而大大提高叶片的抗疲劳强度,增加叶片的抗应力腐蚀能力。

振动光饰后,叶片表面上残留的碰、划伤痕迹易明显表露出来,这些伤痕的存在不符合技术要求,应该用毛轮、抛光油膏等将其抛除掉,然后需将叶片进行二次振动光饰以消除“花脸”。

2. 滚动光饰

滚动光饰是将叶片置于容器内并放入磨料和添加剂,利用容器的旋转或滚动使磨料和叶片相互研磨的加工方式。航空发动机的小型的钢、钛合金叶片常用滚动光饰工艺来改善叶身的表面粗糙度和去除尖边、毛刺等。

叶片滚动光饰的工艺特点是:用机械加工代替手工加工,劳动效率高;光饰表面质量高,一致性好;圆滑转接好;表面应力小,具有抗疲劳效果。采用滚动光饰的叶片,一般可使表面粗糙度值降低 1～2 级。

光饰零件的材料、尺寸不同,光饰工艺不同,所用的磨料添加剂的种类、规格和配方也不同。滚动光饰磨料的选择原则是:结构紧密;质地坚硬,切削力强;耐水、耐油、耐酸碱性好,或者根据需要选择具备其中一项性能;寿命长;具有一定的缓冲作用;来源广,价格便宜。

添加剂一般为液体与固体磨料的混装,根据需要可以起防锈、提高光泽度、清洗零件和磨料、减少冲击、润滑、保护零件等作用。

3. 光饰方法比较

利用自动或半自动机械对叶片表面进行光饰的方法是一种简单易行的表面强化工艺方法,目前在国内被大量采用。经多年实践证明:滚动光饰工艺的加工效率高于振动光饰工艺,而振动光饰工艺的加工质量则高于滚动光饰工艺。

2.6.3　叶片表面涂层技术

涂层制备工艺通常属于颗粒沉积——以宏观尺度的熔化液滴或细小固体颗粒在外力作用下于基体材料表面凝聚、沉积或烧结而成[65]。

叶片表面常用的涂层技术主要包括:压气机叶片表面的耐蚀涂层技术、压气机叶片和涡轮叶片表面的抗氧化涂层技术、涡轮叶片表面的热障涂层技术以及一些特殊用途的涂层技术。

1. 压气机叶片防腐蚀涂层[59]

(1) 压气机铝合金转子叶片铬酸阳极氧化

压气机铝合金转子叶片表面的防护方法是采用铬酸阳极氧化,再在其表面涂环氧磁漆。

采用铬酸阳极氧化有两个作用:

① 阳极氧化铝合金有暴露材料冶金缺陷和显示晶粒度的作用,可进行宏观检查。

② 铬酸阳极氧化膜具有一定的抗腐蚀性能,并与有机涂料有良好的结合力,是油漆的理想底层。

铬酸阳极氧化工艺对铝合金叶片疲劳强度的影响相对较小。

(2) 压气机钢叶片叶身的镍镉扩散镀层

镍镉扩散镀层属于中温防护镀层,对长期在500 ℃以下工作的叶片有较好的抗气流冲刷、防腐蚀作用。镍镉扩散镀层属于金属间化合物,熔点比单一镉要高,严格执行操作程序可避免发生镉脆。

镍镉扩散镀层是先在叶片上镀上一定厚度(8～12 μm)的镍,再在镍层上镀上较薄(4～6 μm)的镉,然后在高于镉熔点的温度(335 ℃)下进行加热扩散。由于镍镉扩散镀层使叶片基体材料的疲劳强度有所降低,因此在镀前通常对叶片进行喷丸强化处理。

(3) 压气机整流叶片抗腐蚀耐冲刷涂层

具有抗腐蚀耐冲刷特性的无机盐铝涂层适用于在650 ℃以下长期工作的叶片。这种涂层耐大气腐蚀和盐雾腐蚀,其综合性能优于镍镉扩散镀层。

涂层以铬酸盐、磷酸盐作为黏合剂,与弥散分布的铝粉等组成料浆,经喷涂、烘烤固化形成底层,最后再喷涂氟塑料面层。

2. 压气机叶片特殊功能涂层[59]

(1) 进口整流叶片防冰涂层

防冰涂层用于发动机进气口整流叶片(也称零级可调叶片),涂层由磷酸、铬酸混合酸,以及有机硅、有机氟树脂形成膜,由硅主链和氟碳键构成。混合酸与基体金属作用生成磷酸盐、铬酸盐,其有增强涂层附着力和耐腐蚀的作用,使进入发动机的水在叶片上凝成水珠而不润湿表面,可避免极限飞行条件时结冰。涂层除了上述特点外,还应满足耐热、耐蚀、耐冲刷等要求。

(2) 压气机转子叶片榫头电镀银

叶片榫头镀银具有减摩、减振和防止榫头与盘榫槽黏结的作用。

电镀银工艺通常有以下几种类型:硫代硫酸盐镀银、氰化物镀银、磺酸水杨酸镀银、亚硫酸盐镀银等。其中以氰化物镀银应用较广泛,镀层质量较稳定,但缺点是其镀液有剧毒。

为了避免金属置换,各种镀银工艺都不能直接施镀,而需在镀银之前进行特殊镀前预处理来改变镀件的表面电位,使银层与镀件达到适合的附着强度。目前有汞齐法、浸银法、预镀法等方法来防止镀银时的置换倾向。

钛合金和不锈钢电镀属于特殊基体材料的镀覆,有一定难度。钛合金需采用特殊的预处理方法来避免表面氧化而形成氧化钛;不锈钢表面需经过合适的表面预处理工艺去除钝化膜;

镍含量高的不锈钢表面更易氧化,一般不能采用阳极浸蚀和阳极活化。

（3）压气机转子叶片榫头底面刷镀镍

压气机转子叶片榫头底面刷镀镍的目的是通过刷镀镍层来调整叶片榫头与盘榫槽之间的间隙。叶片榫头底面刷镀镍层后经过磨削加工来选配最佳的装配间隙,实际上是修复工艺。叶片榫头底面刷镀工艺比槽镀方便、设备简单、镀覆速度快,对叶身渗铝层无影响。

刷镀工艺不用镀槽,而是靠镀笔浸渍专用镀液而与镀件做相对运动,通过电解来获得镀层的电镀方法。快速电刷镀的工作原理如图 2-62 所示。刷镀工艺的最大特点是操作方便、镀速快,是一般槽镀的 10～15 倍。刷镀工艺因人为因素的影响较大,镀层质量不稳定,在高科技工业领域中的应用常受到限制。而采用热喷涂涂层的效果会更好,效率也会更高些。

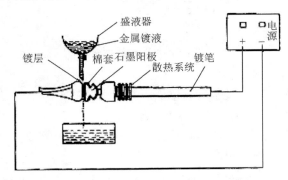

图 2-62　快速电刷镀工作原理示意图

3. 涡轮叶片热障涂层

（1）涡轮叶片常用热障涂层简介

涡轮叶片刷高温防护涂层首先是为了抗高温氧化和抗高温硫化,其次则会起到隔热的作用。

在高推重比的航空发动机涡轮叶片上,热疲劳和高温腐蚀是叶片寿命降低的主要原因,氧化作用除直接使叶片失效外,也是造成热疲劳裂纹萌生的原因之一。目前,燃烧室出口温度已超出镍基高温合金 200～300 ℃,通过热障涂层来提高叶片的耐高温能力是有效途径之一。

热障涂层结构一般分为三层,其结构示意图如图 2-63 所示。

热障涂层的最外层为陶瓷层,起到热障的作用,阻止高温燃气向金属基体传输。陶瓷层材料需满足以下要求:

① 熔点高;

② 低的热导率和热辐射不透明;

③ 热膨胀系数与高温合金接近,以减小热应力;

④ 与黏结层和热生长氧化物的热动力学性质兼容;

⑤ 抗氧化和抗热腐蚀。

常用的热障涂层材料为氧化钇及部分稳定化的氧化锆（YSZ）,该材料基本满足陶瓷层的要求,但也存在不足,主要表现在:

① 温度超过 1 200 ℃时会发生相变,引起体积膨胀,导致涂层脱落;

② 高温时红外辐射可透过,降低隔热效果。

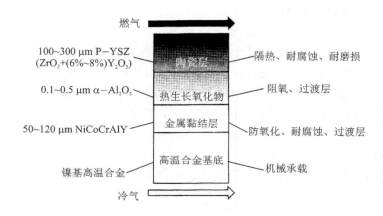

图 2 - 63　热障涂层结构示意图[65]

因此,新的陶瓷层也在不断发展。

与叶片镍基高温合金接触的是金属黏结层。金属黏结层有两个作用:

① 作为过渡层,使体系内各层之间的热膨胀匹配;

② 由于最外层的陶瓷层是氧化锆基陶瓷材料,在高温下是氧透过材料,所以金属黏结层起到高温抗氧化和抗热腐蚀的作用。

金属黏结层的材料有两类:

① 铂铝涂层(PtAl)和铂改性镍铝涂层(PtNiAl);

② 传统的 MCrAlY 涂层,其中 M 代表 Ni、Co 或 NiCo,Cr 提供耐热腐蚀作用,Al 形成 $\alpha - Al_2O_3$,起抗氧化作用,Y 可以改善黏结层。

热生长氧化物是涂层在使用过程中自然生成的,并随着服役时间逐渐变厚。热生长氧化物的作用是防止氧向内部扩散。理想的热生长氧化物是一薄层均匀致密的 $\alpha - Al_2O_3$。

(2) 热障涂层制备技术

热障涂层的制备方法主要有等离子喷涂方法(PS)和电子束物理气相沉积方法(EB - PVD)。

1) 等离子喷涂方法(PS)

等离子喷涂技术是利用等离子弧焰作为加热源,将金属或陶瓷粉末加热至熔融状态,并将等离子射流加速,喷射到经预处理的金属基底表面上,从而在基底表面沉积、冷却、凝固,随着喷涂的粒子不断堆垛、铺展,最终形成涂层。其喷涂工艺原理如图 2 - 64[82]所示。

常用于制备热障涂层的等离子喷涂法主要有大气等离子喷涂 (APS) 和真空等离子喷涂 (VPS),用两种不同工艺制备的热障涂层,其微观形貌存在很大差异。大气等离子喷涂设备简单,涂层沉积效率高;但是由于喷涂过程中有空气中的氧气存在,从而使喷涂的粉末容易被氧化,使得产生的氧化物夹杂在涂层内而降低涂层的结合性能。对于真空等离子喷涂,由于等离子喷枪、工件及运转机械置于低真空 (2~12 kPa) 有氩气保护的密闭室内,从而完全避免了喷涂的金属粉末和基体表面被氧化,使得涂层的结合强度大幅度提高。

2) 电子束物理气相沉积方法(EB - PVD)

电子束物理气相沉积法是在真空低气压环境中,电子枪发射电子束,使坩埚内被喷涂的粉末源材料被电子束的能量加热并熔化,从而源材料被蒸发,最终以原子或分子形式沉积在基体表面形成薄膜或涂层。其工作原理如图 2-65 所示。

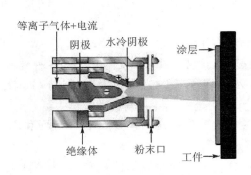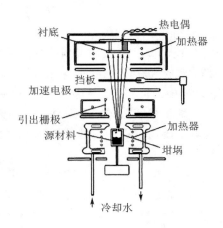

图 2-64　等离子喷涂工艺原理示意图　　**图 2-65　电子束物理气相沉积原理图[82]**

采用电子束物理气相沉积法制备的热障涂层比用等离子工艺制备的涂层更加致密、抗磨损,抗氧化能力更强,这主要是因为用 EB-PVD 制备的热障涂层各层的沉积主要以化学键结合为主,从而使各层之间的界面结合性能明显增强,且整个过程在真空环境下进行,从而避免了喷料被氧化。采用该工艺制备的热障涂层的黏结层表面更加光滑、平整。

3) 两种制备方法的比较

用 PS 方法制备的涂层为层状结构,用 EB-PVD 方法制备的涂层为柱状晶结构,如图 2-66 所示。用 EB-PVD 方法制备的热障涂层与基体的结合强度高,其热循环寿命比等离子喷涂制备的热障涂层提高 8 倍左右,且表面粗糙度较好,结构均匀致密。

但与等离子喷涂技术相比,EB-PVD 工艺的不足之处在于设备系统复杂、制作成本高、工件尺寸不宜太大、工件加工效率较低;涂层材料成分易受各元素蒸汽压的影响而较难控制;因用 EB-PVD 工艺制备的涂层的热导率较高,故隔热效果不如用 PS 工艺制备的涂层。

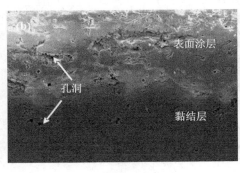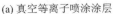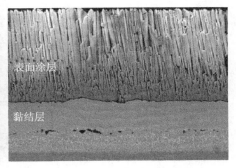

(a) 真空等离子喷涂涂层　　　　　　　(b) 电子束物理气相沉积涂层

图 2-66　真空等离子喷涂涂层和电子束物理气相沉积涂层微观结构比较[82]

2.7　叶片检测

叶片制造从毛坯、机械加工到叶片组装,需要进行很多项检测,如叶片形状与尺寸的检测、叶片主要物理性能的检测、叶片的无损检测等。

制造过程中的检测是进行质量控制和鉴定的多学科综合应用技术,其目的是:

① 定量地掌握制造过程中工件的质量状况、出现缺陷或形位尺寸超差等各种异常现象。

② 检测在制造过程中工件结构不完整性及缺陷的产生情况,以及与设计、制造工艺直接相关的技术要素。

工艺检测分事后检测和过程实时检测。检测内容包括几何和形位尺寸、表面和内部质量、物理和化学性能等,并贯穿于整个制造过程。

构件的动态质量监测是监控制造过程中产生结构不完整及缺陷,通常也列入工艺检测范畴。当前工艺检测的发展趋向是:

① 广泛采用无损检测技术,从抽检向百分之百全检发展。采用电-光和电子探头、信号处理,以及用计算机系统分析数据,以消除人为因素。

② 采用快速、非接触的自动跟踪技术、实时技术和"自判别"(auto-sentence)技术。

③ 应用计算机技术使检测通用化和自动化,由事后检测向过程实时检测与自动监控发展,形成生产过程中可靠的质量控制系统和一体化的检测系统,使之成为集产品科研、设计、生产和使用于一体的一体化大系统中的一个子系统。

2.7.1　叶片金属流线检测

SNECMA 公司的钛合金精锻叶片在锻造后抽取 5%~10% 进行流线检测,叶片流线必须平滑一致,不允许有断开或突变[64],如图 2-67 所示。

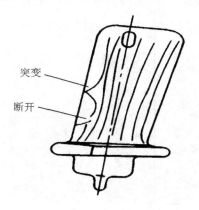

突变

断开

图 2-67　钛合金叶片精锻流线示意图[64]

2.7.2　叶片形状与尺寸检测

叶片几何形状和各部分相互位置关系的检测主要包括:叶型形状、叶型位置、叶型扭转、前后缘位置、榫头形状、安装板形状、阻尼台、轴颈、叶片长度、叶片内腔、喉道面积、水流量、使用后叶片伸长量等。

（1）样板测量

样板测量是一种比较传统的测量方法，一般是给一批叶片分截面制作一组高精度样板，测量时把样板卡在叶片表面上，检查漏光情况，工人根据自己的加工经验判断误差的大小。这种方法的缺点是受主观因素影响，精度较低，无法得到量化测量结果。优点是简便实用，效率高，适合现场测量，对一些精度要求不太高的大叶片基本可以满足要求。

（2）三坐标测量

采用三坐标测量机（CMM）对叶片型面进行检测的方法应用得比较广泛。这种方法的优点是精度较高，常采用环切法分截面测量叶片，测量结果以文本文件的方式输出，处理方便。缺点是三坐标测量效率低，多数需做抽样检验。

CMM 的工作台通常都是固定的大理石板，小叶片可直接竖立在工作台上，一次装夹便可完成测量；而对于大叶片（1 m 左右），由于其型面扭曲致使重心偏离轴心，无法竖直放置，一般是在工作台上再增加两个 V 形块，叶片横放在 V 形块上（图 2－68）[83]。

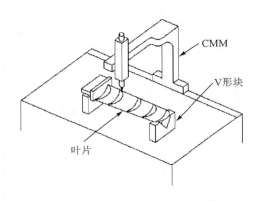

图 2－68　三坐标测量示意图（大叶片横放）

（3）在机测量

叶片精密加工中心与在机测量结合，可以对任何一个可能产生加工问题的工序段进行检验分析，使得对工艺参数的调整变得直观，如图 2－69 所示。

在机测量的优点[84]是：

① 可实现叶片在加工过程中的自动测量，降低经济和时间耗费，提高加工检测效率。

② 为叶片现场加工质量的评定和测量误差的分析提供了方便。

③ 在叶片加工中可以分析在机测量的误差信息，为自适应加工奠定基础。

图 2－69　叶片在机测量

（4）叶片几何形状和尺寸检测方法

叶片几何形状和尺寸检测按照测量方法包括专用测具测量、电感测量、光学投影检测和三坐标测量等。叶片各部分的测量方法和要达到的精度如表 2－7 所列。

表 2-7 叶片主要部位的主要测量方法及精度

部 位	项 目	内 容		测量装置	精度/mm
型面	形状误差	线轮廓度(叶型型线)		样板测具	0.05~0.08
				光学投影仪	0.02~0.08
				三坐标测量机	0.01~0.02
		面轮廓度		仿形跟踪比较仪	0.02~0.04
		波纹度(截面转接平滑度)		光学机械仪	0.04~0.08
	位置误差	弯曲、扭转(偏移、偏斜)		样板测具	0.03~0.06,±6′
				光学机械仪	0.05~0.08,±3′
				电感量仪	0.01~0.02,±2′
	尺寸误差	弦长(前、后缘位置尺寸)		专用卡尺	0.03~0.05
				电感量仪	0.01~0.02
		叶身长度		百分表测具	0.02~0.04
		叶身厚度		电感量仪	0.01~0.02
				样板测具	0.03~0.06
				光学机械仪	0.03~0.05
		前、后缘圆弧		电感量仪	0.01~0.02
				圆弧样板	0.04~0.08
				散射投影仪、激光投影仪	0.03~0.05
榫头	形状误差	齿形轮廓形		公差带投影仪 综合量规	0.002
	位置误差	齿形平行度、错齿、对称度、垂直度		带千分表的专用测具	0.005
	尺寸误差	锥度		滚棒、千分尺	0.005~0.008
		圆弧半径		工具显微镜	0.002

在应用各种测量方法时,首先需建立基准坐标系,原则上讲,叶片检测基准应与机械加工基准、毛坯基准以及设计基准一致。通常压气机转子叶片以燕尾形榫头为基准;带安装板的涡轮叶片以上、下安装板的侧面和端面为基准,不带安装板的涡轮叶片则以缘板侧面和工艺凸台为基准(或以榫齿为基准)。

2.7.3 叶片主要物理性能检测

叶片物理性能检测包括对频率、质量、静力矩和表面完整性等方面的测量。

1. 频率测量

航空发动机压气机和涡轮工作叶片的频率有静频和动频之分。静频指非旋转状态下叶片的自振频率。动频指发动机实际工作状态下的自振频率。一片叶片作为一个弹性体,其自振频率有很多阶,而引起叶片疲劳损伤的常常是低阶振动。因此,对叶片静频的测量一般以一阶和二阶弯曲及一阶扭转等振动为主。但也有的叶片需要测量和防止高阶振动。批生产叶片要检测静频。叶片静频的测量方法有自振法、共振法和实验模态分析法等,广泛采用的是共振法。

2. 静力矩测量

转子叶片由于质量分布不均匀,导致转动时产生离心矩不平衡,从而可能产生转子振动而对发动机造成威胁,所以叶片需检测静力矩。用增减砝码称量进行叶片静力矩测量的方法效率低、不方便,已经不采用。现在大多采用电子称量的静力矩测量仪,如图 2-70 所示,被测叶片夹持在夹头上,在显示屏上方即显示出静力矩数值,更换叶片类型只需更换夹头。如果与计算机连用,则还可以按照编好的程序,帮助检验者选择符合要求的一组叶片。

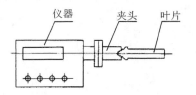

图 2-70　电子静力矩测量仪

3. 表面完整性测量

表面完整性指用机械加工或其他加工方法加工后所形成的表面特征和表层特性。表面特征包括表面粗糙度、表面波纹度、表面纹理方向和表面缺陷等。表层特性包括微观组织变化、再结晶、晶间腐蚀、热影响层、微观裂纹、硬度变化、塑性变形、残余应力等。

目前,对机械加工后的叶片表面完整性的检测通常只测量表面粗糙度、表面硬度和残余应力状态等。表面粗糙度的测量方法如表 2-8 所列。

表 2-8　表面粗糙度的测量方法

测量方法	使用仪器	Ra 的测量范围/μm	测量部位
比较法	粗糙度样板	>0.32	内、外表面
光学法	比较显微镜	0.32~20	外表面
	光切显微镜	0.32~20	
	干涉显微镜	0.01~0.16	
	激光测微仪	0.01~0.32	
触针法	电感式轮廓仪	0.04~5.0	内、外表面
	电容式轮廓仪	0.63~10.0	
	压电式轮廓仪	0.04~20.0	
印模法	上述各种仪器	0.04~80.0	—

习　题

1. 简述常规压气机叶片和空心风扇叶片的成形工艺。
2. 简述涡轮叶片精密铸造的工艺方法,并分析其如何实现结晶取向。
3. 比较分析涡轮气冷叶片电液束、电火花和激光打孔的优缺点。
4. 分析如何通过表面改性技术提高叶片的疲劳寿命。

第3章　盘类零件制造工艺

3.1　盘类零件概述

3.1.1　盘类零件的结构特点

1. 盘类零件分类

根据盘类零件所属部件的不同,可分为压气机盘和涡轮盘。

压气机盘包括风扇盘、低压压气机盘、高压压气机盘和篦齿盘等,且随着所装配发动机的不同而不同。

图3-1为WP7乙发动机的轴流压气机,包括三级低压压气机和三级高压压气机,相应的有低压压气机盘和高压压气机盘。图3-2为CFM56涡扇发动机的轴流压气机,包括风扇、增压级和高压压气机,相应的包括风扇盘、增压级盘和高压压气机盘,其后还有一级篦齿盘。

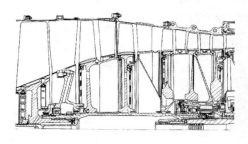
(a) 带盘结构

(b) 第一级低压压气机盘

图3-1　WP7乙发动机的轴流压气机[45]

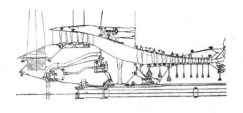
(a) CFM56风扇及压气机带盘结构

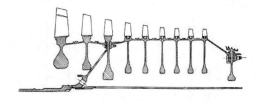
(b) 高压压气机转子

图3-2　CFM56涡扇发动机的轴流压气机[45]

压气机有时将盘轴作为一体结构[85]。该结构将压气机盘和轴颈集成为一体,大端是轮盘结构,轮缘上有燕尾形榫槽,辐板处有精密螺栓连接孔。零件轴颈端外型面带有螺纹、篦齿、外花键、径向斜孔等结构特征。如图3-3所示,盘轴一体结构的轴颈锥壁与轮盘辐板形成了半封闭深型腔结构,加工工艺性差。

由于轴流压气机中大量使用了盘鼓混合式结构形式,有的盘鼓甚至做成一体,因此,从零件制造的角度出发,压气机盘、鼓筒盘和篦齿盘均作为盘类零件。

涡轮盘包括高压涡轮盘、低压涡轮盘、动力涡轮盘和篦齿盘等,且随着所装配发动机的不同而不同。

同压气机结构类似,涡轮转子分为盘式和盘鼓式转子,多级涡轮一般选用盘鼓式转子。图 3-4 为 WP7 乙发动机的双转子涡轮,包括一级高压涡轮盘和一级低压涡轮盘。图 3-5 为 CFM56 发动机的双转子涡轮,包括

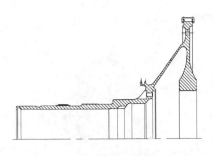

图 3-3　盘轴一体结构示意图[85]

一级高压涡轮盘和篦齿盘,四级低压涡轮盘为盘鼓混合式转子。

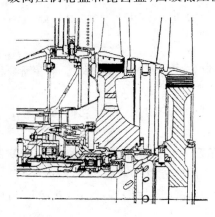

图 3-4　WP7 乙发动机的双转子涡轮

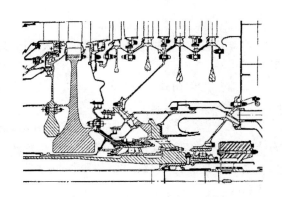

图 3-5　CFM56 发动机的双转子涡轮

图 3-6 所示为典型的带双翼安装边涡轮盘[85]。轮盘辐板及双翼安装边处均为薄壁结构,壁厚为 2.0~2.6 mm,双翼与轮盘辐板形成了大深度半封闭深型腔,敞开性差,零件刚性差,加工难度大。同压气机类似,涡轮盘、鼓筒盘及篦齿盘均作为盘类零件。

整体叶盘是一种新型的结构形式。整体叶盘将叶片和轮盘在成形过程中通过锻造或焊接而形成毛坯,并通过不同的加工方法最终成形。由于是整体结构,因此取消了叶片和轮盘连接的榫接结构,减轻了盘缘的重量和轮盘的载荷,但增加了叶片维修和工艺制造的复杂性。

风扇和压气机部件一般采用整体叶盘较多,涡轮整体叶盘也在研制中。图 3-7 为 EJ200 发动机高温合金压气机的整体叶盘。

2. 盘类零件的结构特点

轮盘与叶片、轮盘与轮盘以及轮盘与轴等的连接形式决定了轮盘的结构特点。

(1)轮盘与叶片的连接

风扇叶片与盘的连接有三种形式:常规燕尾形榫头/榫槽连接、轴向圆弧燕尾形榫头/榫槽连接和整体叶盘。整体叶盘没有榫接结构。高压压气机叶片与盘的连接一般有三种形式:常规燕尾形榫头/榫槽连接、环形燕尾形榫头/榫槽连接和整体叶盘。涡轮叶片与盘的连接一般有两种形式:常规枞树形榫头/榫槽连接和整体叶盘。目前整体叶盘还处于研发阶段。

榫接结构形式对轮盘的榫槽提出了较高的技术要求,增加了工艺难度。

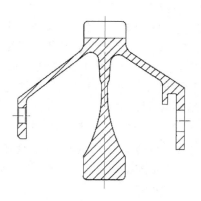

图 3-6 带双翼安装边的涡轮盘[85]   图 3-7 EJ200 发动机压气机的整体叶盘

（2）轮盘与轮盘、轮盘与轴的连接

轮盘与轮盘、轮盘与轴的连接一般采用套齿传扭、销钉传扭、焊接传扭和螺栓传扭等结构形式。

盘轴套齿传扭式：WP7 乙发动机和斯贝 MK202 发动机的低压压气机盘和低压轴采用了套齿传扭的结构形式。

盘轴、盘盘销钉传扭式：在盘盘连接和盘轴连接中，在苏制发动机中大量采用了销钉传扭式结构。例如 WP7 高压压气机转子和涡轮转子，均采用了销钉传扭式结构。

盘盘焊接传扭式：在风扇和压气机盘鼓式结构中大量采用了焊接形式，例如 CFM56 高压压气机转子。

短螺栓连接传扭式：在风扇、压气机和涡轮各部件盘轴连接中较多采用短螺栓连接传扭式结构。

其他结构：在发动机设计中，有的采用长螺栓连接、端齿传扭的结构形式，该种结构形式的加工费用较高，定心可靠；有的采用整体叶盘技术，将叶片和轮盘做成一体，等等。图 3-8 为典型结构的涡轮盘。图 3-9 为各种典型结构的压气机盘。

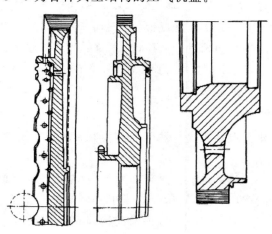

图 3-8 典型结构的涡轮盘

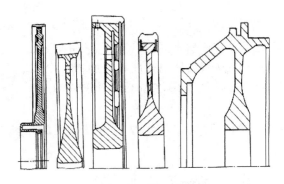

图 3-9　各种典型结构的压气机盘

任何结构形式都没有绝对的优缺点,根据设计者的设计经验、技术储备和加工条件来决定其结构形式。盘类件的结构特点决定了其选材和技术要求。

3.1.2　盘类零件的选材

1. 压气机盘选材

压气机盘包括风扇盘、低压压气机盘和高压压气机盘。

风扇盘和低压压气机盘一般选用钛合金,高压压气机盘则选用钛合金和高温合金。早期在压气机盘上采用的结构钢和不锈钢材料目前已很少使用。常用的钛合金有 TC4、TC11 和 TC17,常用的高温合金有 GH4689 和 GH4169[75]。

F100-PW-229 发动机的三级风扇盘如图 2-1(a)所示,材料为钛合金,通过电子束焊接成鼓筒盘,轮盘表面经过喷丸处理。十级压气机盘如图 2-7 所示,分为前、后两个部分,材料分别为钛合金和 In100 粉末冶金[35]。

F100-PW-220 发动机的三级风扇盘的材料为 Ti6-2-4-6(TC19)。前三级压气机盘为钛合金,第四级压气机盘的材料为 PWA1016,第五、七、九级压气机盘的材料为 PW1027,第六、八、十级压气机盘的材料为 In100[47]。

2. 涡轮盘选材

涡轮盘的工作环境较恶劣,尤其是随着发动机性能的不断提高,以及涡轮进口温度和工作转速的不断提高,使得涡轮材料的性能也不断提高。

涡轮盘材料一般选用变形高温合金和粉末高温合金。国内常用的变形高温合金有铁基高温合金和镍基高温合金。铁基高温合金有 GH1040、GH2036 和 GH2132 等,工作温度在 650 ℃以下,由于 GH2036 的故障较多,故已被 GH2132 替代。镍基高温合金有 GH4133、GH4133B、GH4141、GH901、GH4169、GH4698、GH4710、GH4742 和 GH720Li 等。GH4133、GH4133B、GH4169 的工作温度在 650 ℃以下,GH4698、GH4710、GH4742 的工作温度在 700 ℃左右;GH4710、GH4742 和 GH720Li 等属于合金化程度较高的合金,变形困难,目前只能制造 $\phi 200$ mm 以下的小盘件,用于直升机发动机用的涡轮盘[86]。

镍基粉末高温合金自诞生以来,国内外已经历了 3 代粉末高温合金的研制,分别是以 René95 为代表的第一代高强型和以 René88DT 为代表的第二代损伤容限型,以及强度与损伤容限性能兼优的第三代粉末高温合金,包括美国的 Alloy10、ME3 和 LSHR(Low Solvus,

High Refractory)等合金以及法国的 NR3、NR6 等合金[87]。René88DT 的蠕变性能比 In718 的高 110 ℃,650 ℃低周疲劳扩展速率比 In718 的低 1/2,$\sigma_{0.2}$ 可达 1 200 MPa。

国内相应研制了涡轮盘用第一代粉末高温合金 FGH95,其使用温度不超过 650 ℃;第二代损伤容限型粉末高温合金 FGH96,其使用温度不超过 750 ℃[86]。

F100 - PW - 229 发动机的涡轮盘采用 In100 粉末高温合金,且盘上没有螺栓孔和冷却孔[35]。

F100 - PW - 220 发动机的两级高压涡轮盘和两级低压涡轮盘均采用 In100 粉末高温合金[47]。

3.1.3　盘类零件的技术要求及工艺特点

1. 盘类零件的强度及寿命要求

作为航空发动机的重要承力件,盘类零件需要满足静强度要求,包括高的屈服强度、高的抗拉强度和足够的塑性储备;盘类零件还需满足寿命要求,包括高低周复合疲劳寿命和疲劳/蠕变寿命,等等。这些要求需要由材料性质以及通过成形工艺和表面加工及表面处理工艺实现。

MK202 发动机应力标准对压气机盘提出的强度要求至少包括:最大离心径向应力、平均周向应力、盘内径的周向应力(有热载或无热载)、辐板的周向应力(有热载或无热载)、燕尾形榫槽的拉伸应力和挤压应力,等等;对寿命提出了满足 6 000 个循环的要求[88]。

《MK202 发动机应力标准》对涡轮盘提出的强度要求除了与压气机盘类似的要求外,还提出了满足典型应力下蠕变强度的要求[88]。

2. 盘类零件的尺寸及形位公差要求

轮盘叶身对直径及其他尺寸提出了精度要求,主要考虑其定心、定位、平衡和质量(重量)要求。榫槽的尺寸和形位要求主要影响榫头与榫槽的配合、叶片下缘板的装配和工作时叶片的偏转。而叶片下缘板的间隙直接影响气动性能和发动机的内流系统。

(1) 几何尺寸要求

1) 径向尺寸要求

在盘类件的配合尺寸中,盘与盘、盘与鼓筒等焊缝配合表面属于特别精密配合,尺寸精度要求最高,一般为 IT4~IT5[89]。当基本尺寸大于 400~500 mm 时,IT5 为 0.027 mm[90]。

盘与盘、盘与鼓筒、盘与轴、盘与封严圈、盘与挡圈等通过圆柱面定心的相关尺寸,其精度要求较高,一般为 IT6~IT7[89]。当基本尺寸大于 400~500 mm 时,IT7 为 0.063 mm[90]。

精密定位孔尺寸精度为 IT7~IT8[89]。当基本尺寸大于 400 mm 时,IT8 为 0.097 mm[90]。

盘的外圆直径和内圆直径一般为 IT6~IT7。封严篦齿外径为 IT8~IT9[89]。当基本尺寸大于 400~500 mm 时,IT9 为 0.155 mm[90]。

2) 轴向尺寸要求

轴向尺寸精度要求一般为 IT6~IT8[75],当基本尺寸大于 30~50 mm 时,IT8 为 0.039 mm[90]。

3) 定位孔尺寸要求

精密定位孔尺寸精度为 IT7~IT8。

4）榫槽尺寸要求

压气机盘一般采用燕尾形榫槽,其宽度公差一般为±0.02～±0.03 mm;涡轮盘一般采用枞树形榫槽,有二齿、三齿和五齿等不同的形式。其榫槽齿距公差一般为±0.01～±0.02 mm[89]。榫槽的滚棒尺寸要求为±0.02～±0.076 mm[75]。

（2）盘身的形位要求

1）基准面的形位要求

定位孔等一般需要用端面和环面作为基准面。端面基准的平面度为0.01～0.013 mm[75]或0.02 mm[89]。

2）定位孔的形位要求

定位孔包括销子定位孔或精密螺栓定位孔,其定位孔的位置度为$\phi(0.03\sim0.05)$mm,其他的螺栓孔和螺钉孔的位置度为$\phi(0.1\sim0.2)$mm[89]。

3）辐板的形位要求

轮盘辐板的轮廓度一般为0.1～0.15 mm[75]。

4）榫槽的形位要求

环形燕尾槽工作面的轮廓度一般为0.01 mm,其他表面轮廓度一般为0.02 mm[85]。枞树形榫槽的轮廓度一般为0.01～0.02 mm[89]。

无论是燕尾形榫槽,还是枞树形榫槽,都可通过位置度来控制榫槽在轮盘上分布的均匀度,一般控制在0.08～0.15 mm的范围内。

5）盘身其他形位要求

为了减小发动机工作时的振动,对转子件提出了较高的平衡要求,包括轮盘单盘静平衡和转子组件动平衡等。为了达到各种平衡要求,对盘体提出了各种位置度要求。

轮盘端面平行度为0.02～0.04 mm;盘的端面配合面与圆柱配合面的垂直度为0.01～0.03 mm。配合面及型面跳动为0.02～0.05 mm,等等[89]。

（3）表面粗糙度要求

为了防止表面产生微裂纹,提高盘的疲劳寿命,对表面粗糙度的要求较高。榫槽表面、配合面、辐板型面、盘心孔等重要位置,表面粗糙度$Ra=0.8~\mu m$;其余表面的表面粗糙度$Ra=1.6~\mu m$。不同的表面,粗糙度采用不同的加工方法。

（4）某燕尾形榫槽技术要求

图3-10为J85发动机第五级压气机盘的燕尾形榫槽技术要求。其喉部轴向尺寸公差为±0.025 4 mm,粗糙度Ra为1.6 μm[91];燕尾形榫槽的高度公差为±0.025 4 mm,燕尾部分的粗糙度Ra为0.8 μm。

3. 盘类件的工艺特点

分析盘类零件的结构特点和技术要求以及盘类零件的成形工艺和加工工艺均非常重要,在某种程度上,成形工艺决定了盘类件的承载能力。对于变形高温合金,为了得到高质量的轮盘,毛坯均为模锻件。高性能发动机也逐渐采用粉末冶金高温合金。

当轮盘榫槽数量多,对尺寸精度和位置精度要求高时,需采用高速拉削来保证。当盘的定心、定位精密配合表面的尺寸精度高,型面粗糙度小时,需采用精密车床车削和数控车床精加工来保证。盘的精密定位孔用数控坐标镗床或数控钻镗床加工。盘的特殊表面（花键、花边）

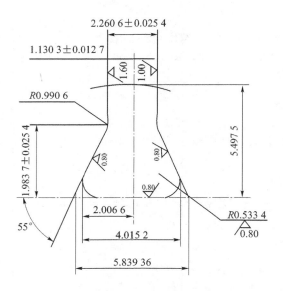

图 3-10　J85 发动机第五级压气机盘燕尾形榫槽技术要求[91]

及螺钉孔、螺栓孔和均压孔等采用不同设备和工艺装备进行加工。

4. 盘类零件的加工工艺过程[89]

航空发动机盘类零件的加工工艺过程主要包括：毛坯制造、机械加工、热处理、无损检测和静平衡等。

毛坯制造主要是材料的成形过程。压气机盘和涡轮盘毛坯均选用模锻件或等温模锻件。

机械加工包括粗加工、细加工和精加工。粗加工包括两个步骤：第一步车超声波探伤检验表面，要求超声波探伤表面的形状简单，在探伤表面留有一定的盲区余量，单边留余量 3.5～4 mm，表面粗糙度 Ra 为 1.6 μm；第二步为粗加工，目的是分担一部分细加工余量和保证以后工序的余量均匀。细加工阶段有三个目的：首先修正由粗加工应力引起的变形，其次进一步保证精加工余量均匀，此时，表面粗糙度 Ra 达 1.6 μm，最终为盘件的低倍腐蚀做好准备。精加工阶段的目的是保证图纸最终的尺寸要求和技术条件。

光整加工可认为是精加工的特殊阶段。光整加工的目的是消除粗、细、精加工阶段盘件周转过程中产生的轻微碰伤、划伤；按设计图样来规定表面强化和表面处理要求。表面处理安排在最终加工工序之后和终检工序之前进行。

热处理包括最终热处理工艺和在加工过程中为消除热应力而进行的热处理，通常安排在锻造之后和粗加工之前进行；为控制辐板变形，通常在粗加工后、细加工前，细加工后、精加工前安排稳定热处理。一般来说，由不锈钢制成的盘的最终热处理工序（保证机械性能热处理）安排在粗加工之后、细加工之前进行；由高温合金、钛合金制成的盘的最终热处理工序安排在毛坯制造阶段进行。为了消除盘由加工应力引起的变形，根据具体情况，在各机械加工阶段之间适当安排消除应力的热处理工序。

无损检测属于辅助工序，包括超声波探伤、低倍腐蚀检查、荧光检验或着色检查。超声波探伤在粗加工阶段进行，低倍腐蚀检查在细车之后、精车之前进行，荧光检验或着色检查在精加工之后进行。静平衡安排在终检之前进行。

盘类零件典型的加工工艺过程如图 3-11 所示。

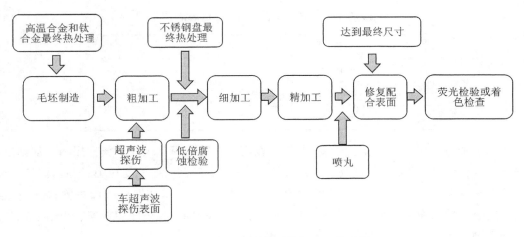

图 3-11　盘类零件典型的加工工艺过程

3.2　盘类零件毛坯制造

3.2.1　钛合金轮盘成形工艺

1. 钛合金锻造工艺概述

钛合金的锻造工艺按照锻造温度与 β/(α-β) 转变温度的关系,分为常规锻造和高温锻造。常用变形钛合金通常是在 β 转变温度以下锻造的,这种方法称为(α-β)锻造或常规锻造。高温锻造指坯料在 β 区加热,在 β 区开始并完成锻造的工艺方法(β 锻),或者坯料在 β 区加热,在 β 区开始锻造,在两相区完成锻造的工艺方法(亚 β 锻)[92]。

2. 钛合金等温模锻技术[92]

(1) 等温锻造钛合金特点

与常规锻造相比,等温锻造钛合金的主要优势体现在以下几个方面:

① 等温锻造钛合金可控制锻件的尺寸,能够锻出形状复杂、精度高的锻件,节省了原料,减少了机加工工作量,降低了成本;

② 能够实现单道次大变形工艺,从而获得更精细的组织结构;

③ 污损层小,锻件的污损层为 0.058 mm,常规锻造的污损层为 0.254 mm;

④ 等温锻造可控制加工参数,产品具有均匀一致的微观组织,较少出现粗大晶粒,其机械性能与常规锻造相当或优于常规锻造;

⑤ 等温锻件一般无残余应力等。

等温锻造钛合金带来的不利因素主要表现为:模具费用比普通模具高得多;润滑剂要求能在高温下充分使用;为防止工件和模具氧化,需要额外的真空或惰性气体保护装置。

(2) 等温锻造钛合金关键技术

等温锻造钛合金的关键技术包括锻造参数的选取、润滑剂及模具的设计和制造等。

部分钛合金的等温锻规范如表 3-1 所列。

表 3-1　部分钛合金的等温锻规范[92]

合金牌号	温度/℃	应变速率/s⁻¹	流变应力/MPa
TC4	900~950	3×10^{-2}	50~100
TC11	860~920	1×10^{-3}	—
TB1	950~1 000	5×10^{-2}	40~60

等温锻造过程中的界面温度较高,润滑剂在高温下能在模具表面形成一层均匀的薄膜,降低摩擦系数,减小零件坯料与模具之间的摩擦,从而减少压制时的流变应力;同时,润滑剂可以保护钛合金以防氧化,并且不与工件及模具发生化学反应,易于从锻件表面去除;使坯料容易脱模。钛合金锻造温度较高,不能使用油脂类、石墨等润滑剂,主要使用玻璃、氮化硼(BN)、硼酸等润滑剂。

钛合金等温锻造温度一般在 900 ℃左右,所以宜选用使用温度在 1 000 ℃左右的高温合金模具,包括国内的 K403、K405、K412、K430、GH140 等。目前有国外研究者正在探索使用其他新型材料作为模具材料,如陶瓷材料、碳纤维复合材料等。

3. 典型钛合金锻造工艺[4]

(1) Ti-6246 钛合金

Ti-6246 是美国普惠公司 20 世纪 60 年代开始研发的可固溶强化的($\alpha-\beta$)两相钛合金,β转变温度为(940±15)℃,长期使用温度为 450 ℃,应用于 F100 和 F119 的压气机盘、Trent800 发动机的中压压气机鼓筒盘等零部件。Ti-6246 的国内相应牌号为 TC19。

Ti-6246 钛合金有($\alpha-\beta$)锻造和 β 锻造两种加热方式。β 锻造加工的流变应力比($\alpha-\beta$)锻造小,有利于改善模具的工况,因而特别适合于等温锻造或热模锻工艺。因此 Ti-6246 钛合金可在不同锻造设备上进行商业化生产,通常采用热模锻或等温锻造技术生产发动机的盘件。

(2) Ti17 钛合金

Ti17 是美国 GE 公司 20 世纪 60 年代开始研发的可固溶强化的近 β 型两相钛合金,β 转变温度为(890±15)℃,长期使用温度为 427 ℃,应用于 CFM56-5A 的高压压气机第 1~3 级盘以及 GE90 的风扇盘,该风扇盘的外径为 800 mm,质量为 170 kg,由 3 个独立的锻件通过惯性摩擦焊焊接而成。Ti17 的国内相应牌号为 TC17。

Ti17 钛合金的锻造性能良好,流变应力较低,有($\alpha-\beta$)锻造和 β 锻造两种加热方式。多采用等温锻造或热模锻工艺。

3.2.2　变形高温合金轮盘成形工艺

高温合金的变形工艺指合金在外力作用下,通过塑性变形,形成具有一定形状、尺寸和力学性能的型材、毛坯和零件的加工方法。一般分为冷加工和热加工。热加工在再结晶温度以上进行,由于回复和再结晶的速度高于变形强化的速度,所以不产生加工硬化。热加工变形可以细化晶粒、均匀组织,还可以消除铸造缺陷,显著改善变形高温合金的力学性能。其组织为再结晶组织[86]。

高温合金的锻造工艺主要包括模锻和等温模锻制造技术等。

1. 模锻成形

模锻是高温合金压气机盘和涡轮盘成形的关键工艺。

模锻成形精度高,锻件质量较好。但对于难变形的高温合金,会出现由于坯料强烈温降所引起的不同程度的表面裂纹,因此,消除表面裂纹的关键在于如何减少表面温降。

2. 等温模锻成形

高温合金等温模锻是为了在变形过程中不产生很大的热效应,一般采用较低的应变速率。在等温模锻中,多采用闭式模锻,坯料三向受压,使得合金的塑性显著提高。

等温变形金属的流动性和充填性好。由于模具与坯料温度一致,消除了冷模效应;内部温度均匀性好,消除了合金的变形抗力,因此可以在小吨位的设备上模锻出较大的工件。

高温合金等温模锻的技术难度在于高温模具,特别是含有高体积分数 γ' 相的难变形高温合金,需要使用 $1\,000\,^\circ\text{C}$ 以上的高温模具。

3. 典型高温合金模锻成形工艺

某典型涡轮盘的材料为 GH4169,热处理工艺为直接时效,毛坯制造工艺包括下料、锻荒、模锻和检验四个阶段。

(1) 下　料

下料阶段按下列顺序完成:下料 → 车端面及倒圆角 → 标刻熔炼炉号、锭节号 → 检验。

(2) 锻　荒

① 喷涂防护润滑剂 FR35。

② 包套:包套材料采用硅酸铝纤维、不锈钢板或碳钢板。

③ 加热:使用规定的加热设备,按照一定的加热曲线装炉加热。

④ 锻造:选用 630 kJ 对击锤,锻后去套、空冷。标刻熔炼炉号、锭节号。

⑤ 车端面及内孔。

⑥ 超声波探伤、检验。

(3) 模　锻

模锻分下面几个主要过程:

① 包套。

② 加热:使用规定的加热设备,按照一定的加热曲线装炉加热。

③ 锻造:模锻设备选用 630 kJ 对击锤;要求进行预热,在一定的锻造温度范围内锻造。锻后进水箱水冷;标刻熔炼炉号、锭节号、材料牌号和锻件代号。

(4) 检　验

监控加热及模锻全过程,检测终锻温度,检查锻件尺寸及充满情况。

(5) 理化测试

在试样坯上按相关锻件技术标准要求进行直接时效处理。

3.2.3　粉末高温合金轮盘成形工艺

1. 轮盘用粉末高温合金特点

粉末高温合金按合金强化方式分为弥散强化型和沉淀强化型,沉淀强化型高温合金是依靠基体析出的沉淀相来强化的,涡轮盘材料主要以沉淀强化型高温合金为主。

采用传统制备工艺制备的高合金化的高温合金铸锭偏析严重,已不能满足涡轮盘的要求。而采用粉末冶金方法生产的高温合金,每个粉末颗粒都相当于一个"微型钢锭",将合金偏析限制在粉末颗粒的细小范围内。粉末高温合金具有细小的晶粒组织,显著提高了中低温强度和抗疲劳性能。

Astroloy 合金粉末锻件与普通锻件的性能比较如表 3-2 所列。粉末锻件的屈服强度提高约 15%,持久寿命延长了 1 倍。

表 3-2　Astroloy 合金粉末锻件与普通锻件的性能比较

锻件种类	$\sigma_{0.2}/\mathrm{MPa}$		760 ℃、690 MPa 应力作用下的持续时间/h
	室温	760 ℃	
普通锻件	1 000	880	45
粉末锻件	1 120	980	90

粉末高温合金的缺陷主要是有原始颗粒边界(PPB)、夹杂物和热诱导孔洞(TIP)。

2. 粉末高温合金制粉工艺

粉末高温合金的制粉工艺主要有两种,氩气雾化工艺(AA)和等离子旋转电极(PREP)。

(1) 氩气雾化工艺制粉

氩气雾化工艺制粉指经真空熔炼的母合金料在雾化设备的真空室中熔化,钢液经浇口缓慢流下,在雾化室中受到高速射流氩气冲击,发生破碎雾化成滴,并在飞行中凝固化成粉末,最后装入收粉罐。气体雾化制粉工艺示意图如图 3-12 所示。

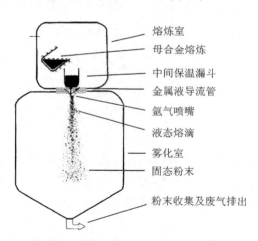

熔炼室
母合金熔炼
中间保温漏斗
金属液导流管
氩气喷嘴
液态熔滴
雾化室
固态粉末
粉末收集及废气排出

图 3-12　气体雾化制粉工艺示意图[86]

（2）等离子旋转电极制粉

等离子将高速旋转的棒料端面熔化,在离心力的作用下,熔化的液态金属薄膜流向棒料端面的边缘,由于表面张力的作用,液膜并不能立即从棒料端面甩出去,而是在端面形成了"冠"。金属熔体沿螺旋曲线不断地进入"冠"中,最后形成"露头"。当"露头"中金属的质量增加到其离心力超过其表面张力时,"露头"便从"冠"中飞射出去,形成小液滴。在惰性气体中液滴以很高的速度冷却,凝固成球形粉末颗粒。

等离子旋转电极制粉原理图如图 3-13 所示。

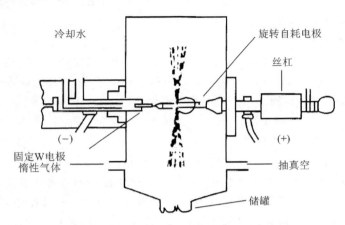

图 3-13　等离子旋转电极制粉工艺原理图[86]

（3）制粉工艺对比

AA 粉粒度细(小于 100 μm),制坯后组织均匀,夹杂物尺寸小。而 PREP 粉由于受旋转棒级转速的限制,粉末粒度相对较粗(50～150 μm),相应的夹杂物尺寸偏大;但单球形度好,物理性能良好。从技术发展趋势看,涡轮盘主要采用 AA 粉。欧美等先进国家主要采用 AA 粉制备粉末高温合金涡轮盘。两种制备工艺粉末形貌如图 3-14 所示。

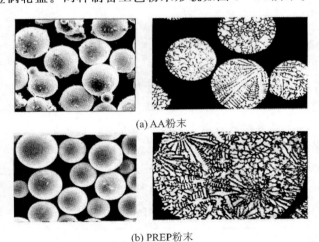

(a) AA粉末

(b) PREP粉末

图 3-14　AA 粉与 PREP 粉形貌及粉末内部组织对比图[86]

3. 粉末高温合金成形工艺[86]

粉末高温合金的成形工艺按发展过程分为直接热等静压成形、热等静压＋锻造成形、粉末热等静压（或热压）＋热挤压＋超塑性锻造成形。

（1）直接热等静压成形

热等静压技术是在一种密闭容器内以氩气等惰性气体为传压介质，在高温（1 000～1 200 ℃）和高压（大于 100 MPa）的共同作用下，对制件进行压制烧结和致密化成形的先进技术。

热等静压可以直接成形，也可作为粉末高温合金制坯工艺。俄罗斯的粉末高温合金涡轮盘一直采用直接热等静压成形。

（2）热等静压＋锻造成形

该技术主要指热等静压＋等温锻造。用热等静压使粉末合金致密化，得到盘件预制坯，然后用等温锻造的方法制造出小余量的锻件。由于粉末高温合金一般比较难变形，所以对等温锻造模具提出了较高要求，目前通常采用 TZM 钼合金。

GE 公司采用该方法制造 CFM56 发动机的第 4～9 级压气机盘。我国也采用该工艺制造 FGH96 先进发动机的涡轮盘和篦齿盘。

（3）粉末热等静压（或热压）＋热挤压＋超塑性锻造成形

采用热等静压或热压使粉末致密化成坯，利用大挤压比变形使毛坯获得超细晶组织，为随后的超塑性锻造创造有利的组织条件。在真空等温锻造机上，将模具加热到与坯料相同的温度，在低的应变速率下，利用材料超塑性等温锻造出近净尺寸的涡轮盘锻件。

用该工艺生产的盘件冶金质量好，使用寿命长，可靠性好，是目前先进国家粉末涡轮盘制造的主要工艺。

3.2.4　压气机盘和涡轮盘的毛坯

毛坯图是毛坯制造的依据。与设计图样相类似，毛坯图包括图形、尺寸、技术要求及技术条件等四大项内容。

1. 毛坯的尺寸

确定毛坯图尺寸的依据主要考虑四个方面：

① 零件设计图的要求；

② 根据工艺规程的各机械加工所需的加工余量；

③ 锻造的工艺设备；

④ 考虑超声波检测和腐蚀检测对加工余量的要求；

⑤ 力学性能检测所需的加工余量。

机械加工余量的大小，最终由供需双方在会签锻件图时商定。

表 3-3 和表 3-4 为盘类件机械加工余量的参考值。

表 3-3　内、外表面的加工余量[89]

mm

宽度或直径	长度或宽度				
0～25	0～63	63～160	160～250	250～400	400～1 000
25～40	1.5	1.5	1.5	1.5	2.0

续表 3 - 3

宽度或直径	长度或宽度				
40～63	1.5	1.5	1.5	2.0	2.5
63～100	1.5	1.5	2.0	2.5	3.0
100～160	1.5	2.0	2.5	3.0	3.5
160～250	2.0	2.5	3.0	3.5	4.0
250～400	2.5	3.0	3.5	4.0	5.0
400～630	3.0	4.0	4.0	5.0	6.0

表 3 - 4　圆柱形孔的加工余量　　　　　mm

孔直径	孔长度				
0～25	0～63	63～100	100～140	140～200	200～280
25～40	2.0	—	—	—	—
40～63	2.0	3.0	—	—	—
63～100	3.0	3.0	3.5	4.5	5.0
100～160	3.0	3.0	3.5	4.5	5.0

　　压气机盘与涡轮盘均为模锻件,其毛坯图为锻件图样。因此,图样中必须准确而全面地反映锻件的特殊内容,如分模线、流线、圆角和斜度等。图 3 - 15 为典型的压气机盘毛坯图,图 3 - 16 为典型的压气机鼓筒焊接单盘件毛坯图,图 3 - 17 为典型的涡轮盘毛坯图。

2. 毛坯的检验类别

　　盘类件毛坯的技术要求包括:热处理、表面处理、检验类别等。压气机盘为Ⅰ类或Ⅱ类锻件,涡轮盘为Ⅰ类锻件。Ⅰ类锻件的材料牌号、表面质量、几何尺寸和硬度均需 100% 检验。力学性能在每熔批中抽 1 件,在本体上检验,其余 100% 在专用余料上检验。Ⅱ类锻件的材料牌号、表面质量、几何尺寸和硬度均需 100% 检验。力学性能在每验收批中抽检 1 件。

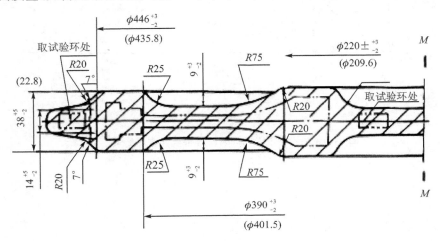

图 3 - 15　典型的压气机盘毛坯图[89]

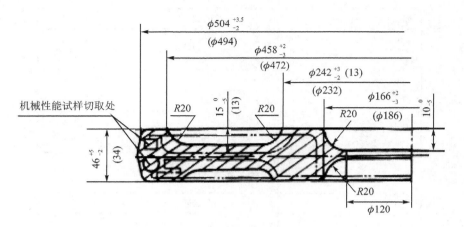

图 3 - 15   典型的压气机盘毛坯图[89]（续）

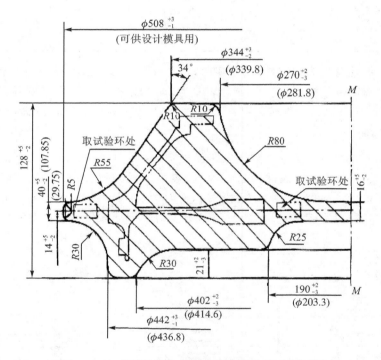

图 3 - 16   典型的压气机鼓筒焊接单盘件毛坯图[89]

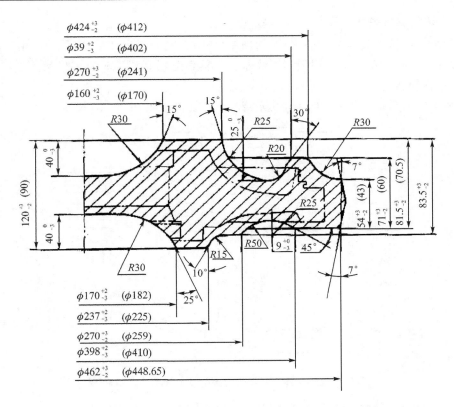

图 3-17　典型的涡轮盘毛坯图[89]

3.3　盘类件的典型加工工艺

3.3.1　盘类件的完整加工工艺

1. 盘类件加工工艺概述

盘类件材料均属于难加工材料,毛坯为模锻件,应在机械加工过程中对材料继续跟踪检验。

压气机盘直径大,辐板壁和鼓筒壁较薄,刚性差,易变形。加工过程安排消除应力热处理工序;精车工序设计专用车床夹具,采用辅助支承基准、端面压紧。盘的辐板型面复杂,与轮缘转接圆弧的半径大,精加工辐板采用数控车床加工。盘的各表面间的相互位置精度要求高,采用一次装夹加工各表面和互为基准的方法加工。盘内有很多窄的环状形腔和转接圆弧,采用成形刀具加工;涡轮盘表面的位置精度要求较高,加工时尽可能一次装夹加工或按同一基准定位和找正的方法加工。

压气机盘多采用燕尾形榫槽,涡轮盘一般选用枞树形榫槽。燕尾形榫槽和枞树形榫槽的结构复杂,由多个转接圆弧与工作面直角边组成复杂型面,轮廓公差要求严,榫槽个数多,相互之间的位置精度要求高,一般用专用拉刀拉削加工。

2. 钛合金盘类件的完整加工工艺

钛合金的特点使得刀具磨损快;切削温度升高;粘刀现象严重;零件易产生变形,不易保证加工精度。因此,钛合金的切削加工性差。刀具宜选用高温下具有足够硬度及良好耐磨性和耐热性的硬质合金。

某压气机盘材料为 YZTC17,其完整加工工艺路线如图 3-18 所示。

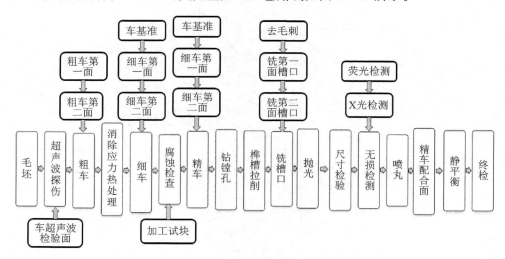

图 3-18 某压气机盘的完整加工工艺路线[75]

3. 高温合金涡轮盘完整加工工艺

高温合金切削困难,刀具易磨损。要求刀具在高温下能保持足够硬度及良好的耐磨性和耐热性。图 3-19 为某镍基变形高温合金涡轮盘完整加工工艺路线,材料为 GH4169。

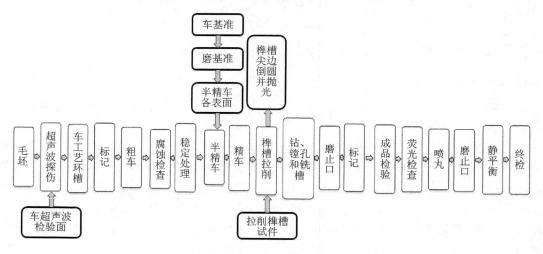

图 3-19 某镍基变形高温合金涡轮盘完整加工工艺路线[75]

图 3-20 为某粉末高温合金涡轮盘完整加工工艺路线。

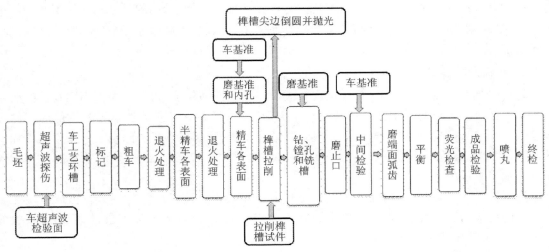

图 3-20　某粉末高温合金涡轮盘完整加工工艺路线[75]

3.3.2　盘类件的车加工工艺

1. 概　述

车加工工艺是盘类件的主要加工工艺,鼓盘连接的压气机盘的车削工作量占盘的总机加工工作量的 54％,采用焊接连接的盘的车加工工作量占总机加工工作量的 91％[89]。

盘类零件的车加工分为粗加工、半精加工和精加工三个阶段。粗加工阶段的主要任务是车削去除大部分加工余量,为半精加工做准备。半精加工主要是车削去除粗加工后的变形量,并继续去除加工余量,使精加工阶段的加工余量均匀,并为精加工阶段准备工艺基准。精加工阶段是去除剩余的全部加工余量,满足图纸的尺寸公差、形状公差、位置公差、表面粗糙度和技术条件要求。

粗车阶段外圆表面及端面的加工方案如表 3-5 所列。

表 3-5　粗车阶段外圆表面及端面加工方案[93]

序　号	加工方法	外圆表面		平　面	
		经济精度	表面粗糙度 $Ra/\mu m$	经济精度	表面粗糙度 $Ra/\mu m$
1	粗车	IT11 以下	12.5~50	—	—
2	粗车—半精车	IT8~IT10	3.2~6.3	IT11~IT13	3.2~6.3
3	粗车—半精车—精车	IT7~IT8	0.8~1.6	IT7~IT8	0.8~1.6
4	粗车—半精车—磨削	—	—	IT6~IT8	0.2~0.8

2. 基准的选择

根据基准功用的不同可分为设计基准和工艺基准。在零件图上使用的基准为设计基准;在零件加工和装配等工艺过程中使用的基准称为工艺基准。工艺基准按用途可分为工序基准、定位基准、测量基准和装配基准[93]。

盘类零件由于是高速旋转件,所以对尺寸非常敏感。因此,在设计时选取的基准与在工作时选取的基准应尽可能一致,即使装配基准与设计基准尽可能一致,测量基准与装配基准尽可能一致,工序基准和定位基准与测量基准尽可能一致。因此,在盘类零件车加工时,设计基准、工序基准、测量基准和装配基准都要尽可能一致,以保证轮盘可靠工作。

3. 辐板的精加工

辐板精加工时易产生变形,尺寸精度和表面粗糙度不易保证,因此需根据不同盘件的要求选用不同的设备。盘类件加工一般选用精度高的车床,需要有经验的加工者。目前对于型面较复杂、尺寸要求高的盘类件选用立式或卧式数控车床,采用层剥式去除余量。采用数控加工的盘类件,其残余应力小,加工精度高,型面准确;同时数控机床易操作、生产效率高,因此,该设备是加工辐板的有效方法。

为了减小变形,辐板的精加工一般分为两个工步:第一工步为精加工去余量过程,使加工中产生的内应力充分释放,加工表面充分变形,给第二工步留较小的加工余量;第二工步去除较小余量,按顺序精车成型。

4. 典型零件车加工[89]

(1) 典型压气机盘精车加工

典型压气机盘的精车加工工艺如表3-6所列。

表3-6 典型压气机盘的精车加工工艺

序号	工序阶段	定位基准	基本尺寸及要求	刀具图	加工简图
1	精车基准表面	A、B面	表面粗糙度 Ra 为 1.6 μm;端面平面度为 0.02 mm		
2	精车第二面	A、B面	内圆配合表面单边留余量为 0.25 mm;大的转接圆弧单边留余量为 0.9~1 mm 其余达到图纸规定尺寸		
3	精车第一面	A、B面	内圆配合表面单边留余量为 0.25 mm;其余达到图纸规定尺寸	—	
4	数控精车辐板	C、B面	图纸规定尺寸	R2.4刀片	

序号	工序阶段	定位基准	基本尺寸及要求	刀具图	加工简图
5	精车轮缘	A、B 面	图纸规定尺寸		

（2）某典型涡轮盘车加工

典型涡轮盘的精车加工工艺如表 3 - 7 所列。

表 3 - 7　典型涡轮盘的精车加工工艺

工序阶段		定位基准	加工表面	基本尺寸及要求	刀具图	加工简图
粗加工	粗车加工	A、B 面	外圆和内圆	单边留余量为 4～5 mm，粗糙度 Ra 为 3.2 μm		
	车超声波探伤表面	A、B 面	所有表面	单边留余量为 3.5～4 mm，粗糙度 Ra 为 1.6 μm		
细加工	细车第一面	A、B 面	所有表面，第二面	单边留余量为 1 mm，表面粗糙度 Ra 为 1.6 μm		
	细车第二面	C、D 面	—			
精加工	精车基准表面	A、B 面	外圆表面及相邻两侧面	图纸规定尺寸		

工序阶段		定位基准	加工表面	基本尺寸及要求	刀具图	加工简图
精加工	精车第二面	A、B 面	顺序号所在表面	图纸规定尺寸		
	精车第一面	A、D 面	顺序号所在表面	图纸规定尺寸	—	

3.3.3 盘类件的榫槽加工工艺

从加工的角度进行分类,压气机盘的榫槽分为轴向燕尾槽和环形燕尾槽两大类,其中轴向燕尾槽又分为直槽形和圆弧形两大类。

轴向燕尾槽中的直槽形可以采用拉削工艺进行加工,环形燕尾槽则采用铣削工艺进行加工。轴向圆弧形加工属于新技术。

1. 轴向直槽燕尾形榫槽拉削工艺

图 3－21 为某发动机高压压气机 5 级盘和 12 级盘,为燕尾形榫槽。

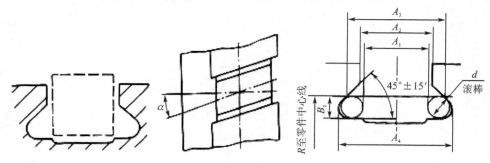

图 3－21 压气机盘燕尾形榫槽

拉削方式:渐切法与成形法相结合。

拉削工步:每个榫槽分 4 个拉削工步,如图 3－22 所示。用粗、精共 4 段拉刀组合起来。第 1 到第 3 把拉刀为粗拉齿形,采用渐切法拉削;第 4 把拉刀为精拉齿形,采用成形法拉削。

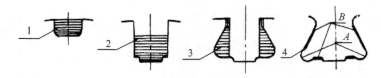

1~4—拉刀

图 3－22 压气机钢盘燕尾形榫槽拉削示意图

图 3-23 为 J85 第 5 级压气机盘燕尾形榫槽的拉削工步[91]。共分Ⅰ～Ⅷ 8 个拉削工步,为渐切法和成形法相结合。

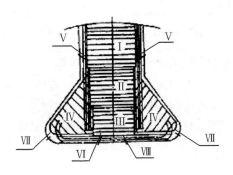

图 3-23　J85 第 5 级压气机盘燕尾形榫槽的拉削工步[91]

2. 轴向圆弧形燕尾槽的加工

某风扇盘圆弧形榫槽轮廓图如图 3-24 所示。由图可以看出,该榫槽轮廓图的要求比较严,工作面轮廓公差为 0.02 mm,所有工作面的粗糙度 Ra 为 0.8 μm。

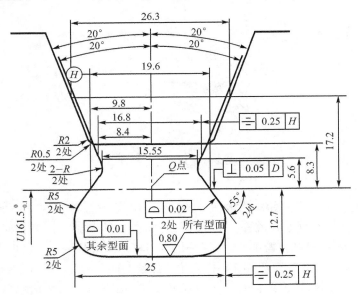

图 3-24　轴向圆弧形榫槽轮廓图[75]

由于轴向圆弧形燕尾槽不是直槽,无法采用拉削工艺进行加工,故可在多轴数控铣加工中心上进行铣削。由于轮廓公差严,型面无法通过刀具轨迹补偿获得,因此,铣刀的形状和结构需根据榫槽各部位的形状特点拆分成多把成形铣刀,并利用零件结构中的非圆滑转接部位进行过渡。

加工过程是:先用标准立铣刀进行粗开槽,然后用燕尾形成形铣刀加工内侧型面,用锥形成形铣刀加工外部型面侧面,转接圆弧靠刀具底部半径保证,如图 3-25 所示。在铣削过程中,刀具的让刀量分析和计算为工艺难点。

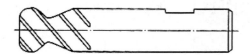

(a) 燕尾形榫槽铣刀刀具结构图

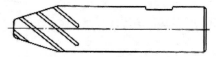

(b) 榫槽外部成形铣刀刀具结构图

图 3－25　圆弧形榫槽数控铣削成形刀具[75]

该类零件一般为钛合金材料,榫槽尺寸较大,加工过程的切削负荷很大,对机床扭矩要求高,对机床刚性和定位精度要求严格;并且由于圆弧形榫槽的所有表面都是空间曲面形式,各项技术条件和每个尺寸要求都比较严格,因此检测及工序控制难度大。

3. 环形燕尾槽的加工

(1) 数控车削

1) 数控车削例 1[85]

环形燕尾榫槽加工应选用设备精度较高的数控卧式车床或数控立式车床,在数控立式车床上的加工示意图如图 3－26 所示。按照先粗后精的加工顺序,分 5 个步骤完成榫槽加工。

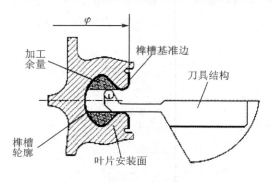

图 3－26　环形燕尾槽数控车削示意图[85]

2) 数控车削例 2[75]

本例为鼓筒盘上的环形燕尾槽,轮廓是封闭型结构,轮廓公差要求工作面为 0.014 mm,非工作面为 0.05 mm。车削时需配左、右两把专用机夹刀具。加工榫槽两侧型面时,由于受槽口尺寸限制,圆刀片不能过榫槽中心,需配一把直刀杆加工榫槽底部,如图 3－27 所示。

车加工分两步完成。先进行粗加工,用开槽刀去除大部分余量,再用左、右两把专用刀分别粗加工榫槽两侧,最后沿榫槽型面精加工至尺寸要求,用直刀加工榫槽底部,以保证轮廓的公差要求。

(2) 普通车削[89]

1) 加工表面要求

某环形燕尾槽中心与辐板中心的对称度为 0.4 mm。环形燕尾槽外圆表面的尺寸精度为 IT5～IT6。本例环形燕尾槽榫槽宽度公差的上差为＋0.057 mm,下差为－0.014 mm;轮廓公差的工作表面为 ±0.007 mm,非工作表面为 ±0.025 mm;环形燕尾槽的底面跳动为 0.025 mm。

2) 车加工分析

在车环形燕尾槽之前,首先要保证燕尾槽中心与辐板中心的对称度。该尺寸要求比较宽

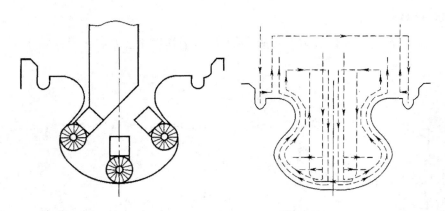

图 3 - 27 环形燕尾槽的数控铣削刀具及走刀路线图[75]

松,但是很难测量,为此,在车削环形燕尾槽之前,首先车削榫槽基准边,通过尺寸换算计算出环形燕尾槽中心与辐板中心的对称度。

环形燕尾槽内的尺寸公差及表面要求由成形刀具的车加工保证,但成形刀具的制造比较困难。另外,切屑在整个切削刃上同时形成,相互干扰,流动困难,易刮伤已加工表面,切削刃与零件接触面积大,振动大,表面粗糙度不易保证,因此,加工过程中应尽量选用小的转速和切削深度,大量浇注冷却液。

3) 定位基准

采用 I 级盘轴颈的外圆表面 A 和端面 B 作为定位基准,如图 3 - 28 所示。

4) 加工车床及刀具

采用精密数显车床;粗车和精车均采用成形刀具,精车分左、右两次车削。刀具如图 3 - 28 所示。

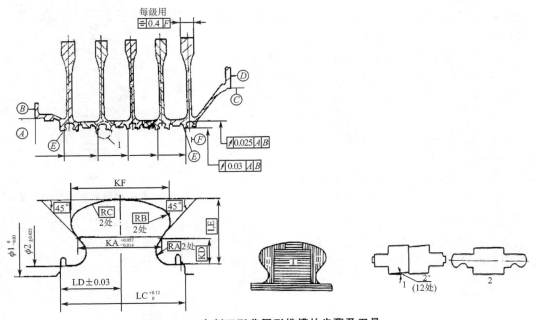

图 3 - 28 车削环形燕尾形榫槽的步骤及刀具

4. 涡轮枞树形榫槽的加工

图 3-29 为某涡轮盘三齿枞树形榫槽,图中标出了其尺寸公差和技术条件。

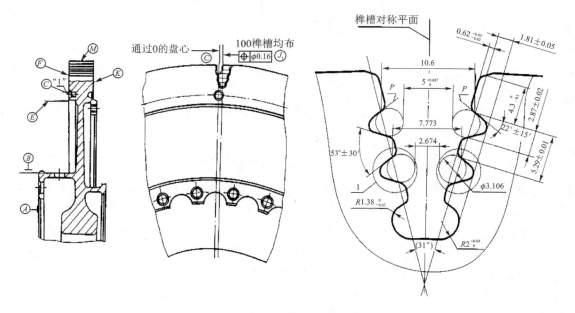

图 3-29　典型涡轮盘枞树形榫槽[75,89]

涡轮盘的枞树形榫槽拉削属于用多刃刀具进行机械加工,虽然拉削速度低,但这种加工方式可以同时完成粗加工和精加工,生产效率很高。

由图 3-29 可以看出,榫槽的对称平面与发动机轴线一般有安装角。在满足叶片强度要求的前提下,该角度越小越好。榫槽对称平面相对于盘的轴向分布有位置度要求,该榫槽的位置度值为 $\phi 0.16$ mm,该位置度直接影响转子叶片下缘板之间的间隙和紧度,从而影响榫头在榫槽内的受力均匀性。榫槽相对于发动机轴线的倾斜角和榫槽周向分布由机床上的精密分度盘实现。

盘件的定位和夹紧:以表面 E、F 定位,压紧表面 K,找正外圆表面 M。

拉削方式:渐切法与成形法相结合。

拉削工步:每个榫槽分 8 个拉削工步,如图 3-30

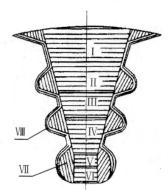

图 3-30　典型枞树形榫槽拉削工步图[89]

所示。用粗、精共 8 段拉刀组合起来,拉刀结构示意图如图 3-31 所示,组合起来的总长度为 5 720 mm。一个行程拉削一个榫槽。若有 100 个榫槽,则需要 100 个行程。第 Ⅰ 到第 Ⅶ 把拉刀为粗拉齿形,采用渐切法拉削;第 Ⅷ 把拉刀为精拉齿形,采用成形法拉削。

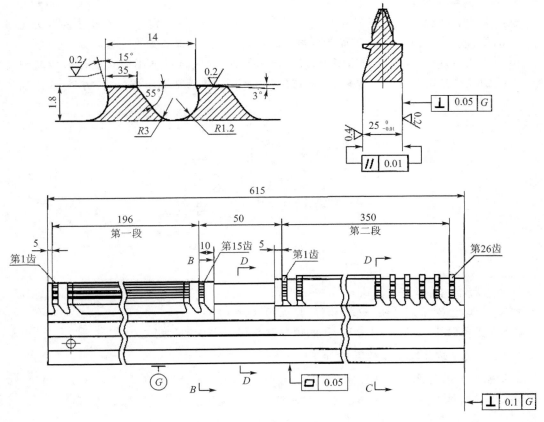

图 3-31　拉刀结构示意图[75]

3.3.4　盘类件端面孔的加工工艺

1. 盘类件端面孔分类

从形式上来分,盘类件端面孔可分为光孔和螺栓孔。

（1）光　孔

光孔包括空气系统需要的孔、销子孔和与螺杆配合的孔,等等。为了满足空气系统的需要、控制零组件的温度、调整腔压和轴向力,有时需要在盘件上开光孔。

销子孔可分为径向销子孔和轴向销子孔。轮盘上最典型的销子孔即为类似于 WP13 和 WP7 高压涡轮盘轴连接定位的径向销子孔。

与螺杆配合的孔,在涡轴发动机和动力涡轮盘件上使用较多。

在以上三类光孔中,由于销子孔起定心作用,故对尺寸精度和位置度要求最严。

（2）螺纹孔

螺栓连接在盘类件与轴类件和盘与封严篦齿的连接中使用最为广泛。在采用普通螺栓连接的结构中,一般采用圆柱面定心。螺栓孔分为普通螺栓孔和精密螺栓孔,普通螺栓连接只起连接的作用,而精密螺栓连接还兼顾定心的作用。

2. 某涡轮盘端面轴向销子孔的加工[89]

如图 3-32 所示为某低压涡轮盘与封严篦齿的定心和周向定位孔。尺寸精度为 IT6～IT7,孔的位置度为 $\phi0.05$ mm,表面粗糙度 Ra 为 1.60 μm。该孔为平底盲孔。

由于该孔为盲孔,加工时排屑困难,尺寸不易保证,故应合理选用刀具的几何角度和切削用量。孔的尺寸精度和位置度要求高,应选用坐标镗床、数控钻镗床或双柱数控钻镗床加工。

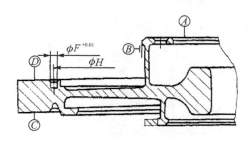

图 3-32 轮盘典型轴向销子孔[89]

定位基准:A、B 为基准表面。

加工过程:钻孔 $\phi4.7$→锪孔 $\phi4.9$→铰孔 ϕF。

加工刀具:分别采用钻头、锪钻和绞刀,如图 3-33 所示。

检验:孔径尺寸,采用量规检验;孔的位置度采用三坐标测量机检验。

3. 压气机盘端面精密螺栓孔的加工

该精密螺栓孔如图 3-34 所示,孔直径为 $\phi4.839$ mm,尺寸精度为 IT7(上差＋0.012,下差 0),孔的位置度为 $\phi0.024$ mm。加工时应选用坐标镗床或数控钻镗床。

定位基准:A 为基准表面,压紧表面 C,按表面 B 找正。

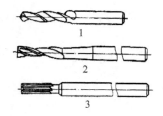

图 3-33 镗削销子孔刀具[89]

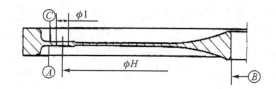

图 3-34 加工精密螺栓孔[89]

加工过程:按工艺图样一次钻、铰孔达到设计图尺寸。

加工刀具:选用的刀具如图 3-35 所示,为复合钻铰刀,刀具前端为钻头,后端为铰刀。

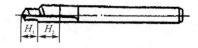

图 3-35 加工精密螺栓孔的复合钻铰刀[89]

为了确保精密螺栓孔的尺寸精度和位置度,在加工零件前应检查复合钻铰刀的切削刃,即钻头、铰刀刃部对刀杆(基准)的跳动在设计图范围内,否则不能使用。刀具安装到机床上后,检查刀具刃部(铰刀)的跳动不大于 0.008 mm,方可加工零件。

检验:直径尺寸用量规检查;孔的位置度为 0.02 mm ,在直径 ϕH(图 3 - 34)上的真实位置用功能量规检查,功能量规最少有 21 个销子,销子的位置度偏差不大于 0.002 mm,每个销子的直径不小于 $\phi 4.813\ 3$ mm,用功能量规验收的零件,在任何位置上应能使量规通过,功能量规必须定期检查校验。

3.4 鼓筒盘组件的成形及加工工艺

3.4.1 鼓筒盘组件的结构特点及技术要求

在发动机风扇增压级(低压压气机)和高压压气机等中常常采用鼓筒盘结构,其结构形式有带盘结构和不带盘结构;其连接方式分为整体结构、螺栓连接结构和焊接结构。

某发动机风扇增压级鼓筒盘的结构及技术要求如图 3 - 36 所示。该鼓筒直径在 $\phi 800$ mm 左右,直径尺寸公差为 0.063 mm,前安装边的精密定位孔与风扇盘连接,位置度为 $\phi 0.03$ mm。

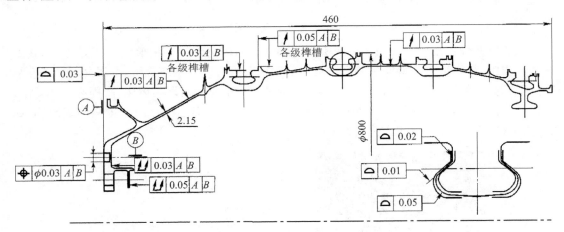

图 3 - 36 某风扇增压级鼓筒整体结构及技术要求[75]

某发动机高压压气机的第 5 级~第 9 级鼓筒盘结构及位置要求如图 3 - 37 所示。该鼓筒盘结构为摩擦焊焊接结构,前后安装边为止口定心,尺寸精度为 IT4~IT5。

鼓筒盘结构常采用摩擦焊接和电子束焊接。CFM56 高压压气机转子鼓筒盘的第 1 级~第 2 级为钛合金锻件,采用惯性摩擦焊工艺;第 4 级~第 9 级为粉末高温合金 Rene95,采用惯性摩擦焊焊接。AL - 31F 高压压气机转子的第 1 级~第 3 级、第 4 级~第 6 级鼓筒盘采用电子束焊接成形,材料均为钛合金 BT25[47]。

电子束焊接是利用汇聚的高能电子轰击工件接缝处所产生的热能,使被焊材料熔合的一种焊接方法。通常束斑直径小于 1 mm,在 0.1~0.75 mm 之间。图 3 - 38 所示为电子束焊接的典型形状。

电子束焊焊接质量缺陷的主要影响因素是焊前的接头准备、焊接工艺和被焊金属材料的特性。电子束焊在焊接中的主要和常见缺陷有焊接裂纹、焊接咬边、偏焊、气孔和飞溅以及缩孔等,这些焊接缺陷一般都会随着焊接方法的不同而发生变化。

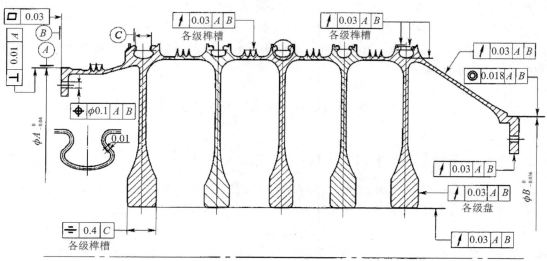

图 3-37　焊接鼓筒盘结构及位置要求[75]

典型的摩擦焊焊接接头如图 3-39 所示。摩擦焊相较传统熔焊的最大不同点在于,在整个焊接过程中,待焊金属获得能量升高所达到的温度并没有达到其熔点,即金属是在热塑性状态下实现的类锻态固相连接,因为是固相连接,所以接头中不会出现与熔化、凝固有关的缺陷,但当材料焊接性差、焊接参数不当或表面清理不好时,在摩擦焊连接界面上也会出现缺陷,如"灰斑"、裂纹、未焊合、夹杂和错叠等。

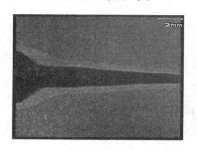

图 3-38　电子束焊接典型形状[94]

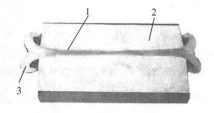

图 3-39　典型摩擦焊焊接接头[75]

某压气机电子束焊接五级鼓筒盘组件的加工工序如图 3-40 所示,材料为 GH4169。

鼓筒盘组件摩擦焊接的加工工序如图 3-41 所示。

因焊接工艺的不同,鼓筒盘焊接组件的车加工工作量和内部缺陷无损检查等工序均不同。电子束焊后,除必要的检测和热处理外,需焊后加工燕尾形榫槽和篦齿。摩擦焊后,除必要的检测和热处理外,需加工成形第 1 级和第 5 级盘,包括粗加工、细加工和精加工。另外,需加工燕尾形榫槽和篦齿。

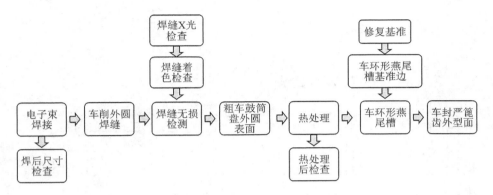

图 3 - 40　鼓筒组件电子束焊接工序[75]

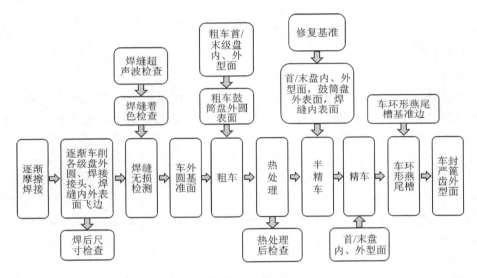

图 3 - 41　鼓筒盘组件摩擦焊接工序[75]

3.4.2　典型鼓筒盘组件的真空电子束焊接[89]

1. 焊后的技术要求及工艺分析

（1）焊后图纸的技术要求

焊后总体长度变化小于或等于 ±0.12 mm，盘心内孔径向跳动小于或等于 0.04 mm，轮毂端面跳动小于或等于 0.1 mm，焊缝为Ⅰ类焊缝。相应的图形如图 3 - 42 所示。

（2）工艺分析

对于电子束焊接，焊接收缩量非常难保证，而该典型零件的总长度公差小于或等于 0.24 mm，还需满足 0.04 mm 的跳动要求，很难保证。需通过试验测定焊缝的收缩量，并保证 4 条焊缝中每条焊缝的宽度和收缩量一致。

要求焊缝 100% 焊透，且不允许有缺陷，这样，焊接时就必须保护辐板不被烧伤和玷污；但辐板之间的间隔小，开敞性差，保护起来有一定的难度。GH4169 材料容易产生应变时效裂纹，且大多发生在近缝区上，即使能补焊，也会使焊缝加宽、引起变形，很难校正。

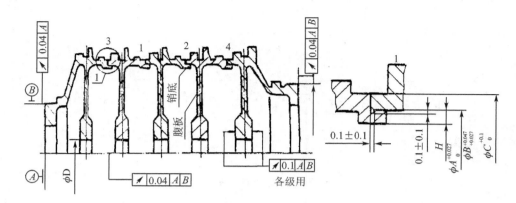

图 3 - 42   电子束焊鼓筒盘组合件[89]

2. 焊接工艺

（1）焊接接头设计

为了满足图纸尺寸要求和跳动要求，并能实现装配时的良好定心，将接头设计成带锁I型坡口，相当于结构设计中的止口定心。如图 3 - 42 所示，径向为过盈配合，半径方向的过盈量为 0～0.023 mm，热压装配，坡口装配间隙小于或等于 0.05 mm。根部退刀槽不能太宽，否则退刀槽内的空气排不出来，容易在焊缝根部产生气孔。本组件取退刀槽尺寸为(0.1±0.1)mm。

接头需重点考虑两个尺寸：一个是锁底厚度，另一个是预留焊缝收缩量。若采用熔透焊，则锁底厚度可薄一些，热装后，锁紧冷却不能变锥形，也不能因不自锁而脱开。若采用非熔透焊，则锁底厚度可厚一些，将焊缝根部可能产生的缺陷都留在锁底，在探伤前加工掉。预留焊缝要考虑到双边。

（2）焊前清理

焊前清理在鼓筒盘焊接中尤为重要，若清理不彻底，则在焊接过程中会产生气孔甚至飞溅。单件清理要彻底去油污、外来冷却液和洗涤液残迹。装配时要用洁白布蘸丙酮擦净待焊处，擦净后不许赤手触摸，8 小时内组装焊接。

（3）工艺参数选择

通过焊工艺试片来选择工艺参数。工艺试片的材料、厚度、接头形式和热处理状态与零件相同，试片的工作距离与零件待焊面的相同。在上述条件下选择工艺参数，焊出的试片剖切后，检查焊缝横截面的金相组织、熔深、焊缝成形尺寸及表面和内部质量，对于完全符合技术要求者，确定为零件的焊接工艺参数。

（4）鼓筒盘组件的焊接

焊前准备：由于焊后的鼓筒辐板型面不加工，而只加工焊缝锁底部分，因此，必须保护好辐板型面，不允许有烧伤或污染。焊前用不锈钢薄片保护。

鼓筒盘装夹后，检查装夹质量，然后安放在设备转具上。同时再装一件试验件，其工作距离与零件的相同，一同放入真空室，抽真空至 $2×10^{-2}$ Pa，开始焊接，在验证试片上调好焦点，用选定的参数焊接试验件，在证明焊接参数无误后，再正式焊接鼓筒盘组件。

焊接鼓筒盘组件分两步：首先是定位焊，然后是正式焊接。在定位焊时，每条焊缝实施六点或八点对称定位焊接,按1、2、3、4焊缝顺序定位,如图3-42所示。每条焊缝的开始定位点也要相互对称错开,定位焊点长短要一致,要有一定强度,保证在焊接工程中不开裂。

在正式焊接时,仍按图3-42所示1、2、3、4焊缝顺序焊接。焊接的起始点和焊接终了搭结处也要相互错开,各条焊缝的搭结量应控制一致。

（5）检　验

焊后,对鼓筒的4条焊缝进行100%的外观目视检查,车光表面的焊缝凸起及锁底后,应进行X光检查,不允许有缺陷。

3.4.3　鼓筒盘组件的摩擦焊接

1. 结构特点

与真空电子束焊不同,摩擦焊焊后需加工的表面较多,如图3-43所示的鼓筒盘组件。第2级~第4级盘的内腔和辐板已基本加工完成,外径榫槽和篦齿没有加工,在半径方向上留较多余量。第1级和第5级盘的大部分尺寸需焊后加工。

另外,在摩擦焊过程中,应焊一级盘后就车一级盘的焊接接头,以保证两个盘焊后的同轴度。

2. 焊后的技术要求及工艺分析

5个盘焊接后的同轴度小于或等于0.15 mm,每两级盘间的焊缝缩短量公差小于或等于±0.25 mm。同轴度要求给摩擦焊夹具设计和焊接工艺带来困难。若5级盘、4条焊缝都满足每两级盘间的焊缝收缩量公差,则工艺较困难。

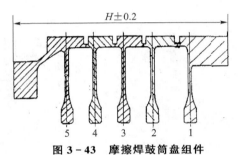

图3-43　摩擦焊鼓筒盘组件

3. 焊接工艺

（1）焊接接头设计

摩擦焊的焊接接头采用对接,但要留出加工余量和收缩量。

本例鼓筒盘组件焊接处的图纸尺寸为轴向2 mm、径向2 mm;设计的焊接接头壁厚为轴向4.5 mm、径向4.5 mm;轴向变形量为3 mm,即每级盘待焊的端头多留出1.5 mm磨损量,如图3-44所示。

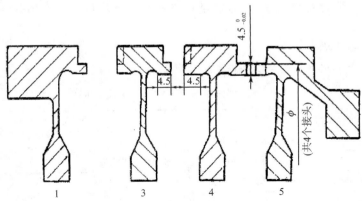

图3-44　鼓筒盘组件摩擦焊接接头设计

（2）焊接试验件

摩擦焊焊接工艺参数由计算获得。在正式焊接之前要先对试验环进行焊接。焊接试验环在材质、热处理和表面状态上与被焊件完全一致，而且被焊接头的结构和尺寸也要与零件完全相同，否则会引起零件和试验环在尺寸精度和变形量上的较大差异。本例使用了 6 件试验环。

试验件需检查以下项目：焊机的稳定性，焊接参数的变化；焊缝质量（超声波和荧光）；焊缝尺寸精度（变形量、径向跳动和端面跳动等）。在检查试验件合格的条件下才能正式焊接零件。

（3）鼓筒盘组件的焊接

本例所示鼓筒盘组件由 1～5 级共 5 个盘鼓组成，中间通过 4 条焊缝连接。内腔焊缝附近 10 mm 长度上留 1 mm 余量。整个 5 级盘的焊接属于多条焊缝、等截面精密组件的焊接。

焊接顺序：图 3－45 为焊接顺序示意图。首先焊接 5 级盘和 4 级盘，然后车去焊缝内、外飞边。车去 4 级盘外表面 D 的余量。车去与 3 级盘焊接的 4 级盘另一端待焊接头 F 端面，为了保证第 5 至第 4 级盘的总长度，应预先留出 0.5 mm 余量。随后逐级焊接 3、2 和 1 级盘，每焊接一级盘就加工一级盘，以避免焊接误差的积累。

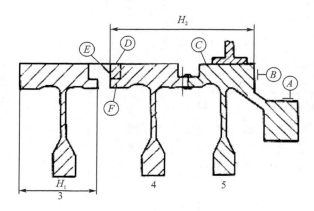

图 3－45　鼓筒盘组件摩擦焊接顺序示意图

每焊一级盘，5 级盘就向滑台油脂里缩一级，为了防止焊接过程中的变形，缩紧的那一级的外径上都套有弹簧圈，用油脂盘的胀紧力压紧。由此看出，5 级盘的轴外径 A 与端面 B 的加工精度对整台鼓筒盘的焊接精度有着直接的影响。

在鼓筒盘组件摩擦焊接过程中，对能量和变形的控制较重要。大部分的能量下降都是由焊缝错位度引起的。

（4）惯性摩擦焊尺寸精度

惯性摩擦焊后的尺寸精度要求如表 3－8 所列。

表 3－8　惯性摩擦焊后的尺寸精度要求[89]

标准编号	标准来源	长度/mm	径向跳动/mm	端面跳动/mm
P8TF$_2$－S$_4$	GE 公司标准（1974）	±0.508	—	—
MIL－STD－1252	美国军标（1975）	规定值的±10%	—	—
95DMAB120A1005US	480B 焊机合同（1995）	±0.5/±0.25	0.25	0.25

标准编号	标准来源	长度/mm	径向跳动/mm	端面跳动/mm
BRR11756	BMW - R. R GMBH(1996)	±0.5	0.15	0.1
中国工具行业标准	哈尔滨、长春和 北京量具刀具厂	±1	0.7	—

（5）焊后热处理

本例焊后需进行真空时效处理。GH4169 合金盘的热处理工序为：

1 级盘和 5 级盘：固溶＋时效＋惯性摩擦焊＋时效处理。

2 级盘和 4 级盘：锻态＋时效＋惯性摩擦焊＋时效处理。

（6）检　验

焊后去除飞边，经再时效处理后，焊缝进行小焦点 X 光探伤。精加工后对焊缝表面进行荧光检验。

3.4.4　焊接鼓筒盘组件的车加工

1. 焊接鼓筒盘组件所需的车加工工艺

车加工工艺主要包括三个方面的内容：对焊缝进行无损检测所需的车加工；进行焊后热处理所需的车加工；达到最终尺寸要求所需的车加工，其中包括盘鼓、榫槽和篦齿等。

（1）对焊缝进行无损检测所需的车加工

所有焊缝均需对表面质量和内部质量进行检测。电子束焊接鼓筒盘组件可采用着色的方法进行表面质量检测，采用 X 光的方法对焊缝内部质量进行检测。摩擦焊接鼓筒盘组件采用荧光或着色的方法进行表面质量检测，采用超声波的方法对焊缝内部质量进行检测。焊缝检测要求表面粗糙度 Ra 为 1.60 μm，为了满足检测粗糙度的要求，需对检测表面进行车加工。

（2）进行焊后热处理所需的车加工

为了消除焊接及机械加工应力，对于电子束焊和摩擦焊这两种焊接方法，在焊后均需进行热处理。如前所述，在热处理前要去掉较多的余量，即对组件进行粗加工。

（3）焊接工艺的特殊要求及达到零件最终尺寸要求所需的车加工

1）焊接工艺的特殊要求

采用电子束焊接和摩擦焊接连接的鼓筒盘组件，在单盘加工时，内腔型面、辐板、盘心孔等均已加工到设计图样所规定的尺寸和技术要求。盘的外型面、封严篦齿和环形燕尾槽都留有一定的余量。采用不同的焊接方法，所留余量的部位和多少不同。

电子束焊接所留余量较小。摩擦焊接每焊接一级盘，都要车削被焊盘的外圆表面、焊接接头以及焊缝内、外表面上的飞边，余量较大，这些余量需在组合件中进行车加工。

2）零件最终尺寸的要求

主要包括榫槽和篦齿的加工。

2. 两种不同焊接工艺的工序安排

两种不同焊接工艺的工序安排如表 3 - 9 所列。

表 3-9　鼓筒盘组件不同焊接工艺的工序安排

序　号	工　序	电子束焊接	摩擦焊接
1	焊接	电子束焊接	摩擦焊接各级盘,并逐渐车削被焊接的各级盘外圆、焊接接头和焊缝的内、外表面飞边
			焊后尺寸检查
2	焊缝检查	车削外圆焊缝	焊缝超声波检查
		焊缝 X 光检查	
		焊缝着色检查	荧光检查
3	摩擦焊粗车加工	—	车外圆基准面; 粗车第 1 和第 5 级盘的内、外型面
4	焊接热处理		粗车鼓筒盘外圆表面
			热处理
			热处理后进行尺寸检查
5	保证最终尺寸的车加工		修复基准
		—	半精车第 1 和第 5 级盘的内、外型面,以及鼓筒盘外表面和焊缝内表面
			精车第 1 和第 5 级盘的内、外型面
			车环形燕尾槽、封严篦齿外型面

3. 典型车加工工艺

由以上分析可知,摩擦焊需要的车加工量较多,除了在焊接过程中逐渐车削外,还有一些表面需要粗加工、半精加工和精加工三道工序。而两种焊接工序均需在最终状态下进行车加工环形燕尾槽和封严篦齿。

本节选择摩擦焊焊接过程中逐渐车削被焊接的各级盘外圆、焊接接头和焊缝的内、外表面飞边工序,摩擦焊精车 5 级盘内、外型面工序,以及两种焊接均包括的车封严篦齿外型面工序作为典型工序。

(1) 逐渐车削被焊接的各级盘外圆、焊接接头和焊缝的内、外表面飞边

以车削 4 级盘为例,如图 3-46 所示。作为工艺辅助夹紧基准的各级焊上盘的外圆表面,对基准(5 级盘外圆端面)的全跳动为 0.02 mm;焊接接头对基准的平行度为 0.02 mm;尺寸精度为 IT4。

定位基准为 5 级盘的 A 面和 B 面。需加工表面为 4 级盘的外圆表面和 3 级盘的待焊接头,以及已和 5 级盘焊接的内、外飞边。加工余量是:焊缝内表面单边留余量 0.25 mm,外表面单边留余量 3 mm。加工车床为精密数显车床。

(2) 摩擦焊精车 5 级盘的内、外型面

该工序为盘身的最后一道工序,因此,尺寸要求

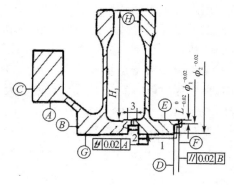

图 3-46　摩擦焊车削 4 级盘图例

为设计图纸要求。

外圆配合表面的尺寸精度为 IT6,轴向尺寸精度为 IT8~IT10,内腔型面理论点直径的尺寸精度为 IT8~IT10,5 级盘端面的平面度为 0.02 mm,5 级盘轴颈配合表面的同轴度为 0.02 mm,径向与轴向配合表面的同轴度为 0.02 mm,端面跳动为 0.015 mm。所有表面的粗糙度 Ra 为 1.60 μm。定位基准为 I 级盘轴颈的外圆表面 A 和端面 B。需加工表面为如图 3 - 47 所示的内腔型面(1—2—3)。加工车床选用卧式数控车床。

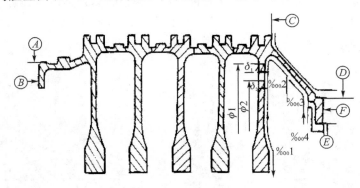

图 3 - 47 数控精车 5 级盘的内、外型面

3.5 整体叶盘制造工艺

1. 整体叶盘毛坯制造工艺[96]

整体叶盘的毛坯可采用整体锻造、焊接成形和整体铸造等工艺。

GE 公司采用精密锻造整体叶盘的尺寸精度可达±(0.1~0.25)mm,表面粗糙度 Ra 可达 0.4~1.6 μm。整体叶盘精密锻造的精度和质量主要依靠计算机对锻造过程的控制。

整体铸造主要用于小发动机整体叶盘。我国航空材料研究院采用 K4184 镍基高温合金成功铸造出 ϕ120 mm、带有 34 个叶片的动力涡轮整体叶盘。轮盘为等轴细晶,叶片为定向柱晶或单晶。为了进一步提高精密铸造整体叶盘坯件的密度,改善力学性能,应将坯件进行等静压处理和真空热处理。

焊接成形整体叶盘主要有扩散焊、电子束焊和线性摩擦焊。由于电子束焊接的工艺成熟,因此最早应用于钛合金整体叶盘的焊接工艺中。EJ200 发动机采用电子束焊接成形整体叶盘时,先将单个叶片用电子束焊接成叶片环,然后用电子束焊接技术将锻造毛坯和电解加工成形的轮盘辐板与叶片环焊接成整体叶盘结构。扩散焊和线性摩擦焊属于固相焊接,接头性能较好。而在扩散焊和线性摩擦焊中,线性摩擦焊工艺较为成熟,F119 发动机的 2、3 级风扇和 6 级高压压气机以及 EJ200 发动机的 3 级低压压气机的整体叶盘,均采用线性摩擦焊接成形。

采用整体锻造和整体铸造成形的工艺复杂,叶片的加工余量也较大,机械加工技术难度大,但叶片和轮盘连接处的力学性能较好。采用焊接工艺,叶片可以留较小的加工余量,机械加工难度减小,但叶片和轮盘连接处的力学性能降低。不过,不论采用何种工艺,在整体叶盘上机械加工叶片的技术难度均较大。

2. 钛合金叶片和轮盘的线性摩擦焊接工艺

线性摩擦焊属于固相焊接,接头性能优异,可焊接异种材料。

在焊接之前,叶片根部留有较厚的裙边,轮盘盘缘也已加工好凸台。在进行线性摩擦焊时,将叶片紧压在轮盘凸台上做高频往复运动,使叶片底部表面与凸台表面间高速摩擦,产生足以使两者之间原子相互转移所需的高温,当达到所需的高温后,往复运动停止,在叶片与轮盘上施加顶锻力使其焊接在一起,最后通过数控清根设备将焊后的飞边和装夹凸台去除,并将焊接接头部位加工成适合的叶型[97]。线性摩擦焊焊接工艺过程如图 3-48 所示。

图 3-48　线性摩擦焊焊接工艺过程示意图[97]

美国在 CFM56 等航空发动机盘与盘之间的焊接通常采用惯性摩擦焊。P&W 公司在 F119 发动机上采用线性摩擦焊焊接钛合金风扇和压气机转子的叶片和轮盘[1]。

3. 整体叶盘叶型加工工艺

整体叶盘叶型加工工艺主要有数控铣削和数控电解加工。

(1)数控铣削

数控铣削设备:美国 GE 公司、P&W 公司和英国 R·R 公司均采用五坐标数控加工技术开展整体叶盘的研制[97]。数控铣削的材料切除率达 90%,成本高。

(2)数控电解加工

电解加工与数控技术相结合的数控电解加工技术,可以解决数控铣削不能加工的难题,为整体叶盘制造提供了一种优质、高效、低成本且具有快速响应能力的新加工技术。

美国 Teleflex Aerospace 公司采用五坐标数控电解加工机床来加工整体叶盘,并具备了成熟的表面抛光等相关技术。GE 公司与 Lehr-Precision Inc 公司采用五坐标电解加工机床,加工了 T700 航空发动机的钢制整体叶盘、YF120 发动机的钛合金整体叶盘以及 F414 发动机的整体叶盘。五坐标电解加工与五坐标数控铣削相比,加工时间减少 50%~85%,并且避免了机械加工中容易产生的残余应力。同时由于电解加工无工具损耗,因此与数控铣削相比,大幅度降低了工具成本[76]。

在叶型加工上,GE 公司采用了效率更高的多轴数控电接触加工方式,采用成形或近成形阴极进行多坐标数控送进运动来实现加工,分为粗加工和精加工两道工序,加工出的叶片叶型厚度公差为＋0.1 mm,型面公差为＋0.1 mm,不需抛光[96]。整体叶盘电解加工产品及工具阴极如图 3-49 所示。

图 3-49　整体叶盘电解加工产品及工具阴极[65]

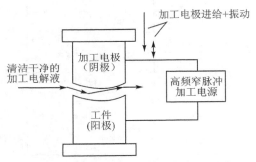

图 3-50　精密振动电解加工示意图[65]

精密振动电解加工是在传统直流和脉冲电解加工基础上发展起来的一项先进电解加工技术。电极(阴极)附加了一个机械振动,当阴极振动到最低点时,脉冲电源开启进行加工,当阴极振动离开最低点后,脉冲电源关闭停止加工,其原理图如图 3-50 所示。

德国 MTU 研制了世界上第一台专用于加工整体叶盘的精密振动电解加工设备,它集成了具有世界领先水平的振动进给匹配技术、短路保护技术以及精密过滤技术,并首次成功应用精密振动电解加工技术加工 EJ200 发动机的高温合金方法。电解加工后的叶型达到了最终精度,不需要进行后续修整[97]。

数控电解加工方法与数控铣削方法相比有着加工效率高(工时可减少 50％ 以上)、在加工高强度/高硬度材料时电极(刀具)无损耗、在加工薄型结构时无残余应力和变形的优势。数控电解加工的优质、高效的技术特点在批量研制中十分突出。

3.6　盘类件热处理及表面处理工艺

3.6.1　热处理工艺

在盘类件的加工过程中,一般有两处安排热处理工艺。首先对锻件毛坯进行热处理,然后在粗加工后进行热处理。对锻件毛坯进行热处理是为了提高毛坯制造后的硬度和机械性能;而在粗加工后进行热处理是为了消除材料内部的内应力,减少零件产生的变形。

1. 钛合金轮盘的热处理工艺

钛合金轮盘主要是风扇盘和压气机盘。

钛合金轮盘常用的热处理制度为退火热处理和强化热处理。热处理的目的在于:

① 消除或减少零件在冷热变形、焊接或机械加工时的残余应力；

② 获得设计所需的特殊性能，如断裂韧性、疲劳性能和热强性能等；

③ 调整组织结构，提高组织稳定性[98]。

TC11是压气机盘的常用材料，压气机盘的制造工艺流程是[89]：锻造毛坯→双重退火→机械加工→消除应力热处理→后续机械加工。

TC11压气机盘的热处理制度及技术要求如表3-10所列。

表 3-10　TC11 压气机盘的热处理制度及技术要求[89]

热处理内容	热处理工艺	技术要求				
最终热处理制度（双重退火）	(950 ± 10)℃保温 $1.5\sim2\,h$，空冷至 (530 ± 10)℃，保温 $6\,h$再空冷	室温性能				
		σ_b/MPa	$\sigma_{0.2}/MPa$	$\delta_5/\%$	$\phi/\%$	HB/mm
		$1\,030\sim1\,230$	880	8	23	$3.2\sim3.7$
		高温拉伸 500 ℃			高温持续 500 ℃	
		σ_b/MPa	$\delta_5/\%$	$\phi/\%$	σ/MPa	T/h
		685	12	40	588	100
		室温拉伸				
		σ_b/MPa	$\delta_5/\%$	$\phi/\%$	T/h	
		1 030	8	20	100	
消除应力热处理	在真空炉或惰性气体保护下进行退火处理	从同熔炼炉号、同热处理炉次的盘中抽一件在指定位置检查硬度 $d=3.2\sim3.7mm$				

2. 高温合金轮盘的热处理工艺

高温合金可用于压气机鼓筒盘和涡轮盘，其中以 GH4169 沉淀型高温合金使用最为广泛。其热处理工艺主要为时效处理或固溶处理＋时效处理。

固溶处理作为沉淀强化高温合金时效处理的前处理。固溶处理可使：①强化元素溶入固溶体；②合金成分均匀化；③晶粒长大调整到适当尺寸。不同的固溶处理温度可得到不同的性能。较高的固溶处理温度可使 γ' 与碳化物固溶，晶粒长大，并获得最佳的持久蠕变强度。较低的固溶温度可溶解主要的强化相，没有晶粒长大和高温碳化物固溶，因而可获得高的瞬时拉伸强度。固溶处理后快速冷却，在室温下可保持高温时所获得的过饱和固溶体[98]。

时效处理与固溶处理或冷加工相配合，获得所需的组织状态和性能组合。作为固溶处理的后续工序，主要从过饱和固溶体中沉淀出具有一定尺寸、数量、形态和分布的一种或多种相，以提高材料的力学性能。时效处理可以是单级的，也可以是多级的。

某压气机鼓筒盘选用高温合金 GH4169，摩擦焊成形，其制造工艺流程[89]是：锻造盘坯→直接时效→机械加工→摩擦焊→机械加工→时效→后续机械加工。

热处理工艺是：在真空炉内进行，在 (720 ± 10)℃下保温 8 h 15 min，然后以 55 ℃/h 速度冷却至 (620 ± 10)℃后再保温 8 h 15min。

涡轮盘大量使用高温合金 GH4169。涡轮盘制造工艺流程有两种[89]：

① 锻造盘坯→固溶→时效→粗加工→稳定处理→后续机械加工。

② 锻造盘坯→直接时效→粗加工→稳定处理→后续机械加工。

其中,在中温下使用并要求有良好性能的涡轮盘采用固溶加时效热处理制度。两种不同的热处理制度及技术要求如表 3-11 和表 3-12 所列。

表 3-11　GH4169 涡轮盘直接时效热处理[89]

热处理内容	热处理工艺	技术要求				
最终热处理制度	720 ℃保温 8 h,再以 55 ℃/h 速度炉冷到 620 ℃,保温 8 h后空冷至室温	室温性能				
		室　温	σ_b/MPa	$\sigma_{0.2}$/MPa	δ_5/%	ψ/%
			15	1 450	1 240	10
		650 ℃	1 170	1 000	12	15
		高温持续 650 ℃				
		σ_b/MPa		τ/h		δ_5/%
		700		25		5
备注:直接时效处理后锻件的试验环硬度 HB≥388。						

表 3-12　GH4169 涡轮盘固溶加时效热处理[89]

热处理内容	热处理工艺	技术要求				
最终热处理制度	950～980 ℃ 油冷、空冷或水冷至室温,再加热到 720 ℃保温 8 h,再以 55 ℃/h 速度炉冷到 620 ℃,保温 8 h 空冷至室温	室温性能				
		室　温	σ_b/MPa	$\sigma_{0.2}$/MPa	δ_5/%	ψ/%
			1 345	1 100	12	15
		650 ℃	1 080	930	12	15
		高温持续 650 ℃				
		σ_b/MPa		τ/h		δ_5/%
		725		25		5
备注:固溶加时效处理后的锻件试验环硬度 HB≥363。						

3.6.2　表面处理工艺

盘类件的表面处理工艺主要有喷丸强化工艺和热喷涂工艺。

1. 盘类件的喷丸强化工艺

喷丸是用来改善和提高零件疲劳强度和抗应力腐蚀能力的表面强化工艺。通过弹丸对零件高速冲击,使零件表面的晶格组织发生有利的变化,产生加工硬化,形成表面压应力,从而达到提高疲劳强度的目的。

喷丸的技术条件包括:被喷丸区域,弹丸的种类、尺寸,喷丸强度,覆盖率,等等。

(1) 涡轮盘喷丸强化工艺

某型高压涡轮盘材料为 GH4169,喷丸工艺参数如表 3-13 所列。

表 3-13 某高压涡轮盘的喷丸工艺参数

参 数	具体内容	参 数	具体内容
丸粒	ZG60	规定强度	(0.20～0.28)A
覆盖率	≥100%	喷距	150 mm
饱和强度	0.23A	饱和时间	5 min
喷零件时间	≥5 min	压力	0.25～0.30 MPa

注:A 表示 A 型试片;覆盖率为规定喷丸区域的覆盖率。

(2) 焊接鼓筒盘组件喷丸强化工艺[89]

鼓筒盘组件喷丸加工示意图如图 3-51 所示。

1) 喷丸强度

强区为 0.15～0.20 mm(A),弱区为 0.15～0.30 mm(N)。其中,A 表示 A 型试片,N 表示 N 型试片;试片材料为 70 号弹簧钢,外形尺寸为 76 mm×38 mm×19 mm,试片厚度 A 型为 1.3 mm,N 型为 0.8 mm。

2) 覆盖率

覆盖率为 125%。

3) 喷丸设备

自制,该喷丸机按供丸方式为重力式,即通过机械传动将弹丸提升到高处,弹丸靠重力自行落下与压缩空气混合后喷出。

4) 喷 丸

零件加工使用 ZG30 铸钢丸,硬度为 HRC45～HRC52 或 HRC55～HRC62。

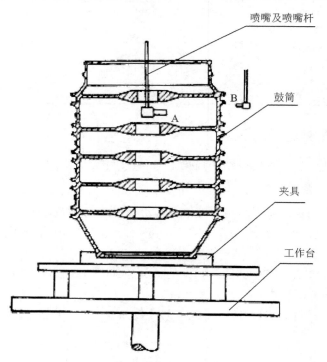

图 3-51 鼓筒盘组件喷丸加工[89]

5）加工工艺过程

检查零件的表面状态，应无碰、划伤及其他缺陷，表面必须清洁，无油污和腐蚀物。按加工工艺参数对需喷丸位置进行喷丸强度校核。

首先进行试片喷丸。测量喷过的试片，检查弧高值，用放大镜观察表面覆盖率，确定合格后方可喷零件。

记录喷丸工艺参数。安装零件喷丸夹具和零件，按工艺规程调整喷嘴，按喷试片所得的工艺参数和零件需喷丸的位置对零件进行喷丸。

卸下零件，换上喷丸试片夹具，喷校核试片。

由于零件的需加工面很多，所以要多次按此过程进行。

6）检验方法

喷丸工艺的检验包括两方面：喷丸强度检验（试片弧高值）和覆盖率检查。

在喷零件之前，需测试试片的弧高值，若试片弧高值合格，则可以喷零件。

在喷零件之后，需检查校核试片的弧高值，若在喷丸的强度范围内，则零件合格；若低于喷丸的强度范围，则需对零件进行补喷；若高于喷丸的强度范围，则需交上级部门处理。

对于喷丸后的零件，要使用 10 倍放大镜检查每个零件喷丸区域的覆盖率，喷丸表面应达到完全覆盖。

2. 盘类件的热喷涂工艺

盘类件主要对篦齿进行热喷涂。在篦齿表面喷涂主动磨削涂层，涂层在封严篦齿上随着转子高速旋转，像砂轮一样磨削与其对应的金属蜂窝密封环来达到气路封严的目的。

典型的热喷涂工艺是某摩擦焊鼓筒盘组件的热喷涂工艺。

热喷涂工艺过程常分为喷涂前预处理、喷涂、喷涂后处理三个基本步骤。

（1）喷涂前预处理

喷涂前预处理包括：①除污；②吹砂，吹砂主要起粗化、净化、活化待喷涂表面作用，还能使待喷涂表面产生一定的残余压应力；③除尘和喷涂前的保护。

（2）篦齿上喷涂涂层

不同的热喷涂设备，其喷涂操作和工艺参数的选定会有所不同。具体的喷涂操作按工艺规程要求的工艺参数进行。

本例首先对封严篦齿喷涂区按工艺规程的要求，应用等离子喷涂设备喷涂自黏结性 NiAl 底层；然后按工艺规程要求，应用等离子喷涂设备喷涂 Al_2O_3 主动磨削涂层。

（3）喷涂后处理

清除鼓筒盘喷涂用保护夹具、高温压敏胶带或其他耐热遮蔽物。将零件擦拭干净放入周转箱中。

3.7　盘类件、焊接鼓筒盘组件的技术检测

与其他零件类似，盘类件和焊接鼓筒盘组件的技术检测也包括外观检测、尺寸检测和技术条件检测等。其中榫槽检测为其特殊检测项目。

3.7.1　盘类件、焊接鼓筒盘组件的外观检测

外观检测主要包括：表面粗糙度、边缘毛刺、锐边打磨质量及零组件表面的碰伤、划伤和各种缺陷，并检测标印质量是否符合规定。本节主要介绍表面粗糙度检测和锐边打磨质量检查。

1. 表面粗糙度检测

盘类件表面粗糙度的检测方法主要包括比较法、针描法和印模法。

（1）比较法检测

利用粗糙度比较样块与被检测件表面相比较来判断表面粗糙度。选用的比较样块表面的加工方法应与被检测表面的加工方法相同。对盘类件、焊接鼓筒盘组件的表面粗糙度要求较高，分别为 1.60 μm 和 0.80 μm，需用放大镜观察。

当设计图样或工艺要求按标准件验收加工表面的粗糙度时，为了统一检验标准，应使用与被测表面的形状和加工方法相同的表面粗糙度标准件，以便与加工表面比较判断。如压气机盘轴向燕尾形榫槽拉削表面（工作面）的表面粗糙度，就是采用拉削榫槽表面粗糙度标准件与被测表面粗糙度来比较判断的。

触觉法检查属于比较方法，是将与被测零件加工方法相同的表面粗糙度比较样块，与被测件在同一温度下，用手指摸抚加工痕迹的深浅和疏密程度的感觉来判断。这需要检验者具有丰富的经验才能完成。

（2）针描法检测

采用电动轮廓仪来检测表面粗糙度，它以算术平均偏差 Ra 为测量评定参数。电动轮廓仪的检测原理是：将一个极其锐利的针尖，沿被测表面等速缓慢地滑行，被测表面的微观不平使针尖上下运动，把针尖的运动用传感器变成电信号，经电子装置放大通入记录器，画出被测表面轮廓的放大图，或把电信号通过适当环节用仪表直接读出表面粗糙度 Ra 的数值。这种检测方法是要求鉴定被测表面实际粗糙度值时所采用的方法。

（3）印模法检测

将塑性和可铸性材料（打样膏）贴在被测表面上，用手或重物压紧凝固后，采用非接触方法测量印模表面，可采用工具显微镜测量，也可采用双管显微镜或干涉显微镜测量。

由于印模在制作过程中存在误差（细小的峰谷有圆滑作用，印模材料收缩），因此根据印模测得的表面粗糙度值比被测表面的要小，为了减少误差，可以乘以适当的修正系数。

2. 锐边打磨质量检测

用目视和触摸法，检查尖边应无毛刺，零组件表面应无碰伤、划伤。锐边打磨圆滑转接。

当设计图技术条件规定"倒圆 R，按标准件验收"字样时，必须按设计图样规定使用打磨 R 抛光标准件，与被检表面比照判断。

采用印模法（打样膏）检查时，当要求获得转接倒圆 R 的实际尺寸时，可用印模法检查，检查方法是：用塑性和可铸性材料（打样膏）贴在被测倒圆 R 的表面上，用手或重物压紧凝固后取下，用手术刀垂直倒圆 R 表面切下 1 mm 厚的试片，在工具显微镜上检查。

3.7.2　盘类件、鼓筒盘组件的尺寸检测[89]

1. 常规尺寸检测

轴向、径向、角度和圆弧尺寸的一般公差选用通用量具、卡钳、专用卡板、样板等进行检测；

高精度级公差选用专用测具、量具、标准件等进行检测。

专用卡板应用举例如下。

图 3-52 为轮盘上一个大的圆弧及其检测用专用卡板,用来检测轮盘内径处的圆弧。

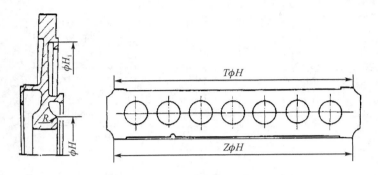

图 3-52　圆弧及其检测用专用卡板[89]

图 3-53 为小尺寸、小公差圆弧专用成组样板。图 3-54 为轮盘上篦齿检测专用样板。

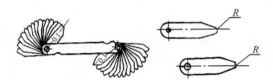

图 3-53　圆弧检测专用成组样板[89]

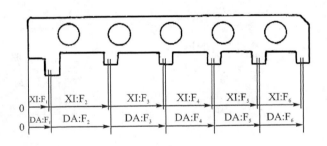

图 3-54　篦齿检测专用样板[89]

2. 理论点尺寸检测

（1）轮盘辐板上理论点尺寸检测

盘类件辐板的外型面是由径向和轴向理论点上的一组尺寸标定的,需设计专用测具来检测。图 3-55 为某涡轮盘辐板理论点专用桥式测具。测具上装有标准块和不同结构、不同尺寸的测量杆,测量杆之间的长度差与零件各相应轴向尺寸（理论点尺寸）之差相等,即从基准面到各测量杆触头的长度均按盘件公称计算尺寸设计制造。在理想状态下,在各测量杆触头都接触盘件表面后,各测量杆顶端面应齐平,即与标准块顶端面处于同一水平面上。用百分表测量出各点尺寸与理论值的差值。

（2）轮盘外锥面上理论点尺寸检测

轮盘外锥面上理论点尺寸采用带滚棒的外锥测具进行检测。图 3-56 为某压气机盘外锥

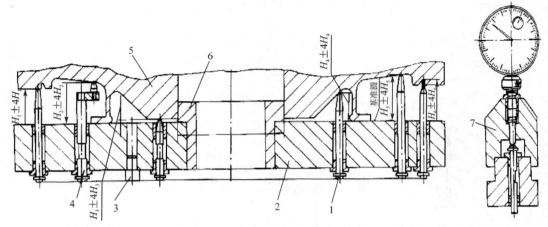

1—直杆式测量杆；2—测具本体；3—标准块；4—转折式测量杆；5—盘件；6—定位心轴；7—表架

图 3 - 55　辐板理论点专用桥式测具[89]

面理论点尺寸测具。

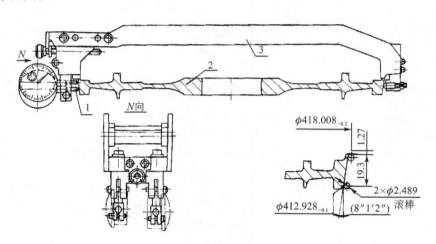

图 3 - 56　压气机盘外锥面理论点尺寸测具

3.7.3　形位公差检测[89]

盘类件、鼓筒盘组件的主要技术要求有：平面度、垂直度、平行度、同轴度、跳动、位置度等。

1. 平面度的检测

对盘类件、鼓筒盘组件端面配合表面有平面度的要求，一般在 0.02～0.1 mm 范围内，其检测方法如下。

（1）采用平台、塞尺检测

如某端面的平面度要求为 0.02 mm，则将被检验表面安放在平台上，用 0.02 mm 塞尺检测表面与平台之间的间隙，0.02 mm 塞尺不准通过。

（2）采用平台、表架、百分表、块规检测

如图 3-57 所示的压气机盘，其端面基准平面 A 的平面度要求为 0.1 mm。将盘件表面 C 用块规（三个）支承在平台上，调整被测表面 A 最远的三点，使其与平台表面等高，用百分表按一定的分布点测量被测表面，同时记录读数，用百分表最大与最小读数的差值作为平面度误差。

2．垂直度的检测

采用三坐标测量机检测。如图 3-57 所示的压气机盘的内圆配合表面 B，对端面 A 的垂直度为 0.015 mm。测量时将压气机盘表面 C 用块规支承在工作台上测量头在基准平面 A 上测量 4~8 点，以确定零件基准平面坐标系，并在被测表面 B 的 2 个轴向截面上测量，沿 B 表面的圆周方向测量多点（8~10 点），即测出垂直度的误差值。

在实际生产过程中，垂直度误差一般不作检测，多用一次装夹加工来保证。

3．平行度的检测

对盘类件的两侧端面，如两端面的基准面和轮缘两侧面等有平行度要求，其检测方法如下。

（1）采用千分尺检测

如图 3-57 所示压气机盘的端面 C，其对端面基准面 A 的平行度为 0.015 mm，检验时，用千分尺在整个被测表面 C 上沿不同方向，在若干个径向截面上测量，千分尺的最大与最小读数之差为平行度误差。

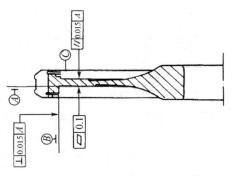

图 3-57　压气机盘平面度检验图

（2）采用平台、百分表、表架、块规等检测

将压气机盘的表面 A 用块规支承在平台上，用百分表在整个被测表面 C 上沿不同方向，在若干个径向截面上测量，百分表最大与最小读数之差为平行度误差。

4．同轴度的检测

盘类件不同的圆柱面之间常有同轴度要求，尤其是不同的基准面之间。

例如某鼓筒组件两端轴颈的外圆配合表面同轴度要求为 ϕ0.02 mm，采用手动精密转台检测。将鼓筒组件端面用块规支承在精密转台上，校正外圆基准表面，使其基准轴线与精密转台轴线同轴，百分表垂直于被测表面，旋转精密转台，取 2~3 个轴向截面测量，百分表最大读数差的最大值即为被测表面对基准表面的同轴度误差。

5．跳动的检测

对跳动的要求在盘类件的技术要求中最为广泛。圆柱的内、外配合表面以及盘心孔、轮鼓、轮缘两侧端面和辐板型面等对基准面常提出跳动要求。

跳动可采用手动精密转台、块规、百分表检测。如图 3-58 所示的涡轮盘表面 C、E、F 对基准表面 A、B 的跳动为 0.03 mm。表面 D、L 对基准表面 A、B 的跳动为 0.05 mm。检验时，将涡轮盘端面 I 用块规支承在手动精密转台上，调整基准面 B 与手动精密转台平面等高，校正外圆基准表面 A，使其基准轴线与精密转台轴线同轴，检查表面 C、D、E 和 F 面的跳动，百分表垂直于被测表面，在零件旋转一周的过程中，百分表读数的最大差值即为单一测量平面

（单个测量圆柱面）上的径向（端面）跳动。按上述方法在若干个截面（圆柱面）上测量，取各截面上（圆柱面上）测得的跳动量中的最大值作为该零件的径向（端面）跳动，即不超过规定的公差值 0.03～0.05 mm。

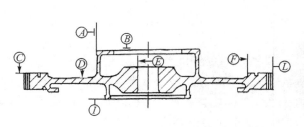

图 3-58　涡轮盘跳动检测图

3.7.4　盘类件榫槽检测

压气机盘和涡轮盘榫槽检测包括：表面粗糙度检测、槽形投影检测和槽形位置检测等。

1. 表面粗糙度检测

榫槽表面粗糙度的检测包括榫槽表面粗糙度的检测方法和内容，如表 3-14 所列。

表 3-14　榫槽表面粗糙度的检测

方　法	具体操作	标　准	特点与使用范围
目测检测	借助 5 倍放大镜在充分光线下仔细检测盘件，或在不刺眼的灯箱光源照射下进行观察	符合设计图要求：表面不允许有拉伤、划伤等缺陷，允许有均匀的拉削痕迹	要求检验人员有目测检测经验；检测过程简单，操作方便；适用于加工过程
打样检测	在槽形内用打样膏进行打样，待样形干燥后，经修正直接测量样品不平度的平均高度	样品不平度的平均高度值间接反映了槽形的表面粗糙度	打样膏质量必须良好，操作过程相对复杂；适用于有特殊要求时或试制的盘件榫槽

2. 槽形检测

（1）投影检测[89]

光学投影检测是利用光学透镜的放大成像作用，将形状复杂的零件放大后成像，在荧屏上进行测量。投影检测用于测量复杂零件的轮廓、表面形状及一些有关尺寸，将放大的轮廓与画好的放大图像在投影幕板上进行比较，判断其是否合格。

1）涡轮盘枞树形榫槽（试件）投影检测

涡轮盘枞树形榫槽的轮廓公差带、齿型、转接弧、角度、齿距尺寸等，采用光学投影试件检测，选用卧式投影仪，放大倍数为 50 倍。将投影试件安放在投影仪上，投影面为槽进口处，保持尖边，调节物距，使影像清晰。如果榫槽的影像落在放大图的轮廓公幕内，则零件合格，此时榫齿的工作面应平直，转接圆弧应圆滑转接。

2）鼓筒盘组件的环形燕尾槽成形刀具的光学投影检测

压气机鼓筒盘组件的环形燕尾槽采用两把成形车刀，即粗成形车刀和精成形车刀加工，环形燕尾槽的型面、轮廓公差带、转接圆弧由合格刀具来保证。因此，对加工前、后的成形刀具要进行光学投影检测，刀具合格则表明环形燕尾槽合格。

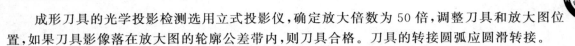

成形刀具的光学投影检测选用立式投影仪,确定放大倍数为 50 倍,调整刀具和放大图位置,如果刀具影像落在放大图的轮廓公差带内,则刀具合格。刀具的转接圆弧应圆滑转接。

（2）在线检测[52]

采用数控铣削进行轴向圆弧榫槽的加工,其齿形检测可通过测头与榫槽表面接触,根据测头位置计算出榫槽的形状数据,通过理论数据与检测数据对比来确定检测结果。检测过程需使用加工检验一体化的专用夹具,使得零件与测量机之间保持同标准件与测量机之间相同的相对位置关系。

在测量机安装到夹具上之前先进行标准件上工件坐标系的建立,此后通过测杆的形状、测头的触测位置和测球的大小换算出零件榫槽表面的真实形状,并进行数据处理,进而进行各种计算来获得各项榫槽的技术指标。

经过长期加工实验和结果分析,对典型零件对的检测选取了零件的首槽、末槽和中间两槽的水平截面,通过确定这样的检测频率和检测位置来满足对零件质量的控制要求。

3. 槽形位置检测

（1）轴向直槽位置度的检测

对于榫槽位置度,采用检测两个相邻榫槽间的榫齿第一对齿槽间厚度差的方法来测量。

（2）轴向圆弧榫槽位置度的检测[52]

通过圆弧榫槽转接器和三坐标测量机进行检测。圆弧榫槽轴线和位置度等的信息通过在转接器的工作面与零件工作面贴合的状态下,使转接器上特定位置和方向的圆柱和球特征触测到三坐标测量机中来获得。这个过程一般在加工完成后进行,零件的加工精度由机床精度保证。

习　题

1. 分析比较变形高温合金和粉末高温合金涡轮盘的成形工艺。
2. 简述榫槽加工的工艺方法,以及尺寸和形位公差的检测方法。
3. 比较分析鼓筒盘电子束焊接和摩擦焊接的优缺点。

第4章　轴类零件制造工艺

4.1　轴类零件概述

本章所指的轴类零件特指发动机主轴,即发动机的压气机轴或涡轮轴。

轴类零件属于发动机转子部分,主要承受由流经叶片通道的气流切向动量矩变化而产生的扭转载荷,由气流压差所产生的轴向载荷,由转子本身的重力、不平衡力、惯性力和陀螺力矩等所产生的弯曲载荷,由离心力所产生的径向载荷,以及由不平衡力所产生的振动载荷,等等。

由于设计时考虑重量和强度的双重要求,因此航空发动机轴类零件一般均设计成空心轴。与轴类零件连接的零件一般有盘类件、联轴器、轴承座和篦齿类件,等等。

4.1.1　轴类零件的结构特点

对于典型的双转子涡喷发动机,轴类零件从功能上可分为低压压气机轴、高压压气机轴以及高、低压涡轮轴;对于涡扇发动机,可分为风扇轴、高压压气机轴以及高、低压涡轮轴。对于涡轴、涡桨发动机,除包含压气机轴和涡轮轴以外,还包含自由涡轮轴。

轴类零件从结构形式上可分为空心长轴、轴颈类轴和鼓筒类轴。

1. 薄壁空心长轴

薄壁空心长轴在航空发动机轴类零件中应用得最为广泛。图 4-1 为 F110 发动机总图,其低压涡轮轴为薄壁空心长轴。

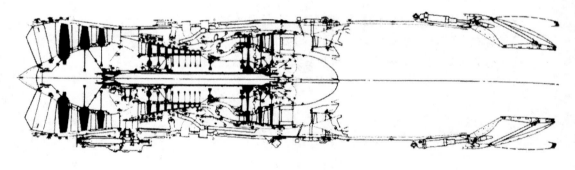

图 4-1　F110-GE-129 发动机总图[47]

典型的薄壁空心长轴结构如图 4-2 所示。典型薄壁空心长轴的结构尺寸如表 4-1 所列。涡轮轴常常使用薄壁空心长轴,而以低压涡轮轴最为典型。典型的低压涡轮轴可分为轴颈、轴身和轴头三个部分。轴颈部分通过转接段与低压涡轮盘组件相连,轴颈的前、后端安装有轴承座,其配合面均有较高的尺寸配合、光洁度和位置度要求;轴头部分通过联轴器与低压压气机轴连接,有各种内外螺纹、花键和键槽等结构要素。为了满足强度、内流系统和滑油系统等的要求,轴身的内表面也设计有各种台阶。

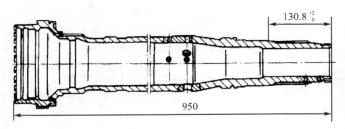

图 4 - 2   薄壁空心长轴典型结构[89]

表 4 - 1   典型薄壁空心长轴的结构尺寸

mm

名　　称	总　长	头部凸缘直径	外圆直径	内圆直径	壁　厚
1 型机低压涡轮轴	1 750	295.5	119～84.1	103～67	12～5
2 型机低压涡轮轴	1 161	145	90～36.8	75.5～30	15～3.4
2 型机高压涡轮轴	892.8	224	118～85	102～70	8～4.5
3 型机低压涡轮轴	1 132	145	90～60.5	75.5～30	19～7
4 型机涡轮轴	641	166	73～38.5	52～32	12.5～3.25

2. 轴颈类轴

轴颈类轴属于薄壁短轴,主要有高压压气机前轴颈、高压涡轮后轴颈、风扇轴颈和整体盘轴结构轴颈。某高压涡轮后轴属于轴颈类轴,大端与高压涡轮盘通过托板螺栓连接,圆柱面定心,小端组装四支点轴承内环。与涡轮盘及轴承外环连接处有较高的尺寸要求和形位公差要求。其结构形式如图 4 - 3(左)所示。该轴颈类轴的辐板型面复杂,有多层封严篦齿,在型面上有多圈斜孔和轴向孔,且尺寸精度要求较高。

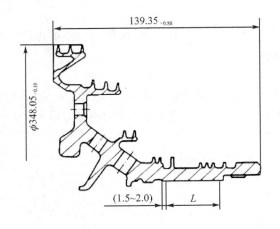
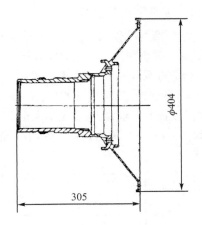

图 4 - 3   某轴颈类轴[89]

3. 鼓筒类轴

鼓筒类轴属于短粗的筒形结构,在现代航空发动机中,高压涡轮轴常采用鼓筒类轴。图 4 - 4 为某型发动机高压涡轮轴,属于鼓筒类轴。鼓筒类轴属于薄壁件,为了保持刚性,会设计加强筋。

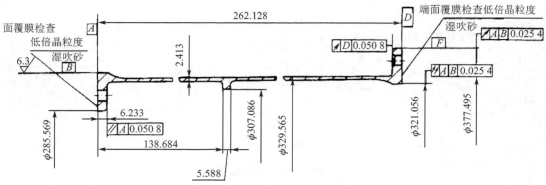

图 4 - 4　鼓筒类轴[89]

4.1.2　轴类零件的选材

随着发动机性能的不断改进,对轴类零件的材料性能要求也随之提高。压气机轴的工作温度较低,可选用比强度高的钛合金;涡轮轴工作温度较高,应选用合金结构钢、不锈钢或高温合金。

轴类件常用的钛合金材料有 TC4、TC11 和 TC17,主要用于风扇和压气机部位轴颈类轴。轴类件不锈钢材料有 1Cr11Ni2W2MoV,其室温拉伸强度和蠕变极限高,并具有良好的韧性和抗氧化性能,以及加工工艺性能和焊接性能好的特点。合金结构钢主要有 40CrNiMoA,其具有高的抗疲劳强度、低的缺口敏感性,以及加工工艺性能和焊接性能好的特点。涡轮轴(包括鼓筒类轴)使用高温合金 GH4169,在 650 ℃ 以下具有屈服强度高、塑性好,以及较好的耐腐蚀性和抗氧化性的特点。

4.1.3　轴类零件的技术要求及工艺特点

1. 轴类零件的技术要求

对于轴类零件,其最主要的配合面是与轴承内环的配合面,其次是与其他旋转零件的定心配合面。对于薄壁空心长轴,对其壁厚差的要求也很严。

(1)薄壁空心长轴技术要求

某薄壁空心长轴的技术要求如表 4 - 2 所列,其主要表面的粗糙度 Ra 达到了 0.4 μm,精车已很难满足该技术要求;其圆柱度要求也很严,为 0.005 mm;该薄壁空心长轴的不平衡量为 8 g·cm,也有要求 5 g·cm。通常,对薄壁空心长轴会有壁厚差的要求,为 0.05～0.1 mm[75]。

表 4 - 2　某空心涡轮长轴技术要求[89]

参　数	主要表面	配合表面	一般表面
尺寸精度	IT6	IT6～IT7	IT10～IT12
圆柱度/mm	0.005	0.01～0.02	0.05
跳动/mm	0.01	0.01～0.02	0.03～0.05
位置度/mm	—	$\phi(0.2\sim0.3)$	$\phi(0.3\sim0.6)$
粗糙度 Ra/μm	0.40	0.40～0.80	0.80～3.2
不平衡量/(g·cm)	8		

（2）轴颈类轴技术要求

某高压涡轮后轴的技术要求如表4-3所列。轴颈类轴属于薄壁环形件,因此其圆柱度和平面度对限制状态和自由状态均提出了要求,并且对全部环形要素的周向厚度变化也提出了要求。

表4-3　某高压涡轮后轴(轴颈类轴)技术要求

参　　数	主要表面	配合表面	一般表面
尺寸精度	IT5~IT7	IT7~IT8	IT7~IT11
圆柱度/mm	限制状态:0.025;自由状态:0.076	—	—
平面度/mm	限制状态:0.025;自由状态:0.127	—	—
跳动/mm	—	0.12~0.05	—
平行度/mm	—	0.05	—
粗糙度 Ra/μm	0.80	0.80~1.60	0.80~1.60
全部环形要素周向厚度变化/mm	0.076		

（3）鼓筒类轴技术要求

某鼓筒类轴的技术要求如表4-4所列。关键技术是由薄壁带来的变形问题。

表4-4　某鼓筒类轴技术要求[89]

参　　数	主要表面	配合表面	一般表面
尺寸精度	IT6	IT7	IT7~IT12
圆柱度/mm	0.01	0.02	—
平面度/mm	0.025	—	—
平行度/mm	—	0.05	—
跳动/mm	—	0.02	0.05
位置度/mm			ϕ(0.1~0.15)
粗糙度 Ra/μm	0.80		1.60

2. 轴类零件的工艺特点

（1）轴类零件选材相对容易

与叶片及盘类零件相比,轴类零件位于旋转中心,工作温度较低,一般低于400 ℃。由于位于盘心,其旋转半径较小,离心负荷也较小,因此其承受的离心载荷和热载荷较小,选材比较容易。

（2）保证长轴加工

薄壁空心长轴属于细长类轴,成形非常困难,对圆柱度和同轴度都有较高要求。加工长轴选用的机床必须与零件长度相匹配。为了增加工艺系统刚性,加工中需一端夹紧,另一端用顶尖顶住或用中心架支承。为了保证粗加工阶段定位夹紧可靠,提高细加工阶段的定位精度,对零件进行找正,两阶段均用四爪卡盘夹紧。为了防止变形问题,加工中应注意修形,尤其对热处理后的变形一定要进行修正。

（3）保证配合面加工

由于轴承支承在轴上,其配合面无论是尺寸精度还是表面粗糙度,要求均很高。轴类零件与其他零件的配合表面也较多,这些表面都属于发动机结构设计的重要表面,其尺寸精度、形位公差和表面光洁度都较高。为了保证要求,各重要表面的最终加工要靠磨削加工来保证。

(4) 保证长轴同心度

为了保证发动机的同心度,减少发动机的整机振动,对轴各表面的相互位置度要求较高。因此,在最终精加工时应工序集中,一次装夹找正后磨削尽量多的表面。当必须转换设备时,也尽量不要转换基准(如定位塞不从零件基准孔中拔出)。

(5) 保证内孔加工

为了满足航空发动机的减重要求,同时满足空气系统和滑油系统的设计要求,轴类零件均有内孔,在满足转子动力学和强度要求的前提下,内孔应尽可能大,其长度与轴类零件外表面相当,对其壁厚要求也较严格。内孔加工难度较大,为此必须合理安排工序、分配余量,并正确选用基准,合理安排壁厚差的修复工序。

(6) 特殊型面加工

轴上的特殊型面较多,如与联轴器连接的套齿和键槽,安装大螺母锁片的花边,圆弧端齿,等等,特殊型面多需配备一定数量的专用设备和工艺装备,合理安排工艺程序。

4.2 轴类零件的毛坯制造

4.2.1 轴类零件的成形工艺

航空发动机用的轴类零件的毛坯分为锻件和棒料,锻件还分为模锻件和自由锻件。在实际使用中多为模锻件。

根据轴类零件的性能要求和结构形式的不同来选择不同的毛坯种类。涡轮轴、压气机轴颈、高压涡轮后轴和鼓筒轴等的外表面直径大,强度要求高,一般采用模锻件。有的压气机轴颈形状简单、强度要求高,采用自由锻件。压气机轴的外表面直径差小,可选用棒料。

在轴类零件的成形工艺过程中,低压涡轮轴最长,成形也最困难。某低压涡轮长轴,材料为 GH4169,锻件长 1 573.5 mm;轴头及轴身直径 ϕ130 mm,轴颈直径 ϕ391 mm,在 1250 吨水压机上锻造。由于该锻件的杆部又细又长,采用常规锻造成形,容易出现杆部弯曲、翘曲、偏心等现象,因此采用了整体锻件的胎模锻(介于自由锻和模锻之间的一种工艺)工艺方案来实现长轴的锻造[99]。

4.2.2 毛坯图及技术要求

设计毛坯图时要考虑加工余量和性能检验要求。某空心涡轮长轴的毛坯图如图 4-5 所示,某高压涡轮后轴的毛坯图如图 4-6 所示。

发动机用的轴类锻件大多为模锻件。锻件公差的确定要综合考虑工艺设备的性质、锻件的尺寸、形状复杂程度、锻件的材质、分模线形状等因素,同时还要考虑特殊形状锻件公差的因素。

毛坯直径方向的加工余量根据零件尺寸和形状的不同取 6～12 mm。

轴类模锻件具体的公差和余量设计可参考 HB6077(模锻件公差及机械加工余量)进行。

当零件的检验级别为 I 类时,要求零件 100% 进行机械性能检查,因此在毛坯的一端加长

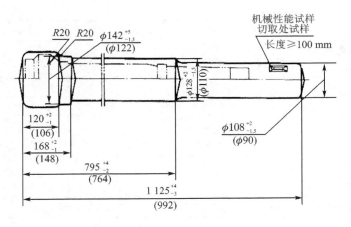

图 4 - 5　某空心涡轮长轴的毛坯图

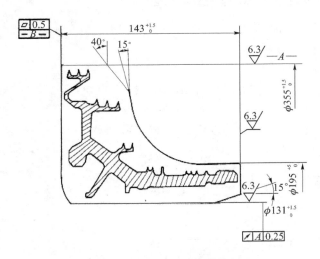

图 4 - 6　某高压涡轮后轴的毛坯图

70~75 mm 的材料作为机械性能试件,这一段称为轴的余料,允许在热处理前切下,但必须与试件轴打上同样的轴号和熔炼炉号,并一同进行热处理。

从每根轴的力学性能试料上切取拉力和冲击试样各两根,进行力学性能试验。典型轴类零件毛坯的技术要求如表 4 - 5 所列。

表 4 - 5　典型轴类零件毛坯的技术要求

参　数	涡轮轴	压气机轴颈	高压涡轮后轴
材料	40CrNiMoA	1Cr11Ni2W2MoV	GH4169
锻件检验级别	II大	II大	—
零件检验级别	I	I	I
热处理状态	正火＋回火	正火＋回火	固溶＋时效
硬度	$d=3.7{\sim}4.5$	$d{\geqslant}3.7$	HB＝346~450
平面度/mm	—	—	≤0.5

参　数	涡轮轴	压气机轴颈	高压涡轮后轴
跳动量/mm	—	—	≤0.5
直线度/mm	≤3	—	—
模锻斜度	7°±3°	7°±3°	—
未注明圆角 R/mm	10	10	—
上下模错移/mm	横向：≤2	≤2	
	纵向：≤3		
切边后每面毛刺/mm	≤2.5	≤2	
允许欠压/mm	+7	—	
缺陷深度	≤1/2 名义加工余量	≤1/2 名义加工余量	

4.2.3　典型轴类零件的毛坯工艺

零件名称：高压压气机前轴颈。

材料：YZTC4 钛合金。

零件尺寸如图 4 - 7 所示。

毛坯图设计：单边加工余量为 4~5 mm，最小锐角为 0°，在筒底最端头加试样环大于 70 mm。

基本工序：棒材复检→下料→等温锻饼→超声波探伤→等温锻造→热处理→精整→检验→标记→入库。

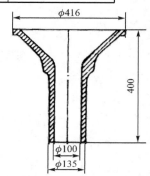

图 4 - 7　某高压压气机前轴颈

4.3　轴类零件的加工工艺

4.3.1　轴类零件的完整加工工艺

1. 薄壁空心长轴加工工艺路线

某薄壁空心涡轮轴的加工工艺路线如图 4 - 8 所示，其毛坯为模锻件，包含粗加工、半精加工和精加工三个加工阶段。

加工阶段包含了车削加工、磨削加工和孔类加工。在加工过程中还包含了热处理工艺、表面处理工艺和无损检测工艺。

该典型零件的毛坯阶段没有进行超声波探伤，但对于目前大部分的薄壁空心长轴，在粗加工之前需进行最终热处理，并对内部缺陷进行超声波探伤[75]。

对于机械加工的三个阶段，粗加工阶段主要是粗车外圆及钻内孔，去除大部分余量，并保证后续工序的余量均匀。粗加工阶段需选用功率大、刚性好和生产效率高的机床。

镗内孔、车外型面、磨外表面等安排在半精加工阶段进行，主要目的是消除粗加工阶段和热处理后产生的变形，为精加工做好准备。铣槽、滚花键、加工螺纹孔等安排在半精加工阶段的后期进行，一方面可以保证半精车时的连续性，另一方面也可保证这些表面与轴上其他表面相互之间的位置度。

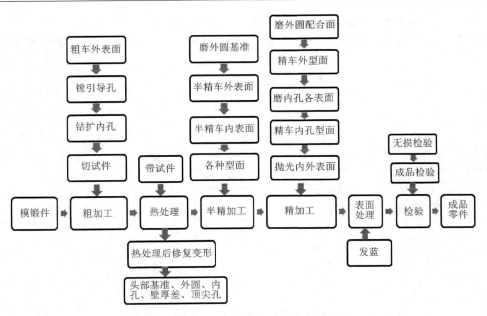

图 4-8 某薄壁空心涡轮轴的加工工艺路线

精加工阶段需达到零件设计图样的全部要求。主要表面采用磨削和精车加工，一般表面采用抛光方法进行光整加工，以保证符合设计技术要求。

2. 轴颈类轴加工工艺路线

图 4-9 为某轴颈类轴（某高压涡轮后轴）的加工工艺路线。在机械加工方面，除常规的车、铣、钻、铰等工艺外，还包括磨削加工和深孔电解加工；在表面处理方面，包含喷丸、镀铬和

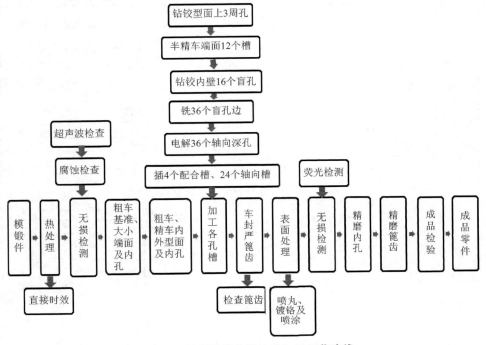

图 4-9 某高压涡轮后轴的加工工艺路线

喷涂三种工艺。与上例薄壁空心长轴相比,该轴颈类轴的加工工艺更复杂。

某低压压气机轴颈类轴的加工工艺路线如图4-10所示,其特点是对各种特种型面加工。

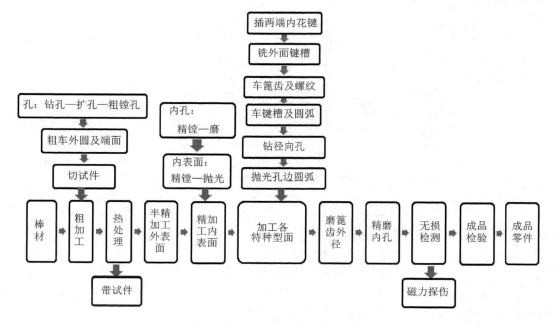

图4-10 某低压压气机轴的加工工艺路线

以某涡轮轴为例,典型轴类零件加工的全部工艺过程如表4-6所列。

表4-6 典型涡轮轴的加工工艺过程

阶 段	工 序	内容及简图	
粗加工	毛坯	模锻件,Ⅱ大类检验	
	钻	打顶尖孔,顶尖孔对毛料外圆跳动小于或等于2 mm	
	车	粗车外圆	
		粗车头部及镗引导孔	
	钻扩	钻 ϕ65 mm深孔,扩孔至 ϕ90 mm,壁厚差不大于1 mm	
热处理		硬度 d=3.15~3.55。Ⅰ类检验,带试件	

阶 段	工 序	内容及简图	
修复基准	镗	镗大头内孔及倒角	
	车	车头部修复基准,加工初始基准,半精车外圆,修正热处理后的外圆变形,修复细加工基准	
	镗	镗内孔 φ93 mm,修复热处理后的内孔变形,壁厚差不大于 0.08 mm。镗轴尾部孔,壁厚差不大于 0.08 mm	
	铰	铰轴内孔及锥体,壁厚差不大于 0.08 mm	—
	车	车小端及顶尖孔,为细车做准备;车轴总长及倒角;车头部、杆部及轴尾部	
半精加工	磨	粗磨外圆基准,各表面跳动不大于 0.02 mm	
		磨大端面及大端外圆表面	
	车	车轴杆上的环槽	
		车大头端和内槽	
		车外圆	
		车轴尾部	
	镗	镗小端内孔	
		镗内孔	
	车	车头部内槽	
	铣	滚花键齿	
		铣槽	—
	钻	钻孔攻螺纹	—

阶　段	工　序	内容及简图	
精加工	磨	磨杆部外侧	
		磨环槽	
		磨尾部内孔	
	车	车大端槽	
	镗	精镗内孔型面,壁厚差不大于 0.05 mm	
	车	车头部外圆及内螺纹	—
	钳	划线为组件加工做准备	—
	铣	铣头部端面槽	—

4.3.2　轴类零件的深孔加工工艺

在轴类零件中,其内孔的加工为深孔加工,属于轴类零件的典型加工工艺。

在航空制造业,深孔加工通常指孔的长度与直径之比大于 5～7 的内孔加工。涡轮轴的内孔加工就是典型的深孔加工。深孔加工时由于刀具深入工件内部,不能直接观察刀具的切削情况,因此深孔加工难度较大。

1. 深孔加工的特点

(1) 排屑困难,切削时产生的热量不易排散

为解决排屑困难的问题,采用断屑刀具,将切屑断成小碎块,用具有一定流量和压力的冷却润滑液冲击切屑,以达到顺利排屑的目的。

为了解决热量不易排散的问题,首先采用强制有效的冷却方式,排除钻孔过程中产生的热量;其次用润滑液润滑刀具和轴内孔,减少热量的产生。

(2) 刀具刀杆刚性差

由于轴的内孔深而直径小,使得加工刀具的刀杆细长,从而带来的主要问题就是刀杆刚性差,在加工过程中容易引起振动,且所加工的孔也容易偏斜。

为了保证加工质量,首先尽量增加刀杆的刚性,如选用优质材料,设计防振刀杆;其次选用特殊工艺,如增加引导孔、选用刀具轴向进给等。

2. 深孔加工的工艺

（1）工艺程序

一般深孔加工的工艺路线如图 4-11 所示。

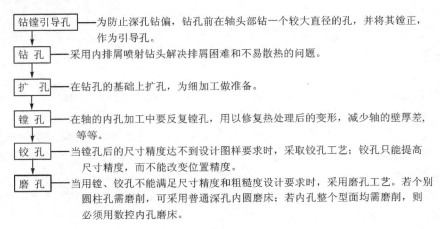

钻镗引导孔	—为防止深孔钻偏，钻孔前在轴头部钻一个较大直径的孔，并将其镗正，作为引导孔。
钻孔	—采用内排屑喷射钻头解决排屑困难和不易散热的问题。
扩孔	—在钻孔的基础上扩孔，为细加工做准备。
镗孔	—在轴的内孔加工中要反复镗孔，用以修复热处理后的变形，减少轴的壁厚差，等等。
铰孔	—当镗孔后的尺寸精度达不到设计图样要求时，采取铰孔工艺；铰孔只能提高尺寸精度，而不能改变位置精度。
磨孔	—当用镗、铰孔不能满足尺寸精度和粗糙度设计要求时，采用磨孔工艺。若个别圆柱孔需磨削，可采用普通深孔内圆磨床；若内孔整个型面均需磨削，则必须用数控内孔磨床。

图 4-11　深孔加工的工艺路线

（2）镗孔加工工艺

在轴内孔的加工过程中，镗孔是应用最多的工艺方法。

镗孔存在的主要问题是镗刀杆刚性差，易变形，使得最终的尺寸不易保证。为了增加镗刀的刚性，可在镗刀杆上加导条来支承刀杆；设计防振刀杆，减少刀具的振动；可选用硬质合金刀杆，但成本太高。也可采用增加系统刚性的方法，在待镗的内孔内浇注低熔点合金来支承刀杆，防止刀杆变形。

加填料方法镗薄壁深孔的做法是：镗孔前，将轴放在专用夹具上，并在轴内孔中放一根芯棒（芯棒的外径比刀杆直径大 0～0.02 mm），使芯棒与轴的定位表面同心，然后向轴内孔浇注易熔填料，待填料冷却后将芯棒从轴中抽出。刀杆从填料孔中进入，通过刀杆内的特殊装置，使刀头作径向运动，伸出刀杆，刀杆外表面上有输送切削液的螺旋槽。镗孔时，轴作轴向运动，刀杆在作旋转运动的同时通过靠模作径向运动，填料和切屑一起被切下来，然后在热分离器中将填料和切屑分开。

用加填料的方法镗薄壁深孔的示意图如图 4-12 所示。图 4-12 上的 I、II、III 代表三道工序，每道工序都要浇注一次填料。由于这种方法的系统刚性较高，因此加工出的孔的质量较高；缺点是受孔的形状和尺寸的限制，不能获得广泛应用。

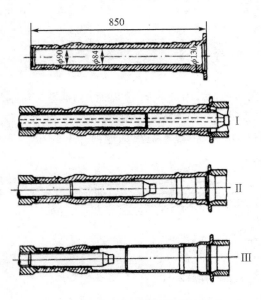

图 4-12　用加填料方法镗薄壁深孔

航空燃气涡轮发动机典型制造工艺

3. 深孔加工的设备

（1）深孔加工的机床

常用的设备有深孔钻镗床 T2120，其钻孔的最大深度为 2 000 mm，钻孔的最大直径为 ϕ80 mm，镗孔的最大直径为 ϕ200 mm，中心高为 350 mm，主轴孔径为 ϕ75 mm。它可以钻、镗各种通孔、台阶孔和盲孔，可采用内、外两种排屑方式，在加工方法上可以进行拉镗和推镗。

（2）深孔加工的典型刀具

1）喷射式内排屑深孔钻

图 4-13 为喷射式深孔钻原理图。其工作原理是：连接器将内、外套管连成一体，内套管表面有月牙形喷嘴，使切削回流，产生局部真空。三块硬质合金刀片和七块硬质合金支承块安装在钻削头上。每个刀片上各有一断屑台，刀齿交错排列，分片切削，将切屑切削成碎块状，切削刃对称位于钻削头中线两侧，以保持径向力的平衡。七块支承块按四等分均布，为了减小对已加工孔的摩擦和挤压作用，支承块上应有倒锥。钻孔时切削液在一定压力下通过连接器的入口，其中的一部分切削液在内、外套管之间（即外套管内壁与内套管外壁）流经钻削头上的孔进入切削区，对支承块和刀片进行冷却润滑；其余部分经内套管表面月牙槽（月牙形喷嘴）进入内套管内腔，直接向后反向流动，利用月牙形喷嘴产生局部真空，将已经起到冷却润滑作用的切削液和被切成碎块的切屑一起吸进内套管，反向流动后由出口排出。

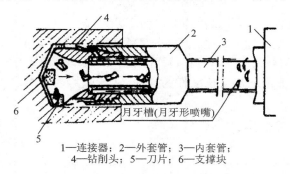

1—连接器；2—外套管；3—内套管；
4—钻削头；5—刀片；6—支撑块

图 4-13 某喷射式深孔钻原理图

2）深孔加工镗刀

由于是深孔，镗孔时刀杆相当于悬臂梁，弯曲变形大，因此设计镗刀时必须考虑其刚性。为了达到最佳效果，在设计镗刀时应绘制镗刀杆、刀头和工件的组合图，如图 4-14 所示。刀头从刀杆上尽量少突出一点，但必须考虑切削深度、排屑、镗刀及拖板的返回。

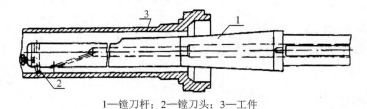

1—镗刀杆；2—镗刀头；3—工件

图 4-14 镗刀杆、镗刀头和工件组合图

· 132 ·

4.3.3 轴类零件的花键加工工艺

1. 花键的技术要求

花键是传扭的主要方式,在航空发动机轴类零件中,广泛采用渐开线花键。花键副示意图如图 4-15 所示。

长轴花键的技术要求[75]是:键的齿形公差一般为 0.02～0.03 mm,齿向公差为 0.01～0.03 mm,节圆跳动为 0.02～0.03 mm,跨棒距公差为 0.05～0.08 mm,大径跳动为 0.0～0.03 mm。

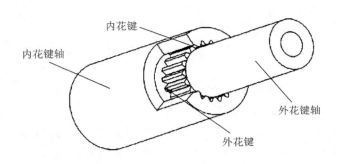

图 4-15 渐开线花键副示意图[100]

2. 花键的加工方法

花键的加工方法很多,在发动机轴类零件中,主要采用切削加工的方法,包括铣削加工、滚齿加工、插齿加工和磨齿加工等。

(1)铣削加工

铣削加工是利用与齿廓曲线相同的成形刀具在机床上直接铣出花键齿槽。该方法多用于矩形外花键的加工。在铣床上用轴向剖面形状与被切花键齿槽形状完全相同的铣刀进行铣削加工,铣削加工出一个齿槽后,分度机构将齿坯转过 360°/z,再加工下一个齿槽,依次铣削出所有的齿槽。在用成形刀具铣削渐开线齿廓花键时,要求每种不同的花键参数都要专门设计专用的成形铣刀。

(2)滚齿加工

1)展成切削法

利用无侧隙啮合时两轮的齿廓互为包络线的原理加工渐开线花键的方法称为展成切削法。用展成切削法加工花键轴时,刀具与工件毛坯保持固定的角速度比运动,刀具沿毛坯轴向作切削运动,刀具刀刃在毛坯各个位置的包络线就是渐开线花键的齿廓。

2)滚齿加工原理

在滚齿机上可用花键滚刀按展成切削法加工外花键,图 4-16 为在滚齿机上滚切加工花键轴的原理。这种方法可以实现连续加工,生产率和精度都较高。在滚齿机上加工渐开线花键轴,可使用同一把滚刀加工相同模数和压力角的花键轴。

(3)插齿加工

插齿法也是一种展成加工法。在插齿机上采用专用渐开线花键插齿刀加工花键,其加工原理图如图 4-17 所示。插齿加工时具有以下运动:

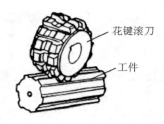

花键滚刀

工件

图 4-16　在滚齿机上滚切加工花键轴[101]

① 切削运动——插齿刀与工件中心线平行的往复运动；

② 圆周进给运动——插齿刀绕刀具中心线的回转运动；

③ 范成运动——插齿刀与工件像一对互相啮合的齿轮一样，工件随插齿刀按一定速度比作回转运动；

④ 径向进给运动——工件作径向切入运动；

⑤ 让刀运动——插齿刀退刀时需让刀，以免磨损。

用切削方式加工花键轴时，金属去除材料的利用率低；由于纤维断裂，表面质量也较差，所以当花键表面精度要求高时，一般需要增加磨齿工序来提高表面质量。

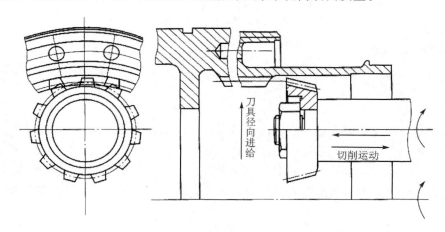

刀具径向进给

切削运动

图 4-17　插齿加工花键原理图[75]

（4）磨齿加工[75]

磨齿是用成形砂轮在花键轴磨床上磨削花键齿侧和底径的加工。磨齿适用于加工淬硬的花键轴，或者精度要求更高的，特别是以内径定心的花键轴。

磨齿可以加工内花键，也可以加工外花键，常用于内、外花键的半精加工和精加工。

3. 典型花键的加工

（1）某发动机多功能轴外花键滚齿加工[102]

技术要求：外花键模数为 2.5，齿数为 50，齿向公差为 0.010 mm，齿形公差为 0.016 mm，周节累计误差为 0.041 mm。

工艺分析：该花键精度要求高，距轴肩端面距离太短，只有 7.7 mm，加工时易刮碰端面。

工艺方法：采用滚齿机床进行滚齿加工，如图 4-18(a)所示。考虑外花键距轴肩端面距离太短,加工时易刮碰端面,因此在设计滚齿刀时选择刀具直径尽量小。由于模数为 2.5,且刀具直径小,则刀具齿数就少;同时考虑滚齿刀的强度,所以设计滚齿刀的直径为 $\phi 26$ mm,齿数为 6。

(2) 某发动机多功能轴内花键插齿加工[102]

技术要求:内花键模数为 2.5,齿数为 41,齿向公差为 0.010 mm,齿形公差为 0.016 mm,周节累计误差为 0.038 mm。

工艺分析:该花键精度要求高,大径易挂碰到内孔。

工艺方法:采用德国进口的数控插齿机进行插齿加工,如图 4 - 18(b)所示。刀具采用专用插齿刀。

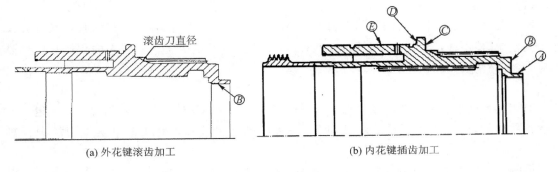

(a) 外花键滚齿加工　　　　　　　　　(b) 内花键插齿加工

图 4 - 18　内、外花键加工示意图[102]

4.4　轴类零件的热处理及表面处理工艺

4.4.1　热处理工艺

1. 轴类零件热处理工艺分类[98]

轴类零件的热处理方法取决于它所选用的材料,不同的材料采用不同的热处理方法,且在工艺规程中的位置也不相同。

轴类零件合金结构钢中的高强度钢主要是中低碳合金钢,主要以调质处理或等温淬火加回火获得索氏体。

轴类零件的不锈钢主要有奥氏体不锈钢和马氏体不锈钢。奥氏体不锈钢是在 1 050～1 100 ℃温度范围进行固溶处理得到稳定的单相奥氏体组织,因此,这类钢不能通过淬火进行强化。奥氏体不锈钢常用的热处理工艺有固溶处理、稳定化处理和消除应力处理。由于马氏体不锈钢的合金元素含量高,淬透性良好,因此在空冷条件下也能得到马氏体组织。各种马氏体不锈钢都可通过淬火加回火得到强化。

高温合金采用的主要热处理工艺是固溶处理和时效处理。固溶处理可以使强化元素溶入固溶体,并使合金成分均匀化,还能适当调整晶粒长大的尺寸;同时,固溶处理也可作为沉淀强化型高温合金(如 GH4169)时效处理的预备处理。

(1) 调质处理

调质处理是淬火和高温回火的合称[103]。为了既保证零件的淬透性,同时又有足够的余量以消除热处理后轴件的变形,因此将调质工序安排在粗加工之后、细加工之前进行。

（2）淬　火

淬火是将钢加热到 Ac_3（亚共析钢加热时,所有铁素体均转变为奥氏体的温度）或 Ac_1（钢加热开始形成奥氏体的温度）以上某一温度,保持一定时间,然后快速冷却,从而获得马氏体和贝氏体组织的热处理工艺。淬火后一般要回火,以获得所要求的组织或性能。

（3）正　火

正火（也称正常化）是将钢加热到上临界点 Ac_3 或 Ac_{cm}（过共析钢加热时,所有渗碳体和碳化物完全溶入奥氏体的温度）以上 30～50 ℃,保持适当时间后,在静止空气中冷却的热处理工艺。正火的主要目的是使毛坯的组织均匀,因此将其安排在毛坯锻造之后、机械加工之前。

（4）回　火

回火是将淬火零件重新加热到下临界点 Ac_1 以下某一温度,保持一段时间,再以某种方式冷却到室温,使不稳定组织转变为稳定组织来获得所要求性能的工艺。回火的目的是减少淬火应力,提高塑性和韧性,稳定组织、形状和尺寸。

（5）退　火

退火是将钢或合金加热到某一温度,保持一段时间,然后缓慢冷却的热处理工艺。退火可以达到软化的目的,以利于冷变形或机加工;可以稳定尺寸和形状。退火是常用的预备热处理。

消除应力的退火是将钢或合金加热到 Ac_1 以下 100～200 ℃,保温后空冷或炉冷到一定温度时出炉空冷。

（6）固溶处理

固溶处理是将合金加热到高温单相区,恒温保持一段时间,使其他相充分溶解到固溶体中,然后快速冷却以获得过饱和固溶体的工艺。

固溶处理的目的通常有三个:

① 溶解或大部分溶解强化相,同时还可溶解晶界上分布不合理的二次碳化物、硼化物等相;

② 获得均匀合适的晶粒尺寸;

③ 降低或消除偏析[86]。

（7）时效处理

合金经固溶处理获得冷塑性变形后,在一定温度下保持一定时间,其组织和性能随时间变化的现象,称为时效处理。

时效处理的目的是在合金基体中析出一定数量和大小的强化相,如 γ' 相和 γ'' 相,以达到合金的最大强化效果[86]。时效处理可以安排在毛坯固溶处理后直接进行,也可以安排在轴件粗加工后进行。直接时效可以减少轴件热处理的次数,但由于毛坯进行时效处理后硬度高,加工难度大,因此目前只有少数轴件毛坯采用直接时效处理。大多数时效处理都安排在粗加工之后进行,轴件在硬度较低、加工性能好的固溶状态下,去除大部分的余量后再进行时效处理,而且有足够的余量来消除时效处理后的变形。

2. 涡轮轴的热处理工艺

涡轮轴的常用材料有 40CrNiMoA、1Cr11Ni2W2MoV 和 GH4169。

40CrNiMoA 是一种优良的调质钢,具有很好的淬透性,在调质状态下,能在大截面上获得均匀、良好的强度和韧性,有较高的疲劳强度和低的缺口敏感性。其低温冲击韧性也很高,无明显回火脆性。为了细化 40CrNiMoA 的组织,改善冶金及热加工过程中造成的某些组织上的缺陷,应在机械加工前对零件锻造毛坯进行正火处理。

某 40CrNiMoA 钢涡轮轴采用正火热处理:升温时间为 90~100 min,在(870±10)℃下保温 40~50 min,空冷[89]。

1Cr11Ni2W2MoV 钢属于马氏体型热强不锈钢,对 1Cr11Ni2W2MoV 钢进行热处理的目的就是通过改变钢组织的结构和应力状态,来获得符合技术要求的力学性能、工艺性能以及高的抗腐蚀能力。此材料采用淬火+回火的热处理制度。

轴类零件热处理在工艺流程中的位置根据不同要求可以安排在粗加工之前,也可以安排在粗加工之后。下面是两种典型的涡轮轴制造工艺流程[89]:

① 锻造毛坯→淬火+回火→机械加工→稳定处理→机械加工至成品。

② 锻造毛坯→粗加工→淬火+回火→机械加工至成品。

3. 压气机轴的热处理工艺

压气机轴的常用材料除了 40CrNiMoA 和 1Cr11Ni2W2MoV 外,也使用 TC4 钛合金。

下面主要介绍某前轴颈 TC4 钛合金的热处理工艺。

TC4 合金是一种典型的 $\alpha-\beta$ 型两相钛合金,在航空发动机上的长时间工作温度可达 400 ℃。TC4 合金主要在退火状态下使用,也可以采用固溶处理和时效处理进行一定的强化,淬透截面不超过 25 mm[4]。

该前轴颈的制造工艺流程是[89]:锻造毛坯→粗加工→消除应力退火→精加工至成品。

消除应力的退火制度是:加温至 690~720 ℃,保温 2 小时后空冷。

4.4.2　稳定处理工艺

稳定处理的目的是稳定零件的尺寸和组织。

对于用合金结构钢、不锈钢、钛合金等制造的轴类零件,由于机械加工时产生加工应力,因此需要安排稳定处理工艺。

40CrNiMoA 的稳定处理工艺是:加温至(550±10)℃,保温 1~2 h,空冷。检验硬度。

1Cr11Ni2W2MoV 的稳定处理工艺是:加温至(550±10)℃,保温 2 h,空冷。检验硬度。

TC4 的稳定处理工艺是:加温至(550±10)℃,保温 4~4.5 h,空冷。检验硬度[89]。

对于含钛或铌的奥氏体不锈钢,若不经稳定化处理,有可能产生晶间腐蚀。含钛的 18-8 型奥氏体不锈钢(18% 左右的铬和 8% 左右的镍)的稳定处理工艺为:850~900 ℃,保温 4~6 h[98]。

4.4.3　轴类零件的表面处理工艺

1. 轴类零件的发蓝工艺

钢制轴类零件的氧化处理称为发蓝,氧化处理后,在零件表面上生成保护性的氧化膜,其目的是提高零件的抗腐蚀能力。氧化膜的厚度大约为 0.6~1.5 μm,因此不影响零件的精度。由于氧化膜很薄,所以保护性能较差,因此发蓝后一般还要进行涂油处理,提高氧化膜的耐蚀性和润滑能力。

发蓝工艺:采用碱性氧化法,即将零件放在含有氧化剂(亚硝酸钠)的氢氧化钠溶液里进行氧化。发蓝后出现的主要问题及处理方法是:

① 出现氧化膜色泽不均匀,需要加强除油或增加氧化时间。

② 零件表面出现红色挂灰,这是由于碱含量高或温度过高。可按工艺要求进行调整。

③ 零件存放时表面有白霜,这是由于氧化后表面清洗不干净,有残留碱液。应在操作时注意洗涤效果。

2. 轴类零件其他表面的处理工艺

(1) 喷 丸

喷丸是为了改善轴类零件的表面状态,使表面产生压应力,以提高零件的抗疲劳能力。喷丸工艺安排在表面机械加工全部结束,轴件的外观、尺寸、技术条件检验完毕及无损检验之后进行。

(2) 喷 涂

轴类零件喷的是耐磨涂层,为了防止涂层掉块,喷涂应放在喷丸之后进行。

(3) 镀 铬

镀铬主要是为了耐腐蚀、耐磨和耐高温。铬耐潮湿大气腐蚀,耐硫化氢、碱、氨和许多酸的腐蚀。但热硫酸和热蚁酸能腐蚀铬,盐酸能迅速地溶解铬。镀铬层的硬度高、摩擦系数低,因此有较高的耐磨性,但铬层脆,不能承受冲击和弯曲[104]。

4.5 轴类零件的检测

1. 检测工序的安排

检测工序分为中间检测、最终检测和标印。

中间检测:轴类零件在粗加工之后、转入热处理之前安排一次中间检测工序。其主要目的是检测粗加工的尺寸是否合格、轴的直线度是否符合技术要求等。此外,轴件在一些特殊工序前、后如有必要,均可安排中间检测工序,以检测有关的尺寸和技术要求。如轴颈类零件在喷丸和喷涂前要对篦齿检测。

最终检测:零件加工到全部符合设计图样后,应安排进行最终检测,因此最终检测合格的零件已是成品轴件,可油封入库。也有少数轴件,在个别表面没有达到最终要求前对其进行全面的检查(个别表面除外),也称最终检测。在个别表面加工后,再安排检测工序对其进行检查,或者在组件加工后,在组件中进行检查。

标印:轴件的最终标印是产品质量跟踪的主要依据,故在工艺规程中应单独安排标印工序。轴类零件的标印内容为:零件号、顺序号、炉批号、锭节号。而炉批号和锭节号从毛坯时开始确定。

2. 无损检测

(1) 超声波检测

超声波检测安排在粗车阶段的去黑皮后,主要是检查材料的内部缺陷。超声有盲区,必须留有足够的尺寸,并要求被测表面的粗糙度 Ra 不低于 $1.60\ \mu m$。

（2）腐蚀检测

腐蚀检测安排在细加工之后进行，在最终零件上不允许有腐蚀层。腐蚀检测可以检测材料的晶粒度和轴件的表层缺陷，要求被测表面的粗糙度 Ra 不低于 $1.60~\mu m$。

若检查成品轴件的表层缺陷，则最好放在精加工之后进行，由于腐蚀层对轴件的性能有影响，因此，腐蚀检测后的轴件应安排抛光工序，抛去腐蚀层；对尺寸精度要求高的表面也应安排在腐蚀后进行精加工。

（3）荧光检测和磁粉检测

荧光检测和磁粉检测是为了检查成品轴件的表面缺陷，应安排在加工成成品后进行。磁粉检测适用于铁磁性材料。

习　题

1. 与轮盘相比，轴类零件的选材有什么特点？
2. 简述轴类零件的深孔加工工艺。

第5章 机匣制造工艺

5.1 机匣类零件概述

5.1.1 机匣类零件的结构特点

1. 机匣类零件的分类

机匣是航空发动机的主要零组件,起着支撑、传力和气体封严等作用。按照机匣在航空发动机上的位置,可分为风扇机匣(低压压气机机匣)、高压压气机机匣、燃烧室机匣、涡轮机匣、加力燃烧室机匣、外涵机匣和附件机匣等。按照机匣的结构形式可分为环形机匣和箱体机匣。

2. 环形机匣

(1) 环形机匣分类

环形机匣分为对开环形机匣、整体环形机匣和带承力支板环形机匣,其结构形式如图 5-1 和图 5-2 所示。

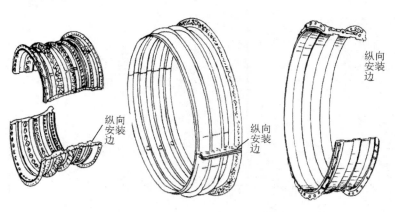

图 5-1 对开环形机匣结构图

对开环形机匣有时采用左右对开,有时采用上下对开。对开机匣的刚性好,装拆时不需要分解转子;但对开部分需要密封。由于压气机机匣的工作温度不高,周向变形不均匀的问题不是很突出,因此很多采用对开机匣。由于燃烧室机匣和涡轮机匣等热端部件的工作温度高,且周向变形不均匀,因此均采用整体机匣。

航空发动机靠主、副安装节悬挂在飞机上,发动机的整体重量和各种力需靠承力机匣传递到主、副安装节上。风扇和压气机部位的承力机匣由机匣内、外壳体和支板组成,属于发动机传力系统,一般处于发动机主安装节位置。涡轮承力机匣由内流道、支板和外壳体组成,也属于发动机传力系统。风扇(压气机)承力机匣和涡轮承力机匣均属于带承力支板环形机匣。

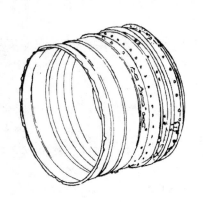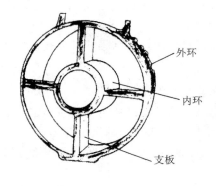

外环

内环

支板

图 5 - 2　整体环形机匣和带承力支板环形机匣

（2）环形机匣结构特点

1）大直径薄壁件

由于航空发动机追求重量最小的目标,因此无论是整体式、半开式,还是带支板的环形机匣,均属于薄壁壳体,一般厚度为 1.5～2 mm。某对开机匣材料为 GH907,最大直径为 ϕ565 mm,最小壁厚为 1.4 mm[75]。一般来说,环形机匣的直径较大,某整流支板机匣直径为 ϕ1 000 mm[75]。当然,根据发动机的不同,机匣位置的不同,直径也会有较大变化。

机匣的这种结构特点决定了机匣的周向刚性较差,但环形机匣内壁常常嵌套内环或叶片。内、外壁表面相对于旋转中心有一定的跳动要求,并希望在工作后仍能保持较满意的跳动值。

2）止口加销子定位或精密螺栓定位

机匣与机匣之间通过两侧安装边进行连接和定位定心。一般采用螺栓连接,相应的在机匣安装边上加工有螺纹孔或光孔。机匣与机匣之间的定位定心有两种方式,一种采用止口加销子的定位定心方式,止口径向定心,销子周向定位。止口所在的圆柱面和端面有较高的尺寸要求和形状要求。销子周向的位置度要求较高。另一种采用精密螺栓定位定心,该定位定心方式除螺栓孔的尺寸精度较高外,其加工难度同销子孔类似,其位置度要求较高。

3）内、外表面结构繁杂

为了加强刚性,外表面通常设计有加强筋;为了满足空气系统的要求,会设计各种通气孔和安装座,且沿周向不对称;为了连接内环和叶片,内壁会设计各种环槽或安装边等;为了安装和固定各种管子,外壁会有各种安装凸台,等等。这些结构使得环形机匣内、外壁结构繁杂,且没有规律性,给加工带来了一定难度。

4）对开机匣需要纵向安装边

与整体环形机匣相比,对开机匣为了实现对开,增加了纵向安装边。因此,对开机匣属于半回转体的外表面加工和回转体的内表面加工。内表面可以选择车加工,外表面只能选择铣加工或镗加工。

5）带支板机匣的特殊工艺

压气机的中介机匣和涡轮后机匣是典型的带支板机匣。由于涡轮后机匣处于高温环境,且支板内需穿越各种进油管、回油管和通气管;并且由于气动的要求限制了支板的厚度,因此使得各种管子和支板壁之间保持一定的间隙成了一个难题,图 5-3 为某涡轮后机匣结构图。

为了减小各支板的径向热变形,有的做成斜支板。因此,如何保证各支板的位置度是支板机匣工艺分析的难题。

带支板机匣采用焊接结构或整体铸造结构。焊接结构较难实现较高的位置度要求。

3.箱体机匣

(1)箱体机匣分类

航空燃气涡轮发动机的箱体机匣包括中心传动机匣、附件传动机匣、减速器机匣、滑油箱机匣、滑油泵机匣和双速传动机匣等。

中心传动机匣支承一对锥齿轮组件和其他组件,装在发动机内部。其机匣壳体上有相互垂直的安装孔及其他安装平面。

在附件传动机匣装配组件的内部支承着锥齿轮组件和多组正齿轮组件,在外部安装有安装座和发动机附件等。其装配位置随发动机的不同而不同,有的安装在发动机前部上方,有的安装在发动机中部的中、后机匣下方,有的安装在发动机的前部或中部的侧下方,等等。

箱体机匣虽然种类繁多,功能和安装部位各不相同,但其结构特点非常类似,其中以附件传动机匣最为典型,图 5-4 为其箱体图。

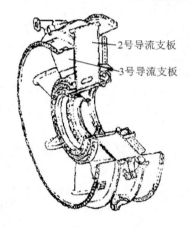

图 5-3 某涡轮后机匣结构图

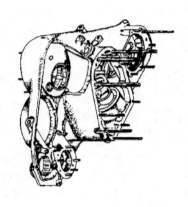

图 5-4 附件传动机匣箱体图

(2)附件传动机匣壳体的结构特点

有的发动机安装整体式附件传动机匣,有的安装分开式附件传动机匣,但其结构特点类似。

机匣壳体的内腔结构和外形结构都很复杂,并且壁薄,刚性较差。壳体上有轴承支承孔和定位销孔,对这些孔的精度要求较高,对发动机附件的安装孔和附件传动机匣的安装平面精度要求也较高,对有些螺纹孔及有些直径小且油路长的交叉油路孔等精度要求较低。

与环形机匣不同,附件传动机匣除了对表面缺陷和内部缺陷有要求外,其对密封性也有较高的要求。

5.1.2 机匣类零件的选材

1.压气机机匣材料及加工性能

压气机机匣的材料通常选用不锈钢和钛合金,例如马氏体不锈钢 1Cr11Ni2W2MoV 和钛

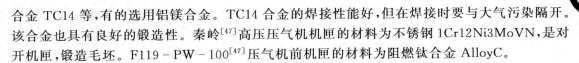

合金 TC14 等,有的选用铝镁合金。TC14 合金的焊接性能好,但在焊接时要与大气污染隔开。该合金也具有良好的锻造性。秦岭[47]高压压气机机匣的材料为不锈钢 1Cr12Ni3MoVN,是对开机匣,锻造毛坯。F119 - PW - 100[47]压气机前机匣的材料为阻燃钛合金 AlloyC。

2. 燃烧室机匣材料及加工性能

燃烧室机匣的材料通常选用高温合金,GH150 为燃烧机匣的典型材料。其特点是强度高、塑性好、线膨胀系数较低,在 750 ℃以下长期工作时具有良好的工作性能,而且组织稳定。该合金的热加工塑性较好,有良好的焊接、冷成形和切削加工性能。

3. 涡轮机匣材料及加工性能

涡轮机匣的材料通常选用高温合金,GH4169 为涡轮机匣的典型材料。GH761,GH907,GH903 等其他高温合金也常作为涡轮机匣的材料。АЛ - 31Ф 涡轮机匣选用的材料为ЭП708。

4. 箱体机匣的材料

箱体机匣大部分安装在发动机外部,其环境温度为大气温度。中心传动机匣的壳体虽然处在发动机内部,但也在高、低压压气机的轴心部分,环境温度较低;箱体机匣属于静子承力件,有一定的强度和刚度要求,箱体机匣的材料一般选择比重较小、强度和刚度较高的铝合金和镁合金。尤其是镁合金,是最轻的金属结构材料。

5.1.3　机匣类零件的技术要求及工艺特点

1. 环形机匣的技术要求及工艺特点

(1) 环形机匣的技术要求

对于整体环形机匣,其对定心的止口配合面和定位孔的位置要求较为严格。同时,由于整体环形机匣的刚性较差,对于主要表面不仅有自由状态的形位要求,还需增加限位状态的形位要求。

对止口定心基准面的圆度要求为 0.03～0.05 mm。对主要表面限位状态的跳动要求为 0.03～0.05 mm,自由状态为 0.1～0.3 mm。对安装边定位孔的位置度要求一般为 $\phi(0.02\sim0.03)$mm,对连接孔的位置度要求一般为 $\phi(0.05\sim0.2)$ mm[75]。对于有两个止口定位面的机匣,对两个定位面都会有同轴度的要求,一般为 $\phi0.03$ mm 左右[75],有的标注了跳动要求。

对配合表面的粗糙度要求一般为 1.6 μm。

(2) 环形机匣 T 形槽的技术要求

机匣内的 T 形槽主要是为了安装机匣外环和静子叶片等零件而设计的,其尺寸公差一般为 0.02～0.03 mm,配合面对基准有跳动要求和平行度要求。典型 T 形槽的结构如图 5 - 5 所示。

(3) 环形机匣的工艺特点

环形机匣的结构复杂,直径大,壁薄,设计精度高,而毛坯为自由锻件或轮廓简单的模锻件,加工余量大,因此分为粗加工、半精加工和精加工三个阶段。

环形机匣在机械加工过程中遇到的最大问题就是变形,因此尽量遵循基准一致的原则。环形机匣在粗加工阶段完成后通常需进行消除应力的热处理,在加工过程中也要合理地安排装夹和加工工序。

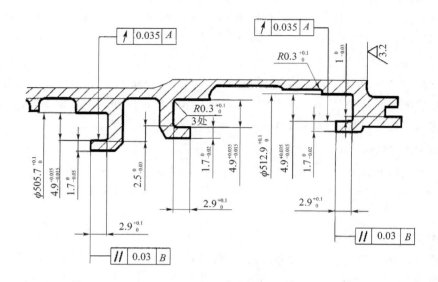

图 5-5　典型 T 形槽结构图[75]

国外的先进加工工艺可以使 $\phi800$ mm 的薄壁机匣在自由状态下保持 $\phi0.1$ mm 的跳动[105]。国内某低压涡轮二级机匣（GH4169）的最大外圆直径为 $\phi857$ mm，最小壁厚为 1.5 mm，改进工艺后自由状态下的圆度不大于 0.2 mm，端面平面度不大于 0.1 mm[106]。

2. 箱体机匣的技术要求及工艺特点

箱体机匣主要表面的尺寸精度一般为 IT6～IT7，各重要孔的位置度要求为 $\phi(0.02～0.06)$ mm，粗糙度 Ra 为 1.6 μm。

箱体机匣的工艺特点是：毛坯为一般铸件，在机械加工过程中不遵循基准一致的准则，一般采用一面两圆基准。由于材料一般为铝合金和镁合金，因此在加工过程中和加工后进行氧化等防腐处理。在检验方面，除了进行常规的无损检测外，还针对内腔和油路进行密封性试验。

5.2　机匣的成形工艺

环形机匣的毛坯分为锻造毛坯、铸造毛坯和焊接毛坯三大类，需根据机匣的结构形式、尺寸及形位公差要求和强度要求来决定。

5.2.1　环形机匣锻造毛坯

由于锻件的机械强度和冲击韧性都比铸件的高，且工艺过程比较简单，因此大部分的环形机匣毛坯都采用锻件，包括自由锻和模锻等。普通锻造工艺的毛坯余量较大，而等温模锻锻造毛坯的余量较小。

下面以某钛合金等温锻造机匣为例进行说明。

某 TC14 机匣毛坯的锻造难度极大，早期采用三个自由锻件，通过电子束焊接而成，加工余量大。后改用等温锻造工艺,将对开的半个机匣作为一个锻件,不仅避免了焊缝,大大减少了加工余量,而且也提高了整个锻件的性能。

其锻造工艺流程如图 5-6 所示。

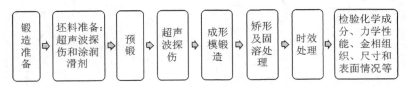

图 5-6　TC14 锻造工艺流程

5.2.2　环形机匣铸造毛坯

铸造毛坯一般用于结构较为复杂的机匣壳体,例如带整流支板的机匣、前置扩压器机匣及燃烧室机匣等。此类铸件在铸造时比较困难,如果浇冒系统设计不合理极易产生疏松、欠铸和掉砂等铸造缺陷。

1. 铸造零件的选材

对于选用铸造毛坯的零件,一定要选用铸造性好的材料,例如某带整流支板的前机匣选用 ZM-5,某发动机的整流器壳体选用 ZT4,某燃烧室机匣和涡轮后机匣选用 K4169。

2. 毛料尺寸的确定

对于前后安装边留出 5~10 mm 的加工余量,而对于很多异形支板则不留加工余量,为了保证最终尺寸和形位公差的要求,在铸造工艺中需有校形和补形工艺,并选择合适的热处理制度。

3. 典型零组件毛坯铸造[107]

(1) 零件结构

典型涡轮后机匣的外廓尺寸为 ϕ904 mm×206 mm,主体壁厚为 2 mm,且薄厚过渡带较为明显,多为非加工表面,内环上有 16 个小耳,外环上有 8 个大耳,内、外环之间由 8 个空心斜支板连接,为薄壁环形复杂结构件,铸件形状如图 5-7 所示。

(2) 铸造特点

后机匣上的安装边、大耳和小耳属于厚大热节部位,浇注后易出现疏松等铸造缺陷,其他大面积薄壁的部位易出现欠铸、冷隔等铸造缺陷,斜支板内腔易产生跑火现象。

(3) 铸造工艺

该大型带整流支板承力机匣的毛坯采用熔模铸造工艺。

1) 蜡模制造

蜡料:选用牌号为 F28-44B 的美国蜡料。这种蜡料的性能稳定、流动性好、涂挂性好、收缩小、灰分低,尤其适于用在尺寸精度、表面粗糙度要求高的铸件蜡模上。

压蜡的工艺参数:模料温度为 (68±2)℃,压铸压力为 2.0~2.3 MPa,保压时间为 180~200 s。

2) 型壳材料

黏结剂选用目前在国内熔模铸造中应用比较广泛的硅溶胶 GRJ-26。耐火材料选择在高

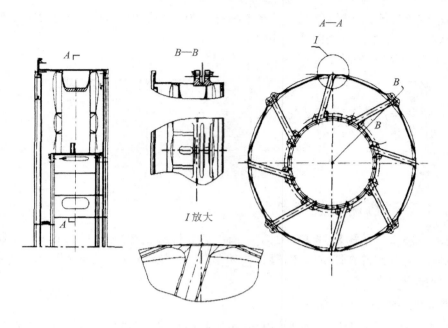

图 5-7　典型后机匣结构图

温下强度和稳定性都较好的不同粒度的电熔刚玉砂(粉)和不同粒度的煤矸石。

3)浇铸工艺

在 90 kg 真空炉上浇铸,在该真空炉的加热器中预热,预热温度为(1 100±10) ℃,保温时间大于 1 h(直到真空度达到浇铸要求为止);浇铸温度为(1 420±10) ℃。为了防止裂纹,浇铸后的铸件在感应加热器中缓慢降温冷却,浇铸后的型壳加热器继续送电 5 min,然后型壳降至炉底随炉冷却 12 h 以上出炉。

(4)铸造补焊修复

该铸件的补焊修复包括铸造缺陷控制、变形控制和热校形控制。热校形控制是将此铸件放置在专用胎具中,在真空热校形炉中进行热校形。在热处理炉中将专用热校形胎具垫放在炉盘与铸件内环之间。

5.2.3　环形机匣焊接毛坯

1. 焊接机匣的特点及分类

焊接机匣是将组成机匣的不同毛坯,如锻件、铸件和钣料等,通过焊接的方法形成一个新的毛坯。

图 5-8 是一个典型的焊接机匣。该机匣的前、后安装边为锻件,焊接时已去除大部分的加工余量;安装座为铸件,焊前已经过机械加工,并加工出装配基准;机匣筒体是由钣料冲压焊接而成的。

(1)焊接机匣的特点

焊接机匣的优点主要表现在:

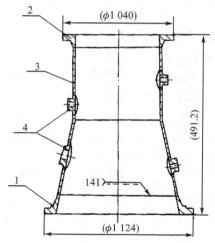

图 5-8　典型的焊接机匣示意图

① 焊接机匣研制周期短,生产成本低;与铸件和模锻件相比,焊接机匣不需要模具和砂型,生产周期短,对于小批量生产尤其明显。

② 采用焊接方案可以制造结构复杂的机匣。

③ 焊接机匣可根据不同部位的使用要求而采用不同的材料,既可满足性能要求,又能节约贵重金属,降低成本。

焊接机匣的缺点主要表现在:

① 焊接残余应力大,焊接变形严重,这是焊接机匣最严重的缺点。

② 焊缝及热影响区的组织性能发生变化。由于焊缝金属的成分和组织与基体金属不同,因此在焊接接头的不同区域形成了一个不均匀体,该不均匀体对焊接机匣的强度影响很大。

③ 焊缝在几何上存在不连续性。外形尺寸在焊缝处发生突变,即使打磨与基体齐平,过渡段依然不够圆滑。因此焊接机匣的裂纹常常发生在焊缝区域或焊接热影响区域。

（2）焊接机匣的分类

航空发动机用的焊接机匣主要有:进气机匣、中介机匣、涡轮后机匣、燃烧室机匣、扩压器、轴承机匣、加力扩散器外壁和加力筒体等。根据其结构特点,大致可分为三类。

1）带支板承力机匣

这类机匣都是由内环、外环和整流支板组成,支板的两端分别焊在内环和外环上。这类机匣有进气机匣、中介机匣和涡轮后机匣等。

2）壳体式机匣

筒体多为圆柱和圆锥形,由薄壁钣料冲压成形,一般直径较大,轴向长度较短,筒体两端焊有安装边,筒体壁上焊接有安装座。这类机匣有燃烧室机匣、加力筒体、加力扩散器外壁、进气机匣前段和扩压器等。

3）带有封闭腔的夹壁形机匣

这类机匣的机匣筒体有两层,分为内筒体和外筒体,在内、外筒体之间形成一个封闭腔,该腔有密封要求,有管子通过安装座与该腔相通。此种机匣结构复杂,工艺难度大。这类机匣包括轴承机匣等。

2. 焊接机匣的焊前准备

机匣的焊前准备是机匣焊接的重要环节,会直接影响机匣的最终质量和尺寸。机匣的焊前准备包括零件余量的分析、接头的制备、待焊表面的清理、零件的装配与定位、设备准备和焊接材料的准备,等等。不同零件需要不同的焊接方法,但对于所有的焊接机匣,待焊零件余量分析、待焊表面清理和零件装配定位及工装的定位是必不可少的。

（1）待焊零件余量分析

零件的焊接过程既是传热过程,也是化学冶金过程和金属结晶与相变过程。对于焊缝区来说,焊接相当于经历一次铸造;而对于热影响区来说,焊接相当于一次热处理。焊接会使零件产生收缩,焊接收缩使焊后的组合件产生变形,为了消除变形,除采取校正和一定的措施控制变形外,焊前还要在零件的配合面和精度要求较高的面留出一定的余量,用于机械加工时弥补焊接变形。

（2）待焊零件的装配定位

组成焊接机匣的零件很多,要想保证各个零件之间正确的相互位置关系和尺寸精度,就必须选择正确的装配定位基准。

装配定位尽可能遵循以下原则：

① 六点定位原则。

② 尽量选择面基准。

③ 基准统一原则。

④ 基准稳定准则：机匣在安排工艺路线时总是先找出一个基础件，其他依次装配到基础件上。每道装配工序都应尽可能选择基础件作为同一个基准，这样既可减少定位误差，又可节省装配定位工装。

⑤ 精基准原则：在选择装配定位时，应尽可能选择经过机械加工的面作为基准，这样可以减少定位误差。

3. 机匣的焊接

焊接机匣常用的焊接方法主要有氩弧焊、电阻焊和电子束焊。

（1）机匣的电阻焊

机匣的电阻焊主要是点焊和缝焊。

点焊示例：某整流器叶片与三级机匣壳体的点焊。

正式点焊之前首先要进行试焊。将组件置于夹具中，将叶片套于电极上，根据图 5-9 的焊点位置，一个叶片叶盆面点焊一点，焊接 64 个叶片于机匣上，卸掉夹具。焊接叶背面，然后焊完叶盆面其余焊点。

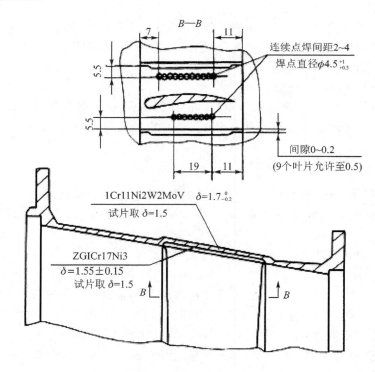

图 5-9 叶片与三级机匣壳体的点焊

用撕破法检查焊点质量，如图 5-10 所示。这种方法有 4 种撕破形式：

① 撕孔；

② 撕坑，其粘连金属的高度大于单板厚度的 1/2；

③ 沿结合面剪开或撕坑，其粘连金属的高度小于单板厚度的 1/2；

④ 母材金属折断破坏。

这 4 种撕破形式只有前两种合格。

（2）机匣的电子束焊

钛合金非常适于真空电子束焊接。钛合金对缺陷的敏感性高，而真空电子束焊却可以采用特殊的措施来消除这些缺陷。图 5 - 11 为某进气机匣的真空电子束焊接示例。

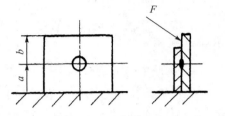

图 5 - 10　撕破方法示意图

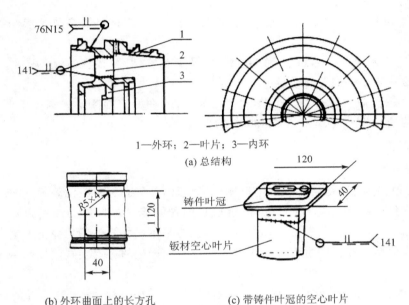

1—外环；2—叶片；3—内环

(a) 总结构

(b) 外环曲面上的长方孔　　(c) 带铸件叶冠的空心叶片

图 5 - 11　某进气机匣结构示意图

该进气机匣由内环、外环和叶片组成。内环是 TC4 材料的铸造件，外环是 TC4 锻件车加工的环形件，叶片是 TC4 薄板扩散连接成形的空心叶片。铸件的叶片安装座与叶片、叶片与内环间用氩弧焊连接，外环与叶冠间用电子束焊连接。外环锥面上有多个方孔的真空电子束焊接，这是在空间曲面上实现的，所用设备是 CNC 控制的四坐标联动电子束焊机。

焊接工艺如下：

1）焊前准备。

接头形式：Ⅰ型坡口，在夹具上配修间隙及定位。

表面清理：化学清理，去油污及其他外来物（包括夹具）。

定位焊：在专用夹具上进行装配、定位，先定位外环上的焊缝，定位焊点定在外环焊缝的背面，以防焊点处未焊透，在间隙大的地方用小电流氩弧焊封底，以防烧穿。然后定位内环与叶片的焊缝。

2）焊　接

焊接试件：选择同材料、同厚度、同接头形式、同热处理状态、同表面清理方式，在同一台焊机上焊接试件，并同时调整到适当的焊接参数。

焊接零件：按焊接试件的方式和程序焊接零件。电子束焊后转到氩弧焊工序焊接叶片与内环焊缝。

4. 机匣的焊后热处理

焊接机匣在焊缝及热影响区发生了组织变化，焊后一般都需要通过热处理来软化热影响区的淬硬组织，提高焊接接头的韧性，促使残余的氢逸出，并增强零件抵抗应力腐蚀的能力。

钛合金机匣焊后采用消除应力的退火热处理方式。消除应力退火的目的是消除焊接过程中产生的内应力。加热温度一般低于合金的再结晶温度。

焊接工艺流程实例如下：

① 某扩散器外壁由 TC4 合金焊接而成，其工艺流程是：焊接→真空热校形→机械加工→检验。

② 某燃烧室机匣采用 GH2150 和 GH3030 焊接而成，其工艺流程是：焊接→固溶→焊接→固溶→焊接→固溶→时效→检验。

第一次和第三次固溶处理均为 GH2150 的焊接件，在一定温度下保温一定时间，然后空冷。第二次固溶处理为 GH2150 和 GH3030 的焊接件。

5. 焊缝的检测

（1）焊缝常见的缺陷

焊缝为铸造组织，在冷却结晶过程中形成许多缺陷，如气孔、裂纹、组织疏松、成分偏析等。

焊缝上最常见的缺陷是根部未焊透和裂纹，这两种缺陷对焊接件的使用影响很大。未焊透是焊缝背面由于没达到熔化温度而残留的未焊合的基体金属缝隙。焊缝上的裂纹以及热影响区的裂纹是熔化金属在凝固过程中受收缩力的影响而产生的。焊接缺陷按照分布的不同可分为四类：

① 焊缝金属上的裂纹。这类裂纹可分为纵向裂纹、横向裂纹、熔化区附近的微裂纹和焊缝内裂纹。

② 热影响区的裂纹。在焊缝热影响区的裂纹一般起于焊缝边缘并穿过母材金属。

③ 焊缝交接处母材金属上的裂纹。这类裂纹显示为轮廓清晰的曲折线条。

④ 焊缝中的多孔性缺陷（夹渣、气孔）。当焊条或涂料内含碳成分过高，或有机漆层、气化物锈皮在焊接前未除净，又或焊接熔化金属内气体未逸出而造成夹渣或气孔时，会出现这类缺陷。这种焊缝缺陷显示的图像轮廓清晰，有时呈圆点状，有时成群密集，或成线状、片装等分布。

（2）熔焊焊缝的检测

焊缝质量检测的方法主要分为两大类：一类是破坏性试验，主要用于科学试验或失效分析，也用于成批产品的抽检或电阻焊试片；二类是非破坏性试验，主要用于产品制造过程中的焊缝检测。

破坏性试验主要包括以下几项：

① 力学性能试验，包括拉伸试验、弯曲试验、硬度试验、冲击试验、断裂韧性试验和疲劳试验等。

② 化学分析及试验,主要有化学分析、腐蚀分析和含氢量测定等。

③ 金相试验,包括宏观组织检验和微观组织检验。

④ 焊接性检验及其他项目检验等。

非破坏性试验包括以下几项:

① 外观检验。

② 打压试验,包括水压试验、油压试验和气压试验。

③ 无损检测,主要有渗透检测(荧光渗透、着色渗透和煤油渗透等)、超声波探伤、射线探伤(包括 X 射线和 γ 射线)、磁粉探伤和涡流探伤,等等。

对于焊接机匣来说,应用较多的检测方法有:外观检验、打压试验、着色渗透检测、荧光渗透检测、X 射线检测、拉伸试验和金相试验。

1) 焊缝的打压试验

打压试验主要用于检测形成密封腔的焊缝的密封性和强度,打压介质主要有气和油。

打压时堵住密封腔的所有孔口,仅留一处用以通入规定压力值的介质,观测其密封性。

2) X 射线检测

X 射线检测和 X 射线照相,是由照相底片判读焊缝的缺陷情况。

图 5-12 是平板对接焊缝的透照布置,是一种典型的 X 射线检测。一般用于焊缝射线照相的设备是标准的 X 射线发生器。可覆盖的焊缝材料厚度为 0~100 mm 之间(用于普通钢焊缝检测)。照相射线可发现的焊接缺陷主要有:气孔、夹渣、未焊透、未熔合、裂纹、未焊满、咬边和电弧击痕等。

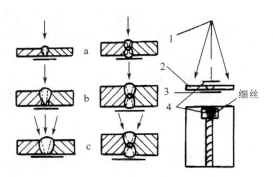

a—平头对焊;b—U形对焊;c—V形对焊
1—射线源;2—工件;3—胶片;4—像质计

图 5-12　平板对接焊缝的透照布置

(3) 电阻焊焊缝的检测

电阻焊与熔焊不同,主要是通过控制和检测焊接参数来保证电阻焊焊缝的质量。

为了保证产品的焊接质量,必须对焊接生产全过程中的所有环节进行系统的检验:在焊接前和焊接过程中,通过检验工艺参数、试片或焊件的质量,来及时发现焊接工艺参数和焊接条件的变化,以便采取相应措施来保证焊接的质量;在焊接后,对焊件采用非破坏性或破坏性检验方法,定性或定量地评定焊缝的各种性能及冶金缺陷。

1) 试片检验

在电阻焊焊接过程中,至少要打三次试片,即首试片、中间试片和尾试片。

2）检测方法

外观检验：允许用 10 倍放大镜和卡尺等测量工具检查，主要检查装配尺寸，焊点和焊缝的位置和尺寸，以及表面质量。

撕破检验：又称剥离试验，即将焊在一起的两片试片用钳子撕开，主要检查焊点和焊缝熔核的尺寸及未熔合区域和接头的脆性等。

宏观金相检验：将试片沿焊点或焊缝横向、纵向切开，抛光腐蚀后在低倍显微镜下检查焊点和焊缝熔核的尺寸、焊透率、熔核搭接量、压痕深度、裂纹、气孔、缩孔、结合线深度和喷溅等。

显微金相检验：将试片沿焊点或焊缝横向、纵向切开，抛光腐蚀后在高倍显微镜下检查焊点、焊缝和热影响区的组织以及晶粒长大、裂纹局部熔化和夹渣物偏析等。

拉伸试验：将试片在拉伸机上拉伸直至断裂，用于检验焊点的强度。

6. 焊接变形的控制方法

控制焊接变形的方法有两大类：第一类是在焊接过程中控制焊接变形，第二类是在焊后校正焊接变形。

（1）在焊接过程中控制焊接变形

1）预变形法

预变形法也叫反变形法。其中一种方法是在机匣焊接之前估算好焊接变形的大小和方向，然后在装配时给予一个相反方向的变形，与焊接变形相抵消，使焊后的机匣满足设计要求。

另一种预变形法是对焊缝及附近的主体材料施加一外力，使之向与焊接变形相反的方向变形。焊完之后释放外力，使焊接变形与施加的变形相抵消，最终使零件满足设计要求。

某燃烧室机匣的预变形工艺：某燃烧室机匣在没有采用预变形方法之前，其主要的变形有安装边翘曲变形和轴向端面收缩变形；机匣上相邻安装座之间的弧面被拉直，大面积下陷，壳体面轮廓度严重超差，局部最大可达 10～13 mm，而设计要求为 4 mm。由于壳体面下陷，造成相邻待焊安装座的孔口发生变形，使安装座的位置精度难以保证。

为了解决机匣的严重变形，采用了预变形工艺，其工艺原理如图 5－13 所示。

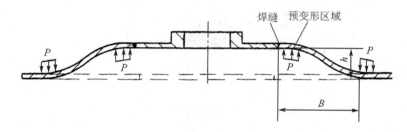

图 5－13　燃烧室机匣安装座预变形工艺原理图

借助专用的工艺装置，通过外加载荷，在薄壁构件上造成一个具有一定形状、曲率、高度和宽度的弹塑性预变形型面，使零件内部产生一个与焊接收缩方向相反的张开位移，并在焊接过程中一直保持到焊接结束后释放，从而控制和减小封闭型焊缝的焊接失稳翘曲变形。

模拟件预变形试验结果表明，整个型面的最大焊接变形为 2.2 mm，目视无任何宏观失稳变形痕迹。前安装边无翘曲变形，端面的焊接变形为 0.4 mm。采用此方法后，安装座孔的变形由原来的 2.5 mm 减小为 1.0 mm。同时，预变形工艺可以显著降低结构中焊接的残余应力。

2）刚性固定法

这种方法是在没有变形的情况下，将机匣零件用夹具固定，在夹具限制状态下焊接，从而限制焊接变形。用这种方法防止角变形和波浪变形较好。这种方法有效减小了焊接变形，但同时增大了结构内应力。

3）选择合理的装配焊接顺序

除结构较简单的机匣外，其余结构较复杂的机匣均可采用这种方法来有效减小焊接变形，如轴承机匣的装配焊接。

4）采用先进的焊接方法[108]

工程上也在研究采用自动化焊接方法（自动氢弧焊、电子束焊等）来提高焊接过程中的稳定性和能量输入的准确度，以提高焊接速度、降低输入能量水平、减小不稳定加热和冷却过程对材料的不利影响等，减小零件焊接变形。

（2）焊后校正焊接变形

焊后校正变形，即利用外力使构件产生与焊接变形方向相反的塑性变形，使二者相互抵消。

1）敲击法

用夹布胶木锤敲击来延展焊缝及其周围压缩塑性变形区域的金属，以达到消除焊接变形的目的。这种方法主要用于校正钣料焊接件。GH150 等有延迟裂纹倾向的材料，在敲击过程中易产生裂纹，应限制使用；对于钛合金材料，其弹性模量较小，不能用此方法。

2）碾压法

该方法是利用圆盘形辊轮碾压焊缝及其两侧压缩塑性变形区，使之伸长来达到消除变形的目的。这种方法适用于板壳结构的比较规则的焊缝，如直焊缝或环形焊缝。轴承机匣大圆筒的纵向焊缝也可采用该法消除变形。

3）压延法

这种方法是在压力机上用模具校正零件变形，使焊缝及其周围压缩塑性变形区域的金属拉伸延展，从而消除焊接变形。轴承机匣底槽的变形就是用此法来校正的。

4）热校形法

对于钛合金机匣来说，由于其冷态下拉伸回弹较大，易产生裂纹，所以钛合金机匣不能在常温下校正焊接变形。钛合金机匣只能采用热校形法校形。

由于机匣外壁上焊接了多个封闭型焊缝，因此在相邻很近的封闭型焊缝的残余应力场叠加后，使壁面大面积下塌，这样不仅破坏了外壁型面的轮廓度，而且也使得安装座的空间位置很难保证。在安装座封闭型焊缝的焊接残余应力和失稳变形的直接作用下，前、后安装边产生了翘曲变形和端面的轴向收缩变形。

扩散器外壁为钛合金材料，必须采用热校形法进行校形。该机匣的热校形原理如图 5－14 所示。

根据钛合金材料的高温塑性好、线膨胀系数较小的特点，采用某种高温刚性较好、线膨胀系数较大的材料制成一个内胎，该内胎在常温下能够自由地装进已变形的钛合金零件内，而在高温时，恰好与零件在高温状态下的理想内型面相吻合。

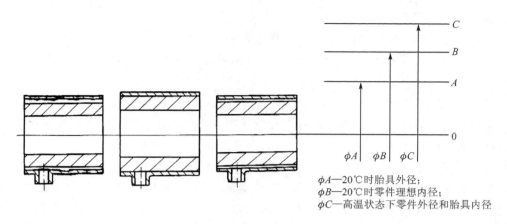

ϕA—20℃时胎具外径；
ϕB—20℃时零件理想内径；
ϕC—高温状态下零件外径和胎具内径

图 5 - 14　某扩散壁机匣热校形工艺原理图

　　将胎具在常温下装进已变形的零件，并一同放进真空热处理炉内，随着温度的升高，使零件的焊接变形处受到因胎具膨胀而产生的压力，使之发生塑性变形至理想状态。当零件和胎具一同降至室温时，此热塑性变形保持下来，从而达到校正零件焊接变形的目的。

　　因为零件是在热处理的同时进行校形，所以一方面校正了焊接变形，另一方面消除了焊接应力，防止在校形时产生裂纹，从而可以稳定组织，改善材料性能，提高塑性和韧性。

5.2.4　箱体机匣铸造毛坯

　　箱体机匣的结构不规则，且形状复杂，一般采用铸造毛坯，所以，箱体机匣的材料采用铸造铝合金和铸造镁合金。其中由于 ZM - 5 不含稀土金属和锆，是一种廉价的镁合金，因此应用最为广泛。箱体机匣一般采用砂型铸造毛坯，图 5 - 15 为某附件机匣的毛坯简图。

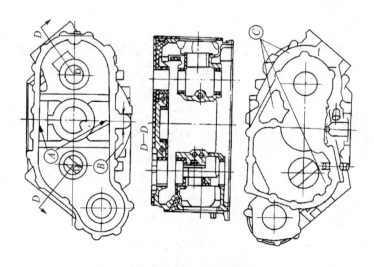

图 5 - 15　附件机匣壳体的毛坯简图

　　该毛坯的加工余量全部为 4 mm，内部不允许有缺陷，热处理采用固溶处理；对铸件表面用氧化和浸润亚麻油的方法进行处理。

5.3　环形机匣机械加工

5.3.1　典型机匣工艺流程

1. 某压气机整体型环形机匣的工艺流程

该机匣如图 5-16 所示,材料为 1Cr11Ni2W2MoV;毛坯为锻件;热处理状态是正火加回火,机械加工为典型的车加工。

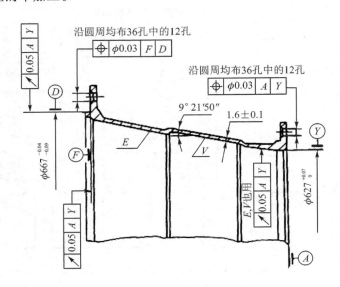

图 5-16　某压气机环形机匣结构图

该机匣的加工工艺路线如图 5-17 所示。

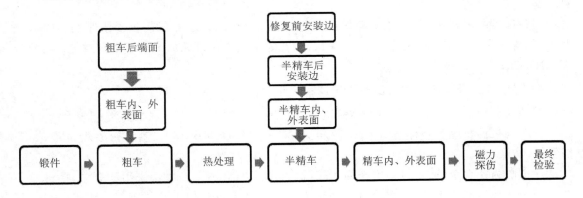

图 5-17　某压气机环形机匣加工工艺路线图

2. 某涡轮整体型环形机匣的工艺流程

该机匣如图 5-18 所示,材料为 GH761;毛坯为锻件;热处理硬度 $d=3.4\sim3.0$。机械加

工包括车削加工和孔加工。该零件除正常的热处理外,还增加了稳定处理工序,如图 5-19
所示。

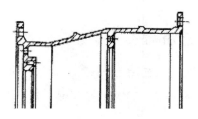

图 5-18　某涡轮机匣结构图

该机匣的加工工艺路线如图 5-19 所示。

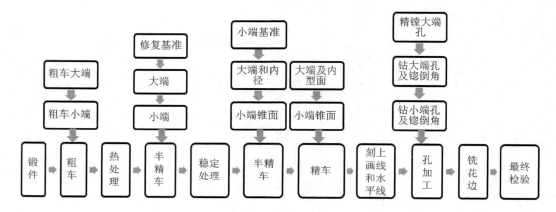

图 5-19　某涡轮机匣加工工艺路线图

3. 对开式环形机匣的工艺流程

以某压气机前机匣为例说明对开式环形机匣的工艺路线。毛坯为等温模锻件,两个半环,
材料为 TC14,如图 5-20 所示。

与整体型环形机匣相比,该对开机匣工艺极其复杂,机械加工工艺包含了车削、铣削、研
磨、切割等工艺,打孔工艺包括了钻孔、锪孔、镗孔等工艺。在机械加工过程中还增加了稳定处
理工序,如图 5-21 所示。

4. 整体铸造带整流支板机匣的工艺流程

带整流支板的环形机匣分为整体铸造与焊接组成两种类型,其工艺流程差别较大。

某压气机前机匣为整体铸造毛坯,材料为 ZM-5,硬度 HB≥50。其结构形式如图 5-22
所示。

该机匣为镁合金铸造毛坯,工作温度较低,且承受的力不大。由于采用镁合金,因此在工
艺过程中加几道氧化工序,并在最后工序涂漆。镁合金的机械加工性能较好。该组件采用了
车削和铣削工艺,并打磨径向孔。

该机匣的加工工艺路线如图 5-23 所示。

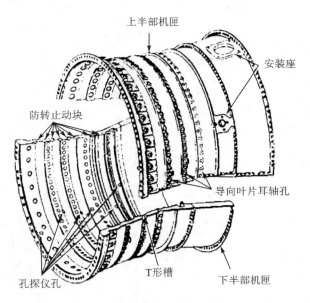

图 5 – 20　某压气机对开机匣结构图

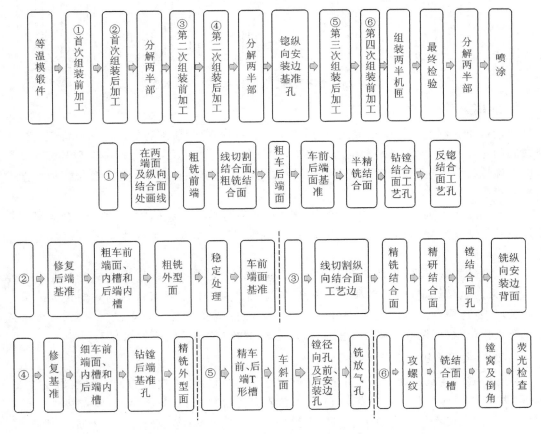

图 5 – 21　某压气机对开机匣加工工艺路线图

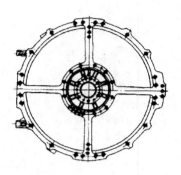

图 5-22　某压气机整体机匣结构图

| 铸造毛坯 | 粗车加工，加镗孔及氧化 | 铣内腔及凸缘外圆和圆弧 | 洗涤及氧化 | 精车前、后端面 | 划线 | 钻、锪、铰端面各种端面孔 | 镗安装座并在其上钻、锪、铰和镗孔 | 铣各种小平面及凹槽 | 装配内环 | 镗径向孔 | 刮削安装座 | 精车着色表面 | 洗涤及最终检验 | 分解内环并打磨径向孔 | 氧化 | 第二次装配内环 | 涂漆 | 局部氧化 |

图 5-23　某压气机整体机匣加工工艺路线图

5. 轮辐类焊接机匣工艺流程

焊接机匣的制造过程既是装配过程，也是加工过程，是边装配边加工。所以焊接机匣工艺路线的制定，一方面要考虑装配的可行性，即保证各个零件相互位置的正确性和装配后各个尺寸的精确性；另一方面又要考虑焊接加工的方便性和可靠性，以及结构的撇开性和焊接的可达性。

图 5-24 所示进气机匣为轮辐结构，该进气机匣包括圆锥状的内、外环，15 个倾斜的整流叶片，外罩，安装座和回油管等，都通过焊接而成。机匣内环前段材料为 ZT4-1，其余材料为 TC4。

该机匣的焊接以将内、外环和 15 个支板组件装配成焊接机匣最为关键。支板组合件和内、外环采用氩弧焊定位，真空电子束焊接，X 光检查焊缝。支板组件与内环对接焊缝采用真空氩弧焊，着色检查。对该机匣 15 个整流叶片轴线的空间位置的要求极为严格，若该轴线发生变形或移位，则可调叶片将无法安装。该机匣焊接组件工艺路线如图 5-25 所示。

6. 壳体类焊接机匣工艺流程

某燃烧室机匣结构如图 5-26 所示，由前、后安装边等 3 个安装边，主、副油路座等 38 个座和 2 段筒体组成。其中 2 段筒体和 3 个安装边的材料都是 GH150，各种安装座的材料为 GH3030。该燃烧室机匣有数十个安装座，这些安装座的焊接造成整个机匣变形非常严重，尤其是壳体的失稳凹陷和安装边的翘曲变形，给燃烧室的加工带来了巨大困难，如何控制变形是燃烧室机匣加工中最主要的工艺难点。

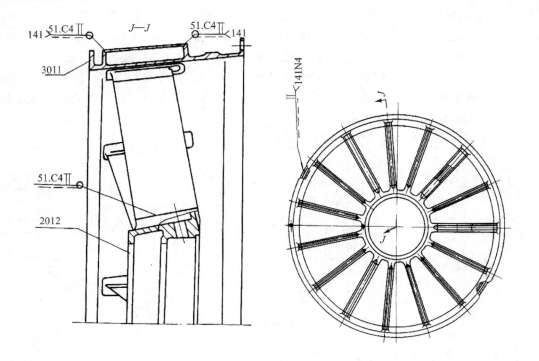

图 5 - 24　某进气机匣结构图

图 5 - 25　某进气机匣焊接组件工艺路线图

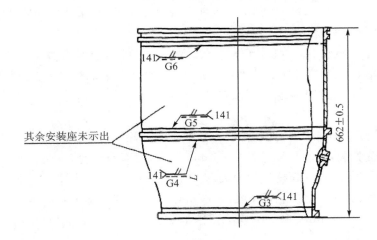

图 5 - 26　某燃烧室机匣结构图

燃烧室有许多管路、支杆和点火器等组件穿过燃烧室机匣壳体而与燃烧室内部零件相通，在贯穿处要防止过定位，以保证热补偿和密封，所以对燃烧室机匣安装座孔的位置要求非常严。壳体上安装座孔的加工和组合后座子孔的加工都是加工难点，一般需要镗孔。

燃烧室机匣加工工艺路线的原则是先将安装边与壳体焊接在一起，然后在壳体上开孔，装配焊接各个安装座，最后机械加工前、后安装边和各个安装座端面及内孔。为了控制和减小焊接变形，燃烧室机匣采用了预变形焊接工艺。

燃烧室机匣的工艺路线如图 5-27 所示。

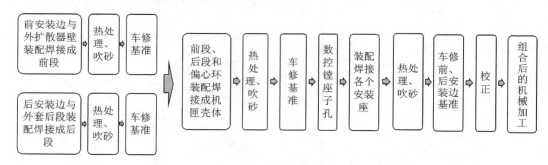

图 5-27　某燃烧室机匣加工工艺路线图

5.3.2　环形机匣车加工

1. 机匣内、外表面的车削加工

内表面、外表面和端面构成机匣形状的基本表面，内表面和端面通常采用车削加工，有些外表面也采用车削加工。机匣粗车阶段采用普通立车，半精车和精车阶段选用数控车削[75]。由于航空发动机机匣属于薄壁环形件，所以车削较困难。下面以某压气机前机匣为例说明机匣内、外表面的车加工，如图 5-28 所示，该机匣由两个自由锻件经过粗加工后焊接而成。

（1）粗　车

该前机匣的材料为 1Cr11Ni2W2MoV，属于马氏体不锈钢，粗车选用普通外圆车刀和典型的粗车马氏体不锈钢的车刀。

粗加工时，找正外圆和端面，跳动不大于 0.5 mm；内、外表面的粗糙度 Ra 为 6.3 μm；端面的平面度为 0.08 mm，粗糙度 Ra 为 3.2 μm；焊接定位用的表面粗糙度 Ra 为 1.60 μm。在车削端面及内、外表面时，各表面留加工余量 2~2.5 mm。

（2）半精车

机匣焊接后有残余内应力，因此在半精车前应进行消除应力的热处理。

半精车时，首先修复端面，平面度在 0.05 mm 以内，表面粗糙度 Ra 为 1.60 μm；在车加工前、后端面及内、外表面时，以修复过的表面作为定位基准，找正焊接处的内圆及小端面跳动 0.2 mm（最大），找正已加工过的表面跳动 0.03 mm（最大），依次加工两端面及内、外表面。端面表面粗糙度 Ra 为 1.60 μm。各表面单边留精车余量 0.5~1.5 mm。

（3）精　车

如图 5-28 所示，精车顺序如下：

1）找基准：以端面 A 和柱面 B 为定位基准，压紧端面 C，用夹具配合表面的径向和端面跳

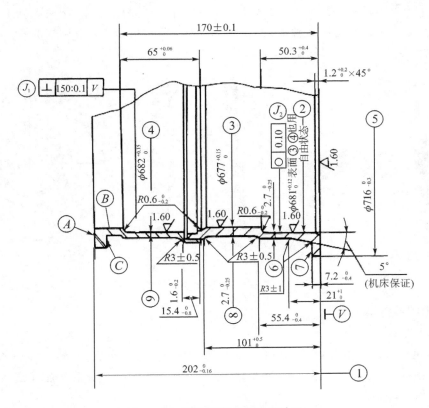

图 5-28　某压气机前机匣设计图

动 0.02 mm(最大)及柱面 B 的对点跳动 0.03 mm(最大)。

2) 精车表面①②③④。

3) 精车表面⑤⑥⑦⑧。

以内表面为基准,保证壁厚尺寸。R3 与 R5 由专用刀具保证。

2. 螺纹槽的车削加工

在机匣上,有的表面与转子的篦齿或叶片相配合,为了保证封严间隙,常常会在表面喷涂一定厚度的涂层,有滑石粉涂层、镍铬铝涂层和镍包硅藻土加镍包铝涂层等。为了增强涂层和机匣之间的附着力,在机匣上车螺纹槽。其结构形式如图 5-29 所示,螺纹槽的表面粗糙度 Ra 要求大于 12.5 μm。

车削螺纹槽的刀具,主要是选好刀具的几何角度,若刀具的前、后角过大,则容易使螺纹光滑,达不到粗糙度

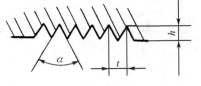

图 5-29　螺纹槽尺寸

要求;若刀具刀尖角过大或螺距过小,而切削深度过大,则容易产生螺纹槽表面掉螺纹的现象。

5.3.3　环形机匣铣削加工

1. 概　述

环形机匣外表面结构极其复杂,有各种槽、凸台、安装座、加强筋等,这类复杂结构及机匣

前、后安装边均采用数控铣削加工。在环形机匣外型面的铣削加工中，圆柱体机匣选用四轴数控加工中心，圆锥体机匣选用五轴数控加工中心，外型面常用的铣刀有圆柱形铣刀、端面铣刀、立铣刀和错齿与镶齿三面刃铣刀[75]。铣刀示意图如图 5-30 所示。

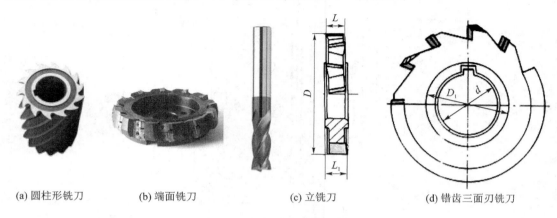

| (a) 圆柱形铣刀 | (b) 端面铣刀 | (c) 立铣刀 | (d) 错齿三面刃铣刀 |

图 5-30　各种类型的铣刀

2. 典型零件铣削

（1）零件结构

某压气机后机匣为对开式环形机匣，材料为 GH907，最大外径为 $\phi565$ mm，最小壁厚为 1.4 mm，如图 5-31 所示，采用四坐标加工中心加工。精铣外形安排在半精车之后。

（2）数控加工流程

数控加工流程可用图 5-32 表示。

图 5-31　某压气机后机匣

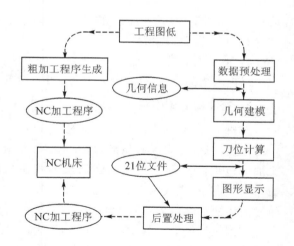

图 5-32　数控加工流程

1）确定对刀点

在数控加工中，对刀点指刀具相对于零件运动的起始点。加工程序从这一点开始执行，因此，对刀点也称为程序原点。对刀点尽量选择零件的设计基准或工艺基准。

2）编制数控程序

编程方式分为手工编程和自动编程两大类。手工编程以零件图纸为基础，以直接读取数据编制数控加工程序为主要的工作方式。自动编程系统以微机为基础,以文字提示、图形显示、人机交互为主要的工作方式。后机匣的编程分为手工编程和自动编程两部分。

自动编程的流程是:几何建模→选择加工面→选择走刀路径→生成刀具轨迹→模拟加工。

模拟加工对于数控加工非常重要,通过该过程可以发现加工过程中可能发生的问题。这个过程也是一个反复验证、反复修改的过程。只有通过模拟加工的验证,程序编制才算完成。

3) 后置处理

自动编程方法产生的是刀位文件,刀位文件并不针对某个机床,因此,需要把刀位文件转换成数控机床能执行的数控程序,然后再输入到机床中才能进行零件的数控加工,该过程称为后置处理。

（3）数控加工

为了验证数控加工程序的正确性,减少损失,通常在首件加工前进行"假件"试切。"假件"试切的材料可选用 45 号钢。试切也可采用仿真软件（如 VERICUT 软件）进行仿真加工[75]。试切成功后,按照试切修改的工艺路径和数控程序就可以进行后机匣外型面的数控加工了。

5.3.4　对开机匣纵向安装边加工

对开机匣的纵向安装边不仅要保证可靠的定位和连接,还要保证密封,因此对开机匣纵向安装边的加工需要较多工序,包括剖切、铣削、研磨和刮削等。

1. 对开机匣的剖切

对开机匣的毛坯为环形锻件,加工需纵向剖切。最常用的剖切方法一种是在锯床上和铣床上把机匣切开,另一种是用电火花线切割把机匣切开。

某压气机的后机匣选用了 $\phi 0.18$ mm 的钼丝进行切开,切口处去除材料很少,可以安排在半精加工阶段进行。

2. 对开机匣的铣削

纵向安装边结合面的铣加工分粗铣和精铣两道工序,粗铣后留 0.15～0.2 mm 余量,保证两半径差为 0.1 mm（最大）。纵向安装边背面的铣加工,主要是为了清理背面 R 处遗留的残余余量。

3. 纵向安装边的研磨

研磨是由游离的磨粒通过研具对零件进行微量切削的过程,在加工过程中,零件表面会发生复杂的物理和化学变化。研磨能达到很高的精度,表明粗糙度 Ra 可达 0.01 μm,能使两个零件的接触面达到精密配合。纵向安装边的研磨也可称为游离磨粒加工。

研磨过程分为粗研和精研。粗研时应保证平面度为 0.02 mm（最大）,表面粗糙度 Ra 为 1.60 μm;精研时应保证结合面的平面精度,着色检查沿轴向无间断,密接度不小于 90%。

4. 纵向安装边的刮削

刮削就是用刮刀在零件表面上刮去一层很薄的金属,这是精加工的一种方法。

刮削分为粗刮、细刮和精刮。当粗刮到每 25 mm×25 mm 分块内有 2～3 个研点时,粗刮结束;在整个刮削面上,当每 25 mm×25 mm 分块内有 12～15 个研点时,细刮结束;精刮时,

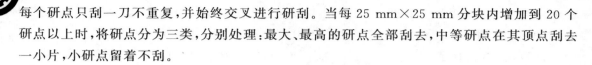

每个研点只刮一刀不重复,并始终交叉进行研刮。当每 25 mm×25 mm 分块内增加到 20 个研点以上时,将研点分为三类,分别处理:最大、最高的研点全部刮去,中等研点在其顶点刮去一小片,小研点留着不刮。

5.3.5 机匣上孔的加工

机匣上的孔包括横向安装边和纵向安装边上的孔、机匣壁上的径向孔、异形孔和安装座上的孔,等等。

常用的机匣上孔加工的工艺方法有钻孔、扩孔、铰孔和镗孔等。钻孔主要用于 IT11 级以下孔的加工,钻孔加工的表面粗糙,精度较低。扩孔能获得较好的精度和表面粗糙度,并能纠正钻孔时的偏差。扩孔时的加工余量是孔直径的 1/8 左右。铰孔为精加工工序,不能用铰孔的方法来纠正孔的位置偏差。铰孔也分为粗铰和细铰,粗铰余量为 0.15~0.35 mm,细铰余量为0.04~0.15 mm。镗孔主要用于单件和小批量生产中对尺寸和位置精度要求较高的孔的加工,并可纠正已钻孔位置的偏差。精镗孔时,尺寸可达 IT5~IT6,表面粗糙度 Ra 可达 0.2 μm,几何形状误差小于 0.005 mm。

1. 安装边上孔的加工

机匣安装边包括横向安装边和纵向安装边,其上有精密定位孔、螺栓连接孔和螺纹孔。

精密定位孔的加工工序是:钻孔→扩孔→粗铰→精铰。

螺栓连接孔的加工工序是:钻孔→扩孔。

螺纹孔的加工工序是:钻底孔→攻螺纹。

在小批量生产或试制时,一般用坐标镗床镗孔,或者在坐标镗床上用中心钻打点,在摇壁钻床上按打点的位置来钻孔。在批量生产时,可使用协同钻具加工。使用协同钻具加工的孔,可使各零件满足较高的装配要求,并具有互换性。同时生产效率高,成本低,在机匣安装边孔的加工中得到广泛应用。

图 5-33 为协同钻具示意图。用同一个标准钻模板可加工出两个工作钻模板,用工作钻模板可分别加工出两个相配工件的连接定位孔,这套钻具称为协同钻具。

2. 径向孔的加工

径向孔加工的重点是设计固定模板分度夹具。例如对于通气孔的加工,可选用固定模板分度夹具在摇臂钻床上加工通气孔,再根据孔的直径选择相应的麻花钻,通过钻孔来完成孔的加工。图 5-34 为通气孔加工的固定模板分度夹具。

3. 异形孔的数控激光切割

异形孔的加工可选用数控激光切割和数控铣削加工,等等。

某机匣有不同叶片截面形状的型孔及不同直径的圆孔,孔的孔径精度为 0.08 mm,孔型的轮廓度为 0.05 mm,采用数控激光打孔方法加工,设备选用美国生产的 Laserdyne 780 激光打孔机。

加工方向

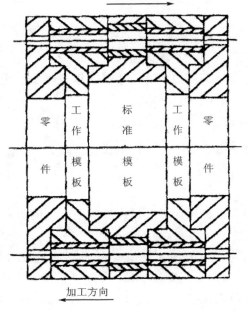

加工方向

图 5 - 33　协同钻具示意图

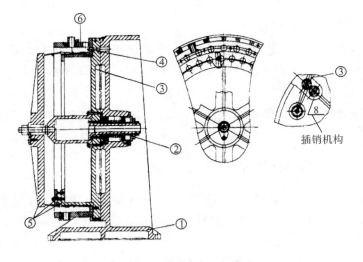

插销机构

图 5 - 34　固定模板分度夹具

5.4　机匣加工的热处理工艺及特种工艺

特种工艺指机匣内表面的封严涂层工艺和蜂窝封严工艺。

5.4.1　环形机匣的热处理工艺

1. 不锈钢机匣的热处理

马氏体不锈钢的热处理制度主要是淬火加回火。

奥氏体不锈钢的热处理制度为固溶。奥氏体不锈钢在固态下无同素异构转变,不能用相变热处理来强化,而只能用冷塑性变形来强化。

2. 钛合金类机匣的热处理

机匣用钛合金的热处理制度为退火。机匣用钛合金多为(α - β)两相组织,通过退火可提高合金的塑性和韧性,消除应力和稳定组织。退火的主要形式有消除应力退火、再结晶退火和双重退火。

消除应力退火的目的是消除机械加工及焊接过程中产生的内应力,加热温度一般低于合金的再结晶温度。

再结晶退火的目的是消除合金的加工硬化效应,恢复合金的塑性,并获得比较稳定的组织,加热温度一般高于合金的再结晶温度。

双重退火包括高温及低温两次退火处理,目的是使合金组织更接近平衡状态,以保证合金在高温和应力长期作用下的组织稳定性。某高压压气机前机匣材料为 TC14,毛坯采用等温锻,在毛坯状态下采用了双重退火热处理工艺,粗加工后进行了稳定化处理。

3. 高温合金类机匣的热处理

高温合金的热处理方式主要为固溶和时效。而根据其使用状态,高温合金又可分为固溶状态下使用高温合金、时效状态下使用高温合金和铸造状态下使用高温合金。固溶状态下使用高温合金指受温高而受力不大,主要要求高的热稳定性、抗氧化性、导热性和小的热膨胀系数,并不要求很高的热强度。时效状态下使用高温合金指合金的使用状态为固溶处理加时效处理。

5.4.2　机匣内表面的封严涂层工艺

机匣内表面的封严涂层常采用热喷涂工艺。其原理是利用某种热源将涂层材料加热、熔融或软化,并以高速气流将其雾化,使喷涂材料的熔滴以一定速度喷向经过预处理的工件表面,从而形成涂层的表面改性技术。

此类涂层属于可磨耗涂层。热喷涂工序如图 5 - 35 所示。

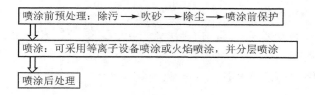

图 5 - 35　热喷涂工序图

5.4.3　机匣蜂窝加工工艺

1. 蜂窝结构

蜂窝结构在高温部件封严内广泛使用,其重量轻,比强度高,可磨蚀性好,不易脱落,并且允许转子和静子之间存在一定的摩擦。蜂窝的结构形式如图 5 - 36 所示,蜂窝材料一般选用高温合金 GH536,由 0.05 mm 或 0.1 mm 的条带经专用设备滚压成形,并采用激光点焊编织而成。

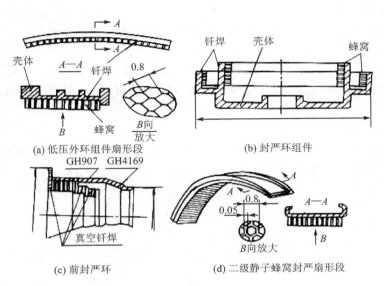

(a) 低压外环组件扇形段　　　　(b) 封严环组件

(c) 前封严环　　　　(d) 二级静子蜂窝封严扇形段

图 5 - 36　几种蜂窝封严结构

对于成形的蜂窝,其工艺主要包括蜂窝与基体的焊接和蜂窝内表面的加工。

2. 蜂窝与基体的焊接

蜂窝与基体采用真空钎焊技术进行焊接,而钎料的选择是其中的关键。钎料的耐高温能力有时会限制蜂窝的耐高温能力。

（1）焊　料

常用的钎焊材料有 BNi - 2、BNi - 4 和 BNi - 5。

（2）蜂窝钎焊工序

钎焊前准备:清理待焊零件,对于钎焊性不好的基体材料进行刷镀。

钎料的安置:把镍基粉末状钎料与黏结剂混合制成黏带,裁剪成合适的宽度贴在蜂窝的外壁上,并使钎料全部压入蜂窝芯格内。用这种方法安置钎料可使整个钎焊面内的钎料均匀一致,从而保证形成优良的钎缝,并且质量稳定。

蜂窝与基体装配定位:采用储能点焊定位的方法把蜂窝环点焊定位到基体上,如图 5 - 37 所示。

（3）组件的真空钎焊

装配好的零件放入刚性好且支承面平的支架上,然后根据钎料的种类和每炉零件的装载数量来确定钎焊的热循环曲线。

（4）蜂窝结构的检验

主要检验已焊面积。可采用目视检查、光学放大镜检查、毛细作用检查法检查和超声波检查等。毛细作用检查法即用表面张力小、易挥发而又不污染零件的有机溶液，如酒精等，将溶液注入被检查处，溶液靠毛细作用吸到未焊上的芯格内，从而确定未焊区域的大小。

3. 蜂窝内表面电加工

针对蜂窝结构的特点，其内表面采用电火花磨削和电解磨削加工工艺。

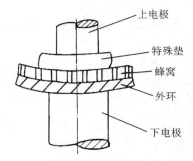

图 5 - 37　蜂窝点焊定位示意图

（1）电火花磨削

电火花磨削实际上是电火花加工的一种形式。加工时，工具电极和工件各自作回转运动。加工过程中，使工具电极与工件作相对回转运动，电极局部放电，工具径向进给，从而实现磨削方式的加工。

（2）蜂窝内表面的电解磨削

电解磨削是一种特殊形式的电解加工。电解磨削是金属阳极溶解作用与机械去除作用相复合的一种加工方法。其加工原理如图 5 - 38 所示。

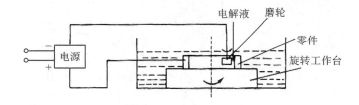

图 5 - 38　电解磨削加工原理图

工件与导电磨轮之间保持一定的接触压力，与磨轮表面凸出的磨料保持一定的电解间隙，并向间隙中供给电解液。当接通直流电源时，被加工蜂窝表面产生阳极溶解，金属原子变成离子，并形成阳极膜，其硬度比基体金属低，极易被高速旋转的磨轮刮除，使新的金属表面露出，继续产生阳极溶液，如此反复进行，从而达到加工的目的。

电解磨削的加工效率高，磨削硬质合金时与普通金刚石砂轮磨削相比，效率高 3～5 倍，与电火花磨削相比效率高很多；电解磨削的表面加工质量好，可提高加工精度。但其设备庞大，污染环境。

5.5　箱体机匣的加工工艺

5.5.1　箱体机匣加工工艺特点

1. 典型箱体机匣的加工工艺

附件机匣包括附件机匣盖、附件机匣壳体和附件机匣壳体组合件三部分。本例只介绍附件机匣的加工工艺路线，如图 5 - 39 所示。

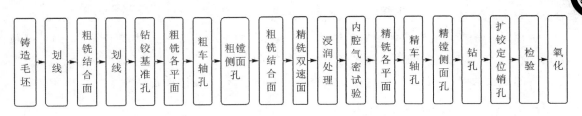

图 5-39　附件机匣加工工艺路线

2. 不同基准的选择

在箱体机匣的加工中,加工基准分为粗基准和精基准。

粗基准也称为初次定位基准,选择得恰当与否直接影响各表面的加工余量。一般选择非加工表面作为粗基准,并优先考虑采用一面两圆的定位方案。粗基准在全部工艺过程中只能使用一次。

精基准直接影响主要表面的加工精度,特别是位置精度,由于箱体机匣的形状复杂,因此并不过分强调基准重合原则,但加工过程中尽量基准统一。

在一般情况下,箱体机匣多采用一面两孔作为统一的定位基准。定位面可以是结合面或装配基准面,定位孔可以是两个大孔、一个大孔一个小孔,也可以是平面上的两个小孔。

壳体划线工艺:箱体机匣壳体毛坯的精度较低,毛坯的粗基准一般都不能直接作为零件在夹具上的定位基准。零件在机床上的安装通常采用划线找正法,通过找正标线,间接体现粗基准的定位作用。划线一般分两道工序进行,第一道工序划出平行于基准的找正标线;第二道工序划出确定角向和中心位置的两条中心线。

3. 辅助工序的安排

(1) 表面处理

镁合金的氧化处理:可以重复进行。一般安排在壳体工艺过程的最后,也可安排在钳工装配之前。

铝合金的阳极化:一般仅安排在工艺过程的最后。

涂漆工序:一般安排在氧化工序之后,或者工艺过程的最后进行。

(2) 机匣壳体的密封试验

机匣内腔的气密试验:为了尽早发现铸造缺陷,气密试验安排在粗加工之后进行。

机匣内腔的油压试验:油压试验实际上是对壳体密封性能的复检,一般情况下,安排在组合件工艺过程的机械加工之后进行。

机匣油路的密封试验:该试验的目的是检查高压油下壳体的油路壁、油路堵头、轴承衬套与壳体结合处的密封性。一般安排在机匣壳体组件工艺过程的机械加工之前进行。

(3) 重量检验

对于附件机匣,机匣壳体和组合件的重量是分别给出的,重量检验一般安排在工艺过程的最后,在表面处理之前进行,以便超重时打磨表面。

4. 数控机床在箱体机匣加工中的应用

箱体机匣选用通用设备加工,工艺路线长,工序比较分散,加工误差叠加,精度难以保证,需要大量工艺装备,因此生产效率低,试制周期长。

选用"加工中心"或数控精密坐标镗床加工箱体机匣的生产效率高,加工精度高,缩短试制周期。在数控机床上进行加工,必须将粗加工与精加工分开。

有的细长油路孔、小孔等不适宜在数控机床上加工,仍由普通设备完成。

5.5.2 机匣壳体孔的加工

1. 孔系的加工

一系列有相互位置精度要求的孔称为孔系。箱体机匣壳体的孔系指轴承支承孔和附件安装孔。这些孔不仅尺寸精度高,其孔距精度与相互位置度也较高,是机匣壳体加工的关键。

孔系的粗加工在车床或一般精度的镗床上进行。精加工时选用坐标镗床,采用坐标法和掉头镗方法加工。由于坐标镗床有精确的坐标测量系统,其坐标位移定位精度可达 0.002~0.008 mm,所以一次装夹在坐标镗床上加工的孔系,其位置度一般不检查,而由机床的精度和操作工人来保证。

2. 机匣壳体定位销孔的加工

机匣壳体的定位销孔通常采用两种加工方法:

(1) 在坐标镗床上加工

一般常和轴承支承孔、附件安装孔安排在一道工序进行。

(2) 在摇臂钻床上用"协同钻具"加工

孔的位置度由钻具保证,不再检查零件,设计要求的位置度在设计钻具时保证。这种加工方法可以保证装配精度和互换性。

3. 油路孔的加工

油路孔一般在摇臂钻床上用专用钻具加工。对于直径较小、长度较短,特别是对 $\phi(0.5\sim0.8)$ mm 的很小的孔,一般用手电钻借助于安装在零件上的小型钻具加工,如图 5-40 所示。

钻孔工序一般在细加工阶段进行。对于多个油孔相交的油路孔的加工,还应注意各孔的加工顺序。如果在斜面上直接钻孔,特别当孔的轴线与斜面的夹角较小时,应在钻孔前先用带端刃的镗刀在斜面镗出一个小平面,然后再钻孔。

为了保证孔的位置精度和提高刀具的使用寿命,常使用扩孔钻、铰刀和镗刀,一般采用后引导形式。

4. 螺纹孔的加工

在机匣壳体的结合面上和附件安装面上,分布有大量用于安装螺桩的螺纹孔,这些螺纹孔不仅有位置度要求,对相应的端面还有较高的垂直度要求。这类螺纹孔的加工通常分为钻孔和攻螺纹两道工序。

(1) 钻 孔

螺纹孔的螺纹底径是在摇臂钻床上用专用钻具加工的,由钻具来保证孔的位置度要求。

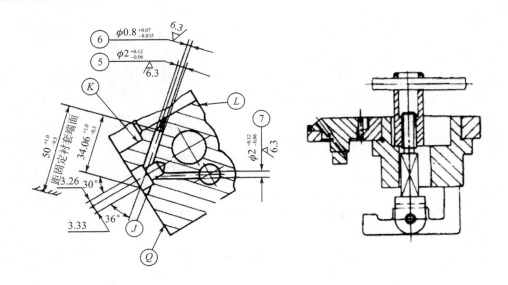

图 5-40　箱体机匣上的典型小孔及小孔钻具

（2）螺纹孔的加工

用带后引导的专用丝锥，借助于专用钻具（攻丝模板）手工攻丝完成螺纹孔的加工。

攻丝时，模板放在零件表面上，丝锥用模板上的导套引导，通过移动模板与螺纹底孔对正后攻丝。这种方法可以保证螺纹的垂直度要求，操作方便、灵活。为了减少工装的数量，可以将几种不同规格螺纹的丝锥导套设计在一个模板上，如图 5-41 所示。

5. 安装螺套和钢丝螺套

（1）螺　套

螺套是一种内孔和外圆都有螺纹的衬套，螺套的外螺纹与壳体的内螺纹为过盈配合，内孔为标准的公制螺纹。为了提高螺纹的连接强度和耐拆卸的需要，通常在壳体的螺纹孔中安装螺套或钢丝螺套，螺栓通过与丝套的内螺纹连接来固定零件。

螺套需用专用扳手分组安装，并用止动销锁紧。

（2）钢丝螺套

钢丝螺套是用菱形截面的钢丝绕制而成的一种螺套，形如弹簧，如图 5-42 所示，旋入特制的螺纹孔中，

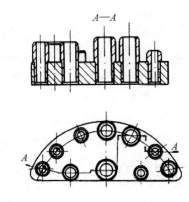

图 5-41　攻丝模板

丝套的外表面靠弹力贴合在螺纹孔中，其内表面形成一个标准的内螺纹。

钢丝螺套是一种新型结构的螺套，在箱体机匣中大量采用。

在钢丝螺套旋入基体前，应涂少量不干性密封胶，在旋入钢丝螺套时应正确使用专用工具，不应施加轴向力，以免钢丝套出现跳扣现象。可使用简单扳手安装，也可使用套筒扳手安装。安装好后，应按要求进行检验。钢丝螺套安装后，若检查不合格应将其取出重新安装。取出的钢丝螺套不允许再用；拆除钢丝螺套后，经检查合格的螺纹孔，允许重新安装钢丝螺套。

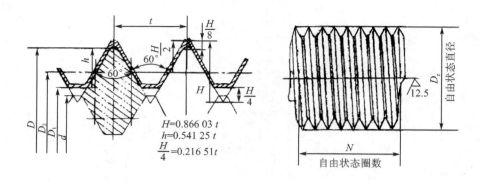

$$H = 0.866\,03\,t$$
$$h = 0.541\,25\,t$$
$$\frac{H}{4} = 0.216\,51t$$

图 5 – 42　螺纹孔及钢丝螺套简图

5.6　机匣的检测

5.6.1　环形机匣的检测

环形机匣的检测包括无损检测和尺寸及形位公差的检测。

1. 无损检测

（1）表面检测

表面检测包括：

① 磁粉探伤：用于检查铁磁性材料机匣壳体表面或近表面的发纹和裂纹等缺陷。

② 荧光检测：用于检查非磁性机匣表面的裂纹、折叠和冷隔等缺陷。

③ 着色检测：用于检查机匣安装边的密接度，一般安排在安装边精加工之后进行。

（2）内部检测

1）X 光探伤

用于检查机匣内表面和内部的缺陷。主要用于检查铸造机匣内部的疏松、夹渣、气泡和裂纹等缺陷，以及焊接结构机匣焊缝处的气孔、未焊透、夹渣和裂纹等缺陷。

2）超声波探伤

用于检查锻件机匣的裂纹、白点、疏松及夹渣，以及铸件机匣的砂眼、气孔、缩孔、裂纹、疏松和夹渣等。

2. 环形机匣形位公差检测

（1）环形机匣主要形位公差要求及测量方法

环形机匣主要形位公差要求及测量方法如表 5 – 1 所列。

表 5-1　环形机匣主要形位公差要求及测量方法

形位公差要求	图　示	检测方法
端面孔位置度	⊕ φ0.03 A B	1. 协同钻具加工的孔由钻具保证; 2. 用精密圆盘检测或三坐标测量机检测
径向跳动、端面跳动	⟋ 0.05 A ⟋ 0.05 A	在机床上保证
端面平面度	▱ 0.03	1. 平面度要求大于或等于 0.03 mm,在平板上用塞尺检测; 2. 平面度小于 0.03 mm,在平板上采用着色检测

（2）环形机匣常用量具

测量壁厚尺寸:壁厚卡尺和壁厚卡钳,如图 5-43 所示。

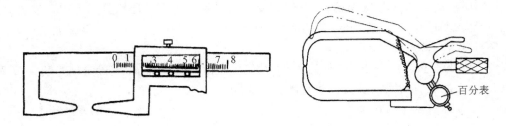

图 5-43　测量壁厚量具

测量深度尺寸:深度量具与标准件,如图 5-44 所示。

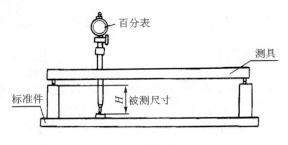

图 5-44　测量深度量具

测量内径与外径：内、外径测具与标准件，如图 5-45 所示。

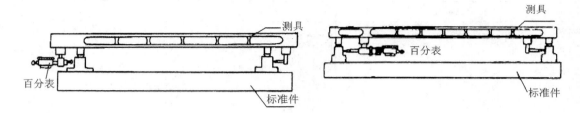

图 5-45　内、外径测具

（3）三坐标测量机

目前，环形机匣各形位公差和线性尺寸的检测均可采用三坐标测量机检测。但由于其效率低，因此适合新机研制或试制阶段的机匣检测。

5.6.2　箱体机匣的检测

1. 各种孔的位置度检测

（1）轴承支承孔的检测

轴承支承孔的检测分为三种：

第一种为定期送检零件。这类孔在数控机床或加工中心上一次定位，各孔的位置度由机床的精度和工人操作来保证，位置误差定期送计量部门检查。

第二种普通的不是靠一次定位加工的孔，要设计专用测具检测。

第三种在孔加工前需找正有关表面，位置度由工艺来保证。

（2）定位销孔的检测

用"协同钻具"加工的定位销孔，其位置度由钻具保证。用普通钻具加工的定位销孔，由合格的钻具来保证，但每批加工的首件产品应送计量部门检验，合格后方可继续加工。

（3）其他孔的检测

位置度小于 $\phi0.2$ mm 的孔，如螺桩孔，具位置度由钻具来保证，零件定期送检。位置度大于 $\phi0.2$ mm 的孔，如油路孔，其位置度由钻具来保证，但不检查零件。

2. 三坐标测量机的应用

三坐标测量机的检测精度和工作效率都很高，是机匣壳体检测的理想设备，克服了传统检测方法效率低的弊端，尤其是在新产品调试阶段。同时，数控加工中心只有与三坐标测量机配套使用，才能真正发挥它的优越性。

由于三坐标测量机的灵敏度很高，为了保证检测的精度，壳体的检测基准面应有较高的几何精度和表面质量。

3. 箱体机匣的液压试验

箱体机匣的液压试验指机匣壳体的油路液压试验和内腔液压试验，其目的是检查油路和内腔的密封性能，一般安排两道工序进行。

液压试验是在专用试验器上，用专用夹具进行的，试验时要预先排出腔中和油路中的空气，以确保滑油完全充满内腔和油路。内腔液压试验与油路液压试验类似。

某油路液压试验如图 5 - 46 所示。试验时先堵住孔①和孔②,经孔③和孔④注入 HP - 8A 滑油或变压器油,K 处和两条油路不准泄漏。试验时压力为 0.5MPa,温度为 60～70 ℃,持续 8 min。

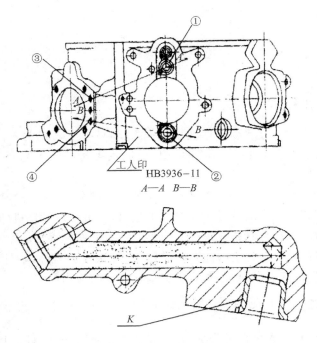

工人印
HB3936—11
A—A　B—B

图 5 - 46　油路液压试验工序简图

4. 油路的冲洗

为了保证箱体机匣中齿轮和轴承正常工作,通常在机匣壳体上设计了极为复杂的润滑油路。冲洗油路是清除油路中金属屑和其他污物,以保证润滑系统正常工作的重要工艺措施,在机匣壳体的加工工艺过程中占有重要位置。

冲洗油路在专用试验器上进行。冲洗油路一般不少于两次。第一次在封闭油路之前,即安装油路堵头、轴承衬套之前;第二次安排在全部机械加工之后,以排除加工过程中进入油路的金属屑和污物。

习　题

1. 分析环形机匣为什么采用不同的成形工艺?
2. 静子件蜂窝结构有何特点?简述其成形和机械加工工艺。
3. 简述对开机匣的机械加工工艺。

第6章 装配工艺

6.1 概 述

6.1.1 基本概念

按照规定的技术标准、技术要求以及工艺程序,将航空发动机的零件进行配合和连接,使之成为部件或整机后再对其进行调试和检测,最后成为产品的工艺过程称为航空发动机的装配。

在航空发动机制造工艺中,装配工艺是重要的组成部分,也是一个独立的生产阶段。在这一阶段,通过装配过程完成了对零件加工阶段的检验,并最终对发动机的质量提供了保证。

本章介绍的涡喷、涡扇发动机装配工艺是具有理论和实际根据的方法,这些方法能够使零件的配合和相对位置正确,并保证各组件、部件以及各系统的零件、附件和发动机整机具有规定的配合精度和可靠的连接,使产品最终符合设计规定的使用功能。

6.1.2 装配工艺内容

装配工艺过程首先要提出技术要求,并根据技术要求将零、部件连接到一起,然后通过调配、检验等工作保证装配产品的质量。装配的工艺过程主要有工艺技术准备以及零、部件的外部处理、连接、调配和平衡等内容[109]。

1. 工艺技术准备

发动机装配生产前要进行大量的技术准备工作,以缩短生产准备周期,保证装配质量,提高经济效益。

工艺技术准备的主要工作包括确定装配工艺方案等工艺技术文件,制订质量计划;选配、设计制造工艺装备;选用辅助材料,等等。

2. 零、部件的外部处理

零、部件在加工过程中或完毕后表面存在残留物,必须对其表面的锈蚀、油迹等残存物进行处理,这就构成了零、部件的除锈、清洗和封存工艺。

(1)除 锈

锈蚀指金属受周围介质的电化学作用或化学作用发生的腐蚀现象,按介质不同,可分为大气腐蚀、地下腐蚀、海水腐蚀和细菌腐蚀等腐蚀现象。如果发生腐蚀,应对零、部件表面除锈。除锈一般使用化学除锈法和机械除锈法。

(2)清 洗

零、部件在完成机械加工、除锈,或者在装配前对已经油封的零件启封时必须进行清洗。清洗工艺涉及清洗液、洗涤方法和专用设备。常用的清洗液有航空煤油、清洗汽油、碱液和化学清洗剂,常用的清洗方法有擦洗、浸洗、喷洗、超声波清洗及综合清洗,在清洗过程中对有些零、部件需使用专门的设备进行清洗。

（3）封　存

零、部件在等待装配前以及入库前必须进行封存，以隔离大气与零、部件的接触面，防止锈蚀。封存前要进行专门的洗涤和干燥处理。封存主要使用各种油封油以及专用的纸张和塑料薄膜等进行。

3．连　接

装配过程中出现的连接一般有可拆卸式连接和不可拆卸式连接。

零、部件采用可拆卸式连接时不损坏零、部件，可以多次装配。常见的有螺纹连接、键连接、销连接等形式，此外还有过盈配合连接等形式，其中过盈配合连接多用于孔、轴的配合。过盈配合连接的方法有压入配合法和热胀配合法等，在发动机的装配中常用热胀配合法。

不可拆卸式连接在拆卸时要损坏某些零件。常见的不可拆卸式连接有焊接、铆接、胶接等形式。

4．调　配

为了保证装配精度，装配过程中通常要进行零件的选配、校正和修配等工作。

对批量产品，在装配之前需要进行选配，以保证零件组装的尺寸要求。通常有成对选配、按尺寸分组选配和按重量选配等。

装配中还需要进行校正，即对相关零、部件的相互位置进行找正、找平等。

装配中还要进行相关零、部件相对位置的调整工作。

为了保证组件、部件、整机的正确位置及配合特性的技术要求，可以采用不同的修配工序进行修配。常用的修配方法有打磨、锉（打）光、刮研、研磨、抛光、校正弯曲、补修、车磨工序、钻镗孔、铰孔、攻丝等。通常修配是结合选配、找正等项工作进行的。

5．平　衡

航空发动机转子的转速很高，为了防止发动机在工作过程中振动过大，需要对转子零件或部件进行静平衡，并对完成装配后的转动部件进行动平衡。

6.1.3　装配工艺特点

装配工作在整个航空发动机的产品制造过程中占有重要的地位，因此航空发动机的装配工艺具有明显的特点，这些特点表现在产品质量、工作量和装配周期等方面。

（1）产品质量

装配工艺在两个方面直接影响发动机产品的质量。一是在发动机的装配过程中，装配工艺及其装配过程验证了参与装配的零、部件和附件产品的质量；二是装配好的发动机整机的性能、寿命和工作可靠性等指标直接受到装配工艺过程的影响。

（2）工作量

由于航空发动机的结构复杂，大部分装配过程不可能实现自动化，因此装配过程中的劳动量大。通常在定型后的批量生产中，航空发动机装配的平均工作量约占发动机制造工作量的20 ％～30 ％。

（3）装配周期

航空发动机具有结构复杂、参加装配人员多、工艺环节多等特点，同时航空发动机的装配自动化程度低,并且需要安排多项检验环节,使得航空发动机的装配周期成为机械类产品中周期最长的产品之一。

6.1.4 装配组织形式

在发动机装配车间的装配活动中,有固定式、集中式、移动式和分散式装配等组织形式。

1. 特 点

装配活动的一般组织形式可以详细划分为固定集中、固定分散、编组、固定流水、工序移动、节拍周期移动、定速连续移动等形式。各种形式都有其工艺特点和适用范围。

(1)固定集中

被装配的发动机从零件到整机的全过程由一个装配组在固定的工作地完成。装配时选用通用工具、量具、专用工装、设备和工作台。这种形式适用于验证机研制阶段、原型机试制阶段,以及单件或小批量生产、单元体或组合件的特殊订货、调整工作量多的情况;具有要求工人技术水平高、生产辅助面积大、周期长、生产效率低、质量不稳定的特点。

(2)固定分散

发动机组合件、部件、单元体及总装配分别由几个小组在几个固定装配地完成。各工作地及工作台位设有专用工装或高效的机械工装、专用车、专用架等设备。这种形式适用于定型批量生产发动机;具有装配工人密度高、生产效率高、周期短、工人装配技术熟练、装配质量稳定的特点。

(3)编 组

被装配的发动机从零件到整机的全过程由一个流动的小组在设置成流水线形式的固定工作台位上完成,因此又称为固定流水线装配。这种形式适用于批量生产;具有装配工人技术水平中等、装配质量稳定、生产效率高、周期短等特点。

(4)固定流水

装配对象在装配车、架上,每一个小组完成一定的工序后,人工依次移动装配架到下一个固定工作台位上完成装配,因此又称为人工流水移动装配。这种形式适用于批量生产的、节奏均匀的流水形式;具有生产效率高、周期短、工装设备费用高的特点。

(5)工序移动

在详尽的装配工序指导下,每一个小组完成一定的工序后,被装配的对象经传送工具按照自由节拍,由运输工具从一个工作地送到下一个工作地继续装配,装配中使用较多的专用工装。这种形式适用于大批量生产;具有划分详细、易于掌握、工人技术水平要求不高、生产效率高、周期短、工装设备费用高的特点。

(6)节拍周期移动

装配工序详细,每一个小组完成一定的按照节拍进行的工序,被装配的对象经传送工具按照节拍,由运输工具从一个工作地周期性地送到下一个工作地继续装配,装配中专用的工装多。这种形式适用于批量生产;具有工人易于掌握装配技术、技术水平要求不高、连续生产效率高、工装设备制造维护费用高的特点。

(7)定速连续移动

每一个人员完成一定的工序,被装配的对象经机械传送带以一定速度往下传送,每一道工序须在一定时间内完成。这种形式适用于成批大量生产;具有工人只需一定技术水平、连续生产效率高、装配质量稳定、工装设备维护费用高的特点。

2. 组织形式的确定

根据发动机生产数量、装配车间的性质,考虑到装配车间的适用性,研制和试制发动机时通常选择固定集中装配形式或分散装配形式。对于批量生产性质的发动机,按照生产数量的大小可以选择固定分散装配形式、编组装配形式、固定流水装配形式或节拍周期移动装配形式。

3. 装配周期

不同的装配组织形式,其装配时间的计算方法也有所区别,可以分为以下几种类型[110]。

(1) 固定集中装配

装配一台发动机的总时间为各部件的装配时间与总装配时间之和,表达式为

$$T_c = \frac{t_1}{B_1} + \frac{t_2}{B_2} + \cdots + \frac{t_n}{B_n} + \frac{t_0}{B_0} \tag{6-1}$$

或表示为

$$T_c = \sum T_p + \sum T_0 \tag{6-2}$$

式中:T_c——发动机装配的总工时(时/台);

$t_1, \cdots, t_n$——各部件装配的劳动量(人·时/件);

$B_1, \cdots, B_n$——各部件装配的人数;

t_0——发动机总装配的劳动量(人·时/台);

B_0——从事总装配的人数;

T_p——部件的装配时间(时/件);

T_0——发动机的总装配时间(时/台)。

(2) 固定分散装配

装配一台发动机的总时间为部件装配的最长时间与总装配时间之和,表达式为

$$T_c = \frac{t_{max}}{B} + \frac{t_0}{B_0} \tag{6-3}$$

或表示为

$$T_c = T_{max} + T_0 \tag{6-4}$$

式中:t_{max}——最大的部件装配劳动量(人·时/件);

B——从事部件装配的人数;

t_0——发动机总装配的劳动量(人·时/台);

B_0——从事总装配的人数;

T_{max}——部件装配的最长时间(时/件)。

(3) 流水装配

装配流水线完成每一道工序的时间都相同,该时间就是装配流水线的节拍,表达式为

$$T_M = \frac{24 T_k y}{M} \tag{6-5}$$

式中:T_M——装配节拍(小时);

T_k——某一时刻的工时总额(小时);

M——某时期中规定的产量(台/天);

y——工时总额利用系数。

6.2　装配方法

航空发动机的装配方法是由生产批量和生产条件,发动机产品的结构特征,发动机组件、部件、单元体的装配精度,并兼顾零件制造经济精度等因素决定的。

6.2.1　装配尺寸链

装配尺寸链研究机械产品中各零件尺寸之间的相互关系,分析影响装配精度与技术要求的各种因素,决定各有关零部件尺寸和位置的适宜公差,从而找到保证产品达到设计精度要求的经济合理的方法。因此,在选择装配方法时,就需要应用装配尺寸链的基本理论,建立相应的尺寸链,经过计算和分析,选择合理的装配工艺方法,并确定这些零件设计尺寸的加工精度。

1. 基本术语

(1) 尺寸链

在机械设计和装配过程中,由相互连接并按一定顺序排列的尺寸(长度、角度)所构成的尺寸组称为尺寸链。

尺寸链的基本特征在于相关的全部尺寸依次连接构成封闭形状,构成封闭形状中的任一独立尺寸的偏差都将影响装配精度。

(2) 尺寸链图

按照装配图尺寸链中的标量尺寸(可以不考虑具体结构和实际的大小)绘出形成封闭外形的尺寸线图形,就成为尺寸链图。使用矢量尺寸线表示尺寸链的封闭图形就成为尺寸链矢量图。

(3) 尺寸链的环

列入同一尺寸链中的每个尺寸都称为尺寸链的环,一个尺寸链必须有 3 个以上的环。在尺寸链中起连接作用,并积累了各组成环误差的环称为封闭环,除封闭环之外的环称为组成环。在全部组成环中,因某个组成环尺寸增大(或减小)导致封闭环尺寸增大(或减小),这个组成环称为增(减)环。在尺寸链中选定某个组成环,通过改变其尺寸大小或位置而使封闭环尺寸达到要求的环称为补偿环。

2. 应用形式

在装配的工艺过程中,大量的工艺活动都直接与尺寸链发生关系,并用几何关系的矢量图表示。各种尺寸链可以按照尺寸链的几何特征、应用场合和位置关系分成三种常用形式。

(1) 尺寸链的几何特征

当全部组成环平行于封闭环时称为长度尺寸链。当全部组成环是角度尺寸并构成尺寸链时称为角度尺寸链。

长度环用大写拉丁字母表示,角度环用小写希腊字母表示。在字母后加上阿拉伯数字的下脚标,分别表示各组成环的相应序号,而数字"0"则表示封闭环。

(2) 尺寸链的应用场合

装配图中各零件的尺寸构成了装配尺寸链,而装配尺寸链和零件尺寸链统称为设计尺寸链。为了保证设计尺寸,标注在工艺图样上的工序尺寸、定位尺寸及基准尺寸构成了工艺尺寸链。在设计尺寸链中,全部组成环由同一零件的设计尺寸构成。而在装配尺寸链中,全部组成环由不同零件的设计尺寸构成。

（3）尺寸链的位置关系

按照环的相互位置，可以将尺寸链分为直线尺寸链、平面尺寸链和空间尺寸链。

直线尺寸链是全部组成环平行于封闭环的尺寸链。平面尺寸链是全部组成环位于一个或几个平行平面内，但构成平面矢量多边形的某些组成环不平行于封闭环。空间尺寸链是全部组成环位于几个不平行平面内，并且构成空间矢量多边形。

3. 分析方法

建立装配尺寸链就是在完整的装配图或示意图上，对零件的尺寸及所构成的尺寸链进行分析和计算，并根据相应的技术规范或装配精度形成尺寸链[111]。

（1）分析步骤

在分析装配尺寸链时，首先确定封闭环。封闭环是在装配过程中最后自然形成的、由装配精度所要求的那个尺寸，而这个精度要求通常用封闭环的极限尺寸或极限偏差来表示。其次查明组成环对封闭环有影响的那些尺寸，在确定封闭环之后，先从封闭环的一端开始，依次找出影响封闭环变动的相互连接的各个尺寸，直到最后一个尺寸与封闭环的另一端连接为止，在这之间的每一个尺寸都是一个组成环，它们与封闭环连接形成一个封闭的尺寸组，即尺寸链。最后按确定的封闭环和查明的组成环，用符号将它们标注在示意装配图上或示意零件图上，或者将封闭环和各个组成环相互连接的关系单独用简图表示出来，构成尺寸链几何图，如图 6-1 所示。

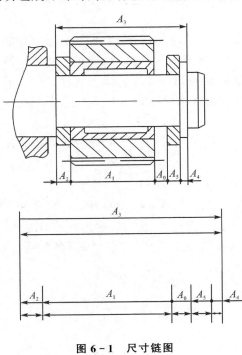

图 6-1　尺寸链图

作尺寸链几何图时，可用矢量线段表示尺寸链各环，线段一端的箭头仅表示组成环的方向。与封闭环线段箭头方向一致的组成环为增环，与封闭环线段箭头方向相反的组成环为减环。

建立尺寸链应遵循装配尺寸链组成的最短路线（环数最少）原则。对于某一封闭环，若存在多个尺寸链，则应选取组成环环数最少的那一个尺寸链。因为在封闭环精度要求一定的条件下，尺寸链中组成环的环数越少，对组成环的精度要求就越低，从而可降低产品的成本。

（2）形位公差环的特点

形位公差环可以看成是基本尺寸为零的尺寸环。若形位公差的上、下偏差对称分布，则尺寸链的环对封闭环的影响是相同的，而不必判定该环是增环还是减环。但对于只允许单项偏差的环，就必须判定该环是增环还是减环，并限制出现另一方向的偏差。

（3）配合间隙环的特点

配合间隙环也可以看成是基本尺寸为零的尺寸环。它是由轴和孔的直径组成的封闭环，该环通过使轴线产生偏移而又成为另一尺寸链的组成环。当配合间隙环受作用力影响，轴线在孔内产生正、负值相同的上、下偏差时,可以不必判定该环是增环还是减环。

(4) 角度尺寸链组成环性质的判定

可以直接在角度尺寸链的平面图中,根据角度环的增加或减小来判定对封闭环的影响。也可以使用公共角顶法把角度尺寸链的各环画成具有公共角顶形式的尺寸链图,再对其判定是增环还是减环。由于角度尺寸链一般都具有垂直度环,而垂直度环都具有角顶,因此常以垂直度环的角顶作为公共角顶。

平行度环也可看成角度很小的环,并约定以公共角顶作为平行度环的角顶。也可以将尺寸链中的垂直度都转化为平行度,画出平行度关系的尺寸链图来进行判定。

4. 计算方法

尺寸链的计算过程包括分析和确定封闭环和组成环的基本尺寸、公差及极限偏差之间的关系。组成环的基本尺寸是设计给定的尺寸,通常都是已知量,通过尺寸链分析计算,主要是校核各组成环的基本尺寸是否有误。对组成环的公差与极限偏差,在通常情况下可直接给出经济可行的数值,但需应用尺寸链的分析计算方法来审核所给数值能否满足封闭环的技术要求,从而确定达到封闭环技术要求的工艺方法。

因此,尺寸链计算可分为三种形式。第一种是在产品设计校验工作时,已知各组成环的基本尺寸、公差及极限偏差,求封闭环的基本尺寸、公差及极限偏差;第二种是在产品设计情况下,已知封闭环的基本尺寸、公差及极限偏差,求各组成环的基本尺寸、公差及极限偏差;第三种是在应用工艺尺寸链解决实际问题时,已知封闭环及部分组成环的基本尺寸、公差及极限偏差,求各组成环的基本尺寸、公差及极限偏差。

尺寸链的计算就是计算各环之间的尺寸关系,一般使用极值法。当进行装配工艺设计及大批量生产时可以使用统计法[112]。

(1) **极值法**

当用极值法计算尺寸链时,应以保证完全互换为基本条件,而不考虑各环实际尺寸分布特性的影响。通常由各组成环的极限尺寸计算出封闭环的极限尺寸,再求得封闭环的公差。

在计算尺寸链之前,首先确认封闭环的基本尺寸。封闭环的基本尺寸与各组成环的关系式为

$$A_0 = \sum_{i=1}^{n} \overrightarrow{A}_i - \sum_{j=n+1}^{m-1} \overleftarrow{A}_j \tag{6-6}$$

式中:A_0——封闭环的基本尺寸;

A_i——组成环中增环的尺寸;

A_j——组成环中减环的尺寸;

n——增环环数;

$m-1$——组成环环数。

1) 极限尺寸计算

计算公式为

$$(A_0)_{max} = \sum_{i=1}^{n} (\overrightarrow{A}_i)_{max} - \sum_{j=n+1}^{m-1} (\overleftarrow{A}_j)_{min} \tag{6-7}$$

$$(A_0)_{min} = \sum_{i=1}^{n} (\overrightarrow{A}_i)_{min} - \sum_{j=n+1}^{m-1} (\overleftarrow{A}_j)_{max} \tag{6-8}$$

2）封闭环偏差的计算

计算公式为

$$ES(A_0) = \sum_{i=1}^{n} ES(\overrightarrow{A_i}) - \sum_{j=n+1}^{m-1} EI(\overleftarrow{A_j}) \qquad (6-9)$$

$$EI(A_0) = \sum_{i=1}^{n} EI(\overrightarrow{A_i}) - \sum_{j=n+1}^{m-1} ES(\overleftarrow{A_j}) \qquad (6-10)$$

式中：ES、EI——上偏差、下偏差。

封闭环的上偏差等于所有增环上偏差之和减去所有减环下偏差之和。封闭环的下偏差等于所有增环下偏差之和减去所有减环上偏差之和。

3）公差的计算

计算公式为

$$T(A_0) = \sum_{i=1}^{n} T(\overrightarrow{A_i}) - \sum_{j=n+1}^{m-1} T(\overleftarrow{A_j}) = \sum_{k=1}^{m-1} T(A_k) \qquad (6-11)$$

或

$$\Delta(A_0) = \sum_{i=1}^{n} \Delta(A_i) + \sum_{j=n+1}^{m-1} \Delta(A_j) = \sum_{k=1}^{m-1} \Delta(A_k) \qquad (6-12)$$

式中：$T(A_0)$、$\Delta(A_0)$——封闭环的公差值、封闭环的实际误差量；

$T(A_k)$、$\Delta(A_k)$——组成环的公差值、组成环的实际误差量。

（2）统计法

以统计的方法分析各尺寸之间的关系更接近实际，因此可以使用统计的方法计算尺寸链封闭环的公差，当每一组成环的公差都按各自均方差的相同倍数取值时，其计算公式为

$$T_0 = \sqrt{\sum_{i=1}^{m-1} T_i^2} \qquad (6-13)$$

式中：T_0、T_i——封闭环和组成环的公差。

式（6-13）表明，封闭环的公差等于各组成环公差的平方和的开方。由于统计法中不能使用极值法来计算极限尺寸和上、下偏差，因此需要引用平均尺寸的计算方法。

平均尺寸法是将各环尺寸化为对称公差分布的形式。对公称尺寸取平均尺寸后有

$$A_{EI}^{ES} = \overline{A} \pm \frac{1}{2} T \qquad (6-14)$$

式中：$\overline{A} = A + \frac{1}{2}(ES+EI)$；

$T = ES - EI$。

因此封闭环的平均尺寸为

$$\overline{A_0} = \sum_{i=1}^{n} \overrightarrow{A_i} - \sum_{j=n+1}^{m-1} \overleftarrow{A_j} \qquad (6-15)$$

而当封闭环公差 A_0 为封闭环平均尺寸时，A_0 用统计法的计算公式可以写为

$$A_0 = \overline{A_0} \pm \frac{1}{2} T(A_0) \qquad (6-16)$$

在尺寸链的计算过程中，常会遇到正计算、反计算及中间计算三种形式。正计算是已知各组成环的基本尺寸、公差和极限偏差，求封闭环的基本尺寸、公差和极限偏差。反计算是已知封闭环的基本尺寸、公差和极限偏差，求各组成环的基本尺寸、公差和极限偏差。由于组成环

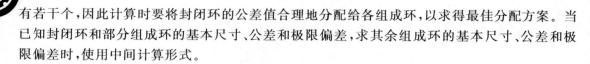

有若干个,因此计算时要将封闭环的公差值合理地分配给各组成环,以求得最佳分配方案。当已知封闭环和部分组成环的基本尺寸、公差和极限偏差,求其余组成环的基本尺寸、公差和极限偏差时,使用中间计算形式。

6.2.2 装配精度

设计技术条件、装配图样中的技术要求就是发动机的装配精度。为了保证零、部件的使用特性,调节系统的稳定性和整机的性能等,正确实施对装配的精度要求是发动机装配过程中的重要环节。

装配精度是装配时实际达到的精度,它既影响整机的质量,又影响整机零件制造的经济性,是确定制造装配工艺措施的一个重要依据。在选择装配方法、工装量具、设备、仪器、检测方法时必须综合考虑装配精度。

发动机装配精度分为相对运动精度、相对位置精度、形状精度、配合精度、参数精度和平衡精度等种类。

相对运动精度指两个或两个以上零件装配后具有保证相对运动的技术要求。

相对位置精度指零件、组件装配后的相互位置技术要求(距离精度、平行度、垂直度、同轴度)。

形状精度指两个零件装配后的配合面及连接表面规定的接触面积的大小和接触点分布的技术要求,它主要影响这些面的变形及泄漏。

配合精度指两个零件装配后的配合面及连接表面之间规定的配合间隙和过盈技术要求,它影响这些面的配合性质和质量。

参数精度指在影响发动机性能以及各系统正常工作时对某些零件、组件规定的流量、分布、转速、时间、面积、质量和尺寸等的技术要求。

平衡精度指对高转速、大质量的零件、组件以及部件规定的许用不平衡量和许用重心偏移量的技术要求。

6.2.3 装配种类

装配的主要目的是将各个单独的零件连接成一个产品整体,使之符合预先规定的尺寸、形状和位置精度。产品在装配之后,装配参数的总误差有可能大于、等于或小于技术条件或图纸中规定的装配公差。为了保证产品的装配精度,就要选择合适的装配工艺方法,使装配总误差小于或等于规定的装配公差。

装配方法是建立在装配尺寸链基础上的,按照产品设计要求、结构特征、公差大小和生产条件,计算尺寸链公差时可以采用的方法有完全互换法、不完全互换法、选择装配法、调整装配法和修配法等。计算尺寸链公差时除了不完全互换法采用统计法外,其余几种方法都要采用极值法。

1. 完全互换法

零、部件按图样公差加工检验合格后,装配时不再经任何挑选和修整就能保证装配对象达到规定精度和技术要求的方法称为完全互换法。

完全互换法适用于成批生产,利于组织流水生产和厂际间的协作生产;适合尺寸链较短的零、组件装配;装配工作过程简单,装配质量较稳定,装配周期短,生产效率高;易于维修工作;

零件机械加工精度要求高。

2. 不完全互换法

装配时零件不需要挑选、修配、调整就能保证装配对象达到所规定的精度,允许有预定废品率(由于某些零件的公差扩大,因此某些装配件的封闭公差可能大于允许值)的方法称为不完全互换法。

该方法的特点是:适合成批生产和尺寸链较短的零、组件装配;装配周期短,零件加工简单,有一定的废品;零件制造成本低,取得的经济效果足以补偿废品损失费用。

3. 选择装配法

这是一种将尺寸链中组成环的公差范围放到经济可行的程度,然后选择合适的零件进行装配,以保证达到所规定的装配精度和技术要求的方法称为选择装配法。选择装配法又可细分为直接选配法、分组装配(互换)法、复合装配法、修配法、调整(补偿)装配法等多种形式。

选择装配法按所选择的不同装配形式,适用于小批量生产和批量生产,装配质量取决于工人的技术水平,装配的周期可以适当缩短,装配精度较高。

4. 调整装配法

调整装配法是一种将装配尺寸链中封闭环的尺寸和装配精度通过调节尺寸链组成环中某个零件的尺寸来保证的方法。这个被调整的零件称为调整件,用以补偿装配的累计误差,而其余零件则仍可按其经济公差制造,并可以像完全互换法那样参与装配。因此这种方法又称为有级调整法,而仅通过改变一个零件的位置来达到精度的方法可以称为无级调整法。

调整装配法可用于除必须采用分组装配法的精密配件以外的各种装配场合,因此在发动机的制造过程中被广泛采用。

5. 修配法

选择尺寸链组成环中某一合适的零件作为修配件,预留一定的修配量,通过钳修或机械加工的方法改变该零件的尺寸,以减小装配累计误差,保证装配精度。

修配法适用于单件、小批量生产。在装配多环组件时能达到高的装配精度,需要较高技术水平等级的工人,装配周期长,操作过程中影响生产环境,在修配过程中容易造成零、组件的损坏。

6.3　装配方案和工艺流程

根据不同种类发动机的结构、系统以及零、组件的装配精度和技术要求,选择不同的装配方法和生产规模,就构成了装配方案和装配工艺流程[113]。

6.3.1　装配单元

1. 基本概念

在设计发动机时,从结构观点出发,按各组、部件在发动机工作中所起的作用和其功能特性可划分为压气机、燃烧室、涡轮、附件传动机匣、减速器、加力燃烧室、反推力装置等结构组件。从装配工艺观点看,这些结构组、部件不一定都是装配组、部件(工艺部件)。因此在编制装配工艺规程时,要根据发动机的结构特征和装配工艺特点把发动机分成若干装配单元。

2. 划分原则

装配单元的划分一般遵守下述原则:每一个装配组、部件都能够独立地进行装配,并形成一个独立的装配单元;在总装配时,组、部件的连接不互相干扰;安排零件选配、调整、修配等工作应在独立装配单元(工艺组、部件)中完成,并在设计或技术要求中安排试验工作;每个独立装配单元在装配完成后应安排检验和验收工序;发动机总装配主要是各组、部件的连接和各系统零件的装配工作,在总装配时直接参加的零件数量应减至最小。

6.3.2 零件分类

1. 结构分类

从装配工艺角度可以将发动机结构系统划分为零件、组合件、部件、单元体、成品件和附件几大部分。

按照零件所起的作用,发动机结构系统可分为主要零件、传动零件、紧固零件、锁紧零件和封严零件五种形式,而这些零件又构成了发动机的主要部件、传动系统的基本单元、各种连接及其锁紧各种连接件的基本件,以及防止泄露的基本件。

按照发动机零件的实施特性,发动机结构系统还可以分为单元件、关键件、重要件和一般件。这种划分表示并区分了零件、固定连接件、不可拆分的初级装配件、外购成品件,以及所具有的关键特性、重要特性和一般特性。

以外部采购分类的方式,将发动机承制厂不制造的外购件,以及构成发动机工作系统的外购件分为成品件和附件。

2. 组合件、部件

发动机整机由零件、工艺组合件、部件、单元体以及成品件和附件等部分构成,如图 6-2 所示。

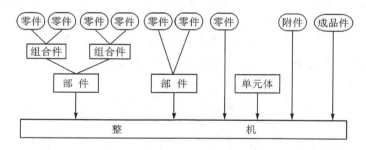

图 6-2 发动机整机构成示意图

组合件通常由四种方式构成:机械加工组合件、焊接组合件、胶接组合件以及将零、组件经过装配形成的组合件。

工艺组合件、部件是两个或更多零件(或组合件)直接装配组合而成的装配单元。

单元体是完全能够互换的结构与工艺统一的单元,其特点是在发动机上能够独立完成使命,在结构上,零件与协同工作的部件合成一体,不需要特殊调整、试验就能更换,更换时一般仅使用通用工具。

6.3.3　装配方案

装配方案是由航空发动机不同的结构、工作系统、所选择的装配方法和生产规模确定的，装配方案确定后才能正确、高效地实施生产。

1. 方案选择

不同类型发动机的组合件、部件都有其各自的工艺特点。首先应该针对这些装配工艺特点来选择装配方案，一般可根据组合件、部件的构成方式，分为机械装配、焊接装配、胶接装配、传动装配和整机装配等方案。

机械组合件的装配工作基本选择在机械车间或专业化车间的装配工段进行，其全部装配工序与加工工序密切配合，工序中允许用手工或机械方法修配。

焊接组合件的装配工作在焊接或专业化车间的工段进行，其装配工序与各种焊接工序密切配合，装配过程中允许修配零件。

胶接组合件的装配工作在部件专业化车间的专门房间内进行，其装配工序与胶接工序配合，其间允许修配零件。

组合件或部件的装配，必须在专门的、与其他工种隔离的部件车间或总装配车间进行。全部工作都是组合件、部件装配前的配套工序，例如检验工序、调整和试验工序，在此过程中一般不允许修配零件。

发动机传动机构或整机装配工作必须在总装配车间内进行。

2. 装配工艺图

在设计发动机装配工艺程序时，必须消化设计资料，充分了解发动机结构系统，进行装配工艺性分析，以便根据发动机组合件、部件设计图样及组合件、部件目录编制工艺图。装配工艺图由工艺元件图和工艺系统图构成。

（1）工艺元件图

装配的工艺元件图表示了装配基本单元（基础件、零件、初级组合件）的相互关系和装配顺序，以及最终成为高一级组合件或部件的过程，其基本构成形式如图 6-3 所示。

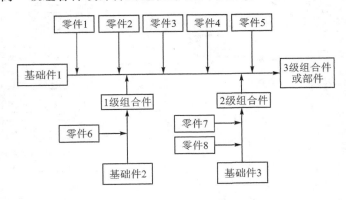

图 6-3　工艺元件图

（2）工艺系统图

装配的工艺系统图是使用图表的方式来表示组成整机或部件、组合件各组成部分的相互关系及装配过程的先后顺序,它在生产现场具有指导作用。

工艺系统图是将每一种零、组件都使用长方格来表示的方法。长方格中间部分标注零件的名称或编号,右端或下端标注数量,左端标注代号或与设计图样中一致的零件号、部件号和组件号,依据装配的先后次序,用线条连接长方格。

基础零件和基础组合件可以经过多级装配,并且都安装在保持足够刚度的装配夹具、装配架或装配车上,依次完成安装零件和组合件的装配工序。

工艺系统图可以分为组合件装配工艺系统图和部件装配工艺系统图。图 6-4～图 6-6 以工艺系统图的形式表明了组合件、部件以及总装配的情况[110]。

3. 装配工艺阶段图

可以将组合件、部件装配的某道工序或某几道工序的检验、测量、调整的工艺制成图表,成为装配工艺阶段图,一般将它作成图表的形式,表示某些零件上的表面、轴或点在工装上的定位、技术要求、检验、测量以及调整程序和方法。

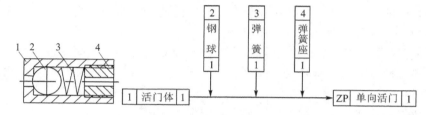

图 6-4　单向活门装配工艺系统图

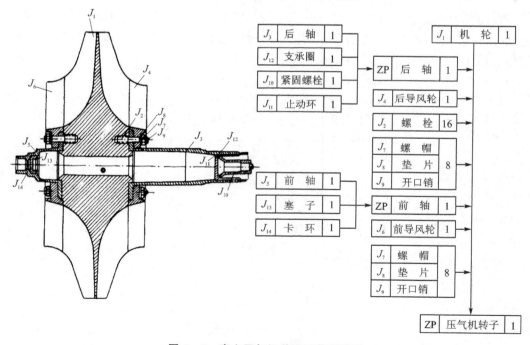

图 6-5　离心压气机装配工艺系统图

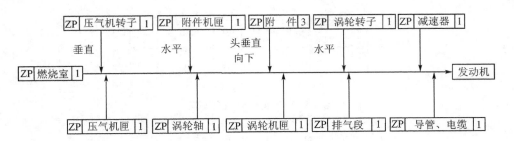

图 6-6 某型发动机总装配的装配工艺系统图

6.3.4 装配工艺流程

1. 流程周期

装配工艺流程是根据发动机的结构系统和装配方案,确定零件、组合件、部件、单元体、成品件和附件,最终装配成发动机的周转流动程序。通常,新发动机的生产在一个周期内有两次总装配过程。图 6-7 表示发动机从零件制造到装箱全过程的工艺流程周期。图 6-8 表示分散作业管理形式下的装配工艺流程。

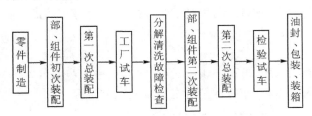

图 6-7 工艺流程周期

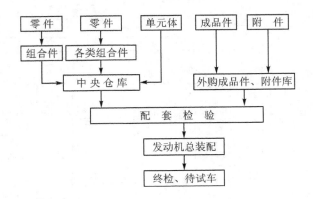

图 6-8 装配工艺流程

2. 二次流程

发动机的装配工艺流程可以分为一次装配工艺流程和二次装配工艺流程。新发动机要进行两次装配才能出厂。对于排故、返修等情况的发动机,通常进行一次装配即能出厂。图 6-9 和图 6-10 表示一次和二次装配的工艺流程。

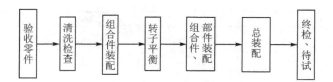航空燃气涡轮发动机典型制造工艺

图 6-9　一次装配工艺流程

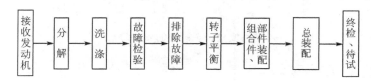

图 6-10　二次装配工艺流程

3. 工艺过程

（1）配合特性

发动机零件、组合件、部件之间没有相对运动的连接是固定连接，而它们之间连接后有相对运动则称为活动连接。装配的工艺过程是根据发动机的活动连接或固定连接的特性，按照规定的技术要求并采用相应的顺序，将零件、组合件、部件进行连接的过程，其连接与配合的特性和类型可以用图 6-11 表示。

（2）活动单元

装配工艺过程由装配工序、装配工步、检验工序和检验工步等基本活动单元构成。装配人员进行这些活动单元的工作后，便完成了一定的装配工艺过程。

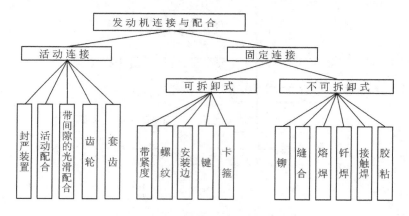

图 6-11　发动机连接与配合的性质

4. 工作内容

从发动机的零件、组合件及其部件，或者从接收发动机开始，就进入到装配工作的工艺流程。经过一次装配或两次装配以及分解过程后，即完成了发动机的最后装配。

在发动机生产的第一次和第二次总装配工序中，除了要完成发动机零件、组合件、部件的运送，以及准备装配环境条件、工艺文件、工艺装备及去除油封和除锈外，还需要进行一系列零件的选择、配套、清洗、标印和转子的平衡等工作，以及个别零件的预检及预装配工序。在装配

的实施过程中,需要完成各部分的装配工序以及部件与各系统的试验工序,同时还要进行各阶段的检验工步和工序、装配完毕后的最终检验和完成总装配后的最终检验工序,以及各系统的试验、故障检验和无损检验等工序。

在新生产的发动机的二次装配过程中,对发动机的分解、检查和清洗是装配工作中对质量控制必不可少的环节。

6.4　选配、修配及试验

根据发动机的结构、系统组成和所选择的装配方法,在发动机的整个装配过程中,必须安排选配和修配工序,同时根据组件、部件、附件、整机的技术要求去安排试验工序和检验工序[113]。

6.4.1　选配工序

为了保证零件、组件在发动机上的正确位置及配合和性能的需要,需要采用不同的选配工序对零件、组合件和部件进行选配。常用选配工序的种类和适用范围如表 6-1 所列。

表 6-1　选配工序

工序名称	工序内容	适用举例
成对选配	两组合件成对选配	发动机中心传动伞齿轮综合检验
尺寸分组选配	按同组零件或按组别装配的零件选配	螺纹连接中的螺柱、螺纹丝套;壳体与衬套;调整元件
重量选配	按照零件重量分布的技术要求选配	各类叶片
重量矩选配	按照零件重量矩分布的技术要求选配	各类叶片按重量矩差的技术要求安装在转子轮盘上
频率选配	按照零件频率分布的技术要求选配	各类叶片按频率差的技术要求安装在转子轮盘上
流量选配	零件、组件按流量分组的分布选配	主燃油喷嘴、加力燃油喷嘴;火焰筒涡流器、压气机匣排气管等
配合性质选配	零件按配合技术条件(过盈、过渡、间隙配合)的规定选配	压气机轴颈与盘配合按过盈选配销子;按照轴承自由状态的轴向和径向活动量选配

6.4.2　修配工序

在发动机的装配过程中,允许在规定的阶段对零、组件进行修配。常用修配工序的种类和适用范围如表 6-2 所列。

表 6-2　常用修配工序

工序名称	适用举例	选用工具与设备
打磨	消除零件的局部不平,切去金属材料;对于转动件的静、动平衡,去除不平衡量的材料	各种类型刮刀、锉刀,手动砂轮
锉(打)光	零件的毛刺、尖边和凹痕,离心压气机导风轮轮廓度不合格,螺纹、花键上的毛刺,安装边的尖边等	什锦组锉,油石,细砂纸,专用刮刀

工序名称	适用举例	选用工具与设备
刮研	满足两个零件的相互接合面在形状、尺寸、表面粗糙度方面的要求,提高两个接触面的面积,滑动轴承轴瓦,安装边接合面	各类刮刀、专用研磨具,检验工具,研磨膏、涂料等
研磨	两配合零件的紧密连接,两零件的密封连接;中、后支座与轴承机匣接合面着色后检验其不符合技术要求的程度;发动机侧面和中心吊挂球形体与壳体着色后检验其不符合技术要求的程度;球形管接嘴、螺帽端面、叶片根部等的研磨	各种专用研磨具、研磨圈,两相互配合零件相互研磨,研磨料等
抛光	消除上一道工序的加工痕迹,提高表面粗糙度;对转动件去除材料后的处理;零件除锈后的处理	抛光机,电动或风动软轴抛光轮及工装
校正及弯曲	保证发动机外廓尺寸与相邻零件之间以及各系统导管之间的间隙,装配时允许校正、弯曲导管,校正后要进行打压试验	校正弯曲设备和专用校正弯曲夹具,压力试验器等
补修	铝镁合金涂漆表面损伤处经打磨后补漆,非涂漆表面补涂氢硒酸	玻璃砂布,涂漆工具;涂氢硒酸工具
车磨工序	零件、组合件在装配过程中需要进行局部车削和磨削加工;叶片装配后的外径端面;中轴承内、外隔圈;支点同心度超出技术要求的车削机匣安装边	选用的车床和磨床,专用夹具,常用工具
钻、镗孔	装配过程中为了更换加大的螺柱、丝堵、杯套、衬套等而重新钻孔和镗孔	固定或移动式钻床、镗床、车床,专用夹具钻头、镗刀
铰孔	钻孔后铰孔,提高配合精度,保证配合零件的位置和同心度	钻床、铰刀
攻丝	配钻后攻丝,以保证结合零件的技术要求	丝锥

6.4.3 配合特性检查工序

完成配合工作以及修配后的零件尺寸应按技术要求进行检查,经检查和检验合格后才能送往装配地进行装配。通常用直接测量法、间接测量计算法、着色法、间接测量介质法等方法进行检验。

1. 直接测量法

使用表、尺、仪器、仪表、各种测量器具和精密仪器直接测量出零件尺寸和配合特性(如测直径、深度、高度、间隙、过盈量、活动量和同轴度等)。

2. 间接测量计算法

由于零件结构的限制,无法直接测量,通过直接测量的部分数据,按几何关系进行计算(如发动机传动杆的轴向活动量、滚子轴承的滚道位置、离心通风器叶轮间隙等)。

3. 着色法

通过着色痕迹来确定相配零件的技术特性(如对伞齿轮、密封件着色后,通过观察着色的面积来判断是否满足技术要求)。

4. 间接测量介质法

利用物料受压、挤变形的原理,物料作为检验配合特性的介质,通过测量其变形量来获得装配的技术特性值(如对叶片与机匣的间隙、封严篦齿的配合间隙、套齿搭接量等采用软铅丝等材料测量,或采用橡皮泥等来测量某些特殊部位的间隙)。

6.4.4 试验工序

为了保证发动机正常工作,必须对发动机零件、组合件、部件及其各自连接处,以及发动机的工作系统和附件,在装配前、装配过程中和装配后,按照技术文件中规定的工艺参数,使用通用或专用工艺装备或设备进行检查和试验。检查和试验的项目有压力(强度)试验、电气系统工作可靠性检查等多项试验和检查。

(1) 压力(强度)试验

在装配零件或部件前,对壳体类零件、各工作系统导管、积油箱、轴承机匣焊缝等进行油压试验,以检验装配前零、部件的加工质量。

(2) 气密性试验

在装配前或装配后,对空气、滑油、燃油、汽油、液压和氧气等系统管路连接处,机匣壳体连接面,焊接件的焊缝,燃油、滑油系统的单项活门和喷嘴等进行加压试验,以检查零件质量并确认装配质量。

(3) 流量试验

对燃油泵、燃油调节器、滑油进油泵(回油泵)、电磁阀、燃油(滑油)喷嘴、活门等附件进行流量试验,以保证装配后这些附件的性能满足要求。

(4) 协调性试验

在完成发动机操纵系统的装配后,检查可调喷口移动时间的同步性及其与状态操纵器的协调性,以及状态操纵器与油门杆的协调性等是否符合技术要求。

(5) 绝缘电阻检查

在装配电气系统后,对防波套管、相关电气元件、附件壳体等进行绝缘试验,以确认这些元件不漏电。

(6) 电气系统检查

在完成发动机的总装配后,通电对电嘴进行打火试验来检查电气系统工作的可靠性及其与导线连接的正确性。

6.5 检验工序

6.5.1 基本概念

1. 定 义

在装配过程中的某个工序完成之后,对产品的一个或多个质量特性进行观察、测量、试验,并将结果与规定的质量要求进行比较,以确定每项质量特性合格与否的技术性检查活动,就构成了一个检验工序。

2. 目的和内容

零件从进入装配车间到成为发动机产品,中间的每一个环节都受到各种因素的影响,会产生质量波动,甚至产生不合格品。为了及时了解质量状况,发现不合格品,必须在装配过程中设置检验工序。

对产品制订了技术标准和管理标准并转换成具体明确的质量检验标准之后,在装配过程中,检验工序的主要内容包括度量、对比、判定、处理和记录等多项内容。

(1) 度 量

度量指对产品的一个或多个质量特性,通过物理的、化学的和其他的科学技术手段和方法进行观察、测量、试验,取得产品质量的客观数据。

(2) 对 比

对比指将度量结果与质量标准对比,检验产品的质量特性。

(3) 判 定

判定指判断单件或成批产品质量特性是否符合技术要求。

(4) 处 理

处理指针对不同的检验类型采用不同的处理方式。对于不合格的产品,可以采取隔离存放、拒收、停产、退货等处理方式。

(5) 记 录

记录指对所测得的数据出具报告,及时反馈信息,作出评价。

6.5.2 检验方式

按照检验次序和内容、责任人员、数量特征、检验对象的完整程度以及检验方法的特征进行分类检验[113]。

1. 检验次序和内容

按照发动机的装配工艺流程,应在装配前、装配过程中和装配完成后进行检验。在检验程序中,应设置重点检验的部位。这些需要监督的部位主要有选配件间的配合值,零组件的表面质量,外购件的履历本,紧固件的拧紧力矩和保险,转子部件的动平衡,发动机轴承支点和静子的同心度,齿轮间隙,各种调整垫的计算和实际厚度,零件、组合件、部件的冲洗质量,发动机的各工作系统试验,内部工艺的堵头和多余物,发动机的转动灵活性和转动声音,等等。

(1) 装配前检验

当外购和完成加工的装配件进入装配车间后必须进行检验。检验按照装配验收技术条件进行。

(2) 过程检验

过程检验可以称为工步或工序检验,是对装配环节、外购件和与质量有关的要素进行的检验,以防止不合格品流入试车工序。

在制定检验工艺文件时,可以根据装配工艺系统图来标明进入工序检验的节点,如图 6-12 所示。在设计检验程序的节点时主要有三个原则:首先,设计图样和设计技术条件中规定的特性和参数必须作为检验项目;其次,装配过程中的新工艺和容易出错的项目应作为检验项目;最后,在发动机试制期间应多设置检验部位。

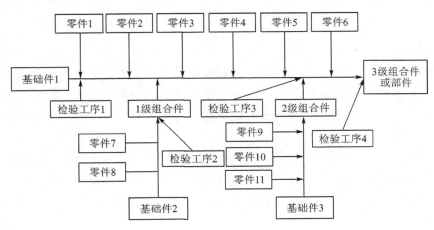

图 6-12　工序检验图

（3）最终检验

最终检验指装配活动结束后对成品的检验。由于这是进入试车工序前的最后一次检验,因此是对发动机产品的重要检验。当所有检验项目和检验数据都符合要求后,发动机才能进入试车工序。

2. 责任人员检验

对于普通产品,检验可以由装配操作人员实施自检和互检。但在航空发动机的制造过程中,通常在各道工序设置专职检验人员。尤其是在装配的各道工序中,必须由专职检验人员进行检验,并且专职检验人员对发动机全部装配工序的装配质量具有否决权。

3. 数量特征检验

检验过程可以分为全数检验和抽样检验,在发动机装配过程中的检验必须是全数检验,即对每一个发动机装配的全部零件、组合件、部组件等按照技术文件要求逐一进行检验,以便提供完整和系统的数据。

4. 无损伤检验

在发动机装配过程中检验的对象是即将出厂的产品,因此要求零、组件在检验后完整无损,所以必须使用无损检测的方法。常用的无损检测方法除了使用器具进行尺寸等参数测量外,还使用射线检测、渗透检测、磁粉检测、超声波检测、涡流检测和工业内窥镜探测等方法对零、组件的内部质量特性进行检验。

5. 检验方法

（1）感官检验

在装配过程的某些环节中,经常使用人的感觉器官对工序的质量特性做出定性的判断。

（2）器具检验

利用仪器、量具或检测设备,在装配过程中进行定量的检验,以检查装配各工序的零、组件和整机是否满足图纸技术条件中规定的技术参数要求。

6.5.3　检验管理制度

（1）检验计划

检验计划应该包括装配过程的各个工序，并根据装配工序的重要、复杂程度来设置检验环节。通常检验计划由检验人员和工艺人员共同制定，内容包括检验规程、质量缺陷的分级表和检验指导书。检验计划规定检验活动流程、检验节点设置、检验方式和方法；显示不能预期满足要求的质量缺陷、质量特性的重要程度和偏离规范的程度；指导检验人员的活动。

（2）检验机构设置

检验机构是企业中执行质量规范、行使质量职权、具有相对独立性的职能机构。通常在发动机装配车间设置检验机构，并且在装配的最基层组织中配备专职检验人员。检验机构的设置要满足生产流程的需要，并在检验计划规定的工序中进行检验。

6.6　装配工艺技术准备

在发动机装配生产的前期工作中，为了缩短生产周期，保证质量，提高经济效益，必须进行以下工艺技术准备：确定装配工艺方案（参见 6.3.3 小节），进行装配工艺规程设计，编制工艺文件，设计制造工艺装备（设备），以及进行虚拟装配等。

6.6.1　工艺规程

在装配过程中制定合理的工艺过程和操作方法，以规定的形式编写成工艺文件，就形成了工艺规程。工艺规程是在生产现场直接指导装配的重要文件之一，是装配过程中不可缺少的工艺文件[110]。

1. 编制要求

（1）基本原则

制定工艺规程应该遵循下述原则：执行航空发动机的型号设计方案；按照航空产品质量第一的原则提高生产率，并降低成本；利用企业现有的生产条件、国内外技术成果和成熟的工艺方法；选用安全无污染、国内已定型生产的辅助材料；贯彻工艺标准化的规定和法定计量单位，缩短工艺设计周期；根据生产组织形式、生产条件、工艺方案原则确定工序的详尽程度；在制定工艺规程过程中，做到正确、完整、统一和清晰，所用术语、符号、单位、编号等均应符合相应标准。

（2）主要依据

1）技术文件

工艺规程必须依据技术文件进行编制，这些技术文件有设计资料、工艺资料、相关标准以及生产大纲和现有生产条件的资料等。

设计资料包括全套设计图样、图样说明书，设计技术文件和说明书，零件、组（部）件号、全名称、数量及所属关系。

工艺资料指冶金说明书和专用技术条件,装配方案及流程,工艺说明书,技术成果、装配经验,先进工艺方法等。

相关标准有型号规范、国标(GB)、国军标(GJB)、部标(HB、JB、YD 等)、企标(Q/B),工艺装备、设备及辅助材料等的标准、手册等。

生产大纲包括发动机年产量、生产指令、工艺分目录、生产条件等文件。

2) 资　料

编写工艺规程除了按照规定的技术文件外,对于仿制的发动机,还要参考样机的分析资料、样机实物、引进制造权的原文工艺材料、买方合同等其他文件。

2. 工艺程序设计

装配工艺程序设计是编制装配工艺规程前的必要步骤,其主要任务是设计装配工作的顺序和内容,并安排检验工作程序。

收集编写资料,同时检查所依据资料的完整性和正确性;消化设计图样等技术文件,了解发动机的结构原理和各系统、部组件的功能;复查图样的装配工艺性、可拆卸性和可维修性。

根据生产大纲、发动机型号特点和装配工艺设备,选择合理的装配组织形式。航空发动机通常采用固定式装配形式。

根据部组件的设计图样,确定工艺部件和组合件,明确技术要求和所达到的装配方法;制定工艺装配系统图。

装配顺序确定后,按照产品产量的大小和装配的组织形式来划分工序,编写详细操作程序,确定关键工序(工步)和重要工序(工步),确定装配、调整、检验的方法,根据结构特性选择部组件的配合方法,安排检验工序。

按照设计图样、工艺过程实际需要和工艺方案确定的原则,以及部件、组合件的结构和装配方法,来选择辅助材料和消耗定额以及工艺装备等设备。

完成上述程序后,按照规定格式编写工艺规程。

3. 工艺规程内容

装配工艺规程的详尽程度由生产阶段和产量等因素确定。

在研制阶段的单件生产中,可以简化编制装配工艺系统图、装配工艺工序卡、注明装配技术条件及工艺装备号码等工作,并参照设计图样进行装配。

在生产定型批生产阶段,必须设计详细的组合件、部件和总装配工艺规程,装配工艺情况如表 6-3 所列。

表 6-3　装配工艺情况表

序　号	工艺规程名称或项目	工艺规程内容
1	工序目录	工艺部件、组合件和发动机总装配的装配流程
2	零件、组合件、部件目录或明细表	参与装配的工艺部件、组合件、零件及其代号、名称和数量
3	工艺装备目录	通用和专用工艺装备号码、名称、数量;注明测量精度及范围的通用量具

序　号	工艺规程名称或项目	工艺规程内容
4	设备和非标准设备目录	设备、仪器、仪表、非标准设备型号和名称
5	辅助材料目录	辅助材料的名称牌号或标准规格
6	工艺总则(装配过程的工艺控制和总要求)	(1)所用的文件名称、号码。(2)零、部件数量。(3)装配前零、组、部件的外部状况。(4)零、组、部件标印。(5)零、组、部件及成品件所带的质量证明文件。(6)装配过程的防锈措施。(7)零、组、部件配合面的航空滑油标准。(8)结合面涂封严胶的名称、牌号。(9)螺纹连接件拧紧力矩的依据。(10)注明一次装配外部采用的工艺件。(11)规定高温部件的钢制件不允许使用含碳材料作标记。(12)指出石墨层、滑石层要避免浸油,防止电插头、插座沾染油类。(13)注明管接头、孔和敞开处,用工艺堵头、堵盖堵好。(14)指出装配完毕要整理、查对、填写合格证和装配检验表
7	装配工艺卡(工序图表)需对装配、试验、调整方法和技术要求作详细的规定	(1)标识出类别、方法、位置和印记大小,并以图形表示。(2)写明洗涤介质、工艺参数、洗涤方法和技术要求。(3)基本零件、组合件、部件的安装次序、装配方法、工艺参数和技术要求。(4)选配调整有配合要求的零件,逐项检测、选配,采用分组选配的零件指明每组尺寸,相配件上标注组别印记位置。(5)指明试验目的、技术条件、操作程序、调整部位及验收标准。(6)指明检测项目的检验方法、测具、规定的数值,排除影响测量的因素。(7)测量数据的取值方法要写明平均值、最大极限值或最小极限值。(8)写明使用的工艺装备、设备、仪器、仪表、非标设备号码及名称。复杂工艺装备写明使用方法或以图形表示。(9)写明使用的辅助材料名称、牌号、规格及标准,特殊辅助材料写明使用方法。(10)为了防止装错,明确指出注意事项

4. 编制工艺文件

在工艺路线或工艺程序确定之后,就要明确装配工步和工序,其中包括尺寸链的计算,工艺装备的选择,按照工艺部件、组合件的结构选择装配基础件和总装配的基本件,制定装配过程的工作程序和技术要求,以及进行装配调整和选择检验方法,等等。在此基础上,设计人员需将上述结果以图表、卡片和文字材料的形式固定下来,以便贯彻执行。这些图表、卡片和文字材料就是工艺文件或工艺规程。在装配过程中使用的工艺文件种类很多,归纳起来,常用的工艺文件有工艺过程卡片、工序卡片及检验卡片。这些卡片的格式没有统一的标准,可以由各单位自行编制。

(1) 工艺过程卡片

装配工艺过程卡片是以工序为单位简要说明装配工艺路线的一种工艺文件。卡片中包括工序号、工序名称、工序内容、所用工艺装备的名称及装配时间定额等内容。它主要供安排生产计划和组织生产时使用。在单件小批量生产中,一般只使用工艺过程卡片。

(2) 工序卡片

装配工序卡片是在工艺过程卡片的基础上,分别为每道工序编写的一种工艺文件,用来具体指导操作,其内容较为详细。卡片中详细说明该道工序每个工步的内容、工艺参数以及所用的设备和工艺装备,并附有工序简图等。

(3) 检验卡片

检验卡片是检验人员使用的工艺文件,表明某道工序需要检验的参数和应该达到的技术要求。

6.6.2　工艺说明书

装配工艺说明书是装配工艺文件中的重要文件之一,包括附件试验操作程序、故障检验和故障排除、清洗及设备校准维护和更换螺桩等不便在工艺规程中叙述或具有通用性的工艺文件,它也是装配工艺规程的补充文件。

编写说明书的形式与内容主要以文字叙述为主,也可辅以图形和表格。编写的基本格式和内容一般按下述方式进行。

(1) 主题内容和适用范围

概述主要内容及适用对象和范围。

(2) 引用文件和标准

将文中引用的文件和标准按其在文中出现的顺序列出编号和名称。

(3) 材料及其标准

在工艺过程中写明所采用的辅助材料牌号、规格、名称及标准。

(4) 生产工艺

生产工艺是说明书的主要部分,内容应包括对于工艺方法,写明工作顺序和内容、操作方法、工艺特点、工艺参数、限制条件及特殊要求;对于设备、工艺装备、仪器、仪表等,写明型号、规格、性能、精度、使用温度、压力等要求;对于质量控制,写明控制方法,注明检验项目的安排种类和方法、检验部位、使用工具、检验所涉及的标准,以及重点控制的内容。

(5) 人员控制

操作者和检验人员的技术水平应当与产品技术要求相适应,他们应当有操作资格证。

(6) 其　他

其他内容按不同的需要,可编入分类、术语、维护、控制和技术安全等相应类别。

6.6.3　工艺装备及设备

按照航空发动机不同生产阶段的要求,配置的装配工艺装备可分为"0"批和"1"批。"0"批指在新型号研制和试制阶段,为了尽快取得成果,在保证装配质量前提下的工夹具和设备;"1"批是在转入批量生产后,为了满足生产定型需要和提高生产效率而补充的工夹具和设备。

发动机装配的工夹具和设备应当根据设计图样的技术条件、装配的技术要求和产品产量等因素进行设计和选购,并应具备结构简单、安全可靠、使用方便、不易损伤零件的特点,作为承力的工夹具还应与零件刚性好的部位连接,传力路线尽可能短。表 6-4 列出了一般情况下发动机装配时应配备的工夹具和设备[114]。

表 6-4　工夹具和设备表

工夹具、设备类型	内　容
通用工夹具	按照国标、国军标、部标选择外购的,或者按照企业标准生产的扳手、手锤、手钳、解锥、冲子、镊子、夹子、钢印、虎钳等工夹具
专用工夹具	专门为某一项装配工作的需要而设计的"0"批工夹具
通用量具、仪器	不必自行制造,按照技术条件选购的量具和测量仪器

工夹具、设备类型	内　容
扭矩扳手	根据工作范围、精度级别、使用的方便性、被扭件的数量等条件选用；要考虑力臂杆、扳手接头、转接器和倍增器的刚性和连接可靠性，并应正确判断扳手指示数是否需要校准
专用测具和量具	在通用测具和量具已不能使用时，或者为了提高检测精度和在较大批量检测件的情况下选用
刀具和磨具	选用或专门制作的刮刀、钻头、丝锥、锉刀、油石、砂布、研磨砂(膏)等
吊装设备	按所吊零件重量、工作性质和技术要求选用，主要有环链手拉葫芦和钢丝绳电动葫芦
平衡设备	可以分为静、动平衡设备，根据发动机型号选用
运输设备	装配使用的各种通用和专用的运输车
冲洗和洗涤设备	根据零部件的特点、技术要求、生产量的大小选用的冲洗、洗涤设备，设备应具有良好的通风
加温或冷却设备	加温设备适用于包容件，冷却设备适用于被包容件。常用的有滑油加温槽、电阻加热炉、电感应加热器、干冰冷却箱、低温箱等
试验设备	按照技术文件规定的试验项目配置，应满足设计图样和技术条件所规定的参数要求，以便于维护和操作
加工设备	批生产过程中一般不配备加工设备，但现今发动机的发展则根据工艺部、组件的结构及装配过程的补充加工或组合加工的要求，也需配备专用机床
压力机	用于压装和分解过盈配合的连接件的机床。常用的有齿条式、螺旋式、液压式、气压式
装配车架	在部、组件和单元体的装配中需配置必要的装配车、架以便于装配，其结构形式按照发动机的结构而定，数量按照生产量的大小配备
工作台	根据工艺流程和工作地配置，成为装配工作的场所，其结构尺寸按照人体的要求设计，以利于人员进行装配操作
零件、架、柜、箱、盒等容器	结构形式按照零件的结构进行设计

　　航空发动机的工艺装配和设备的种类及数量很多，表6－5列出了某些型号发动机的装配工艺装备及设备的情况。

表6－5　典型发动机装配工艺装备配备表

发动机型号	装备总数/项	设备总数/台
涡桨1型	630	25
双转子发动机1型	562	27
双转子发动机	629	49
涡轴3型	281	14
某发动机	494	39
涡桨2型	684	83
某发动机	1061	65

6.6.4　虚拟装配

　　虚拟装配技术是随着计算机发展而产生的先进的辅助工艺设计技术之一。虚拟装配是利用仿真及虚拟现实技术,在没有真实产品或支撑工艺的物理实现情况下,通过分析、虚拟模型、可视化和数据表达,作出或辅助作出装配关系工程的决定。

在工艺技术准备阶段引入虚拟装配可以方便、快捷地制作出零、组、部件以及整机的三维模型,可以模拟真实的装配过程,并在这一过程中尽早发现并及时解决设计中出现的问题。

通过虚拟装配可以验证装配设计和操作的正确性、装配序列和装配路径的可行性、装拆的可行性,以及动态模拟复杂装配体的装拆工艺过程。根据仿真验证的结果可以自动生成装配规划,或者对已有装配工艺进行优化。

因此,使用虚拟装配的方法可以提高工艺设计的效率,缩短装配周期,降低发动机生产的成本。

6.7　典型装配工艺

适用于发动机基本的装配工艺内容和方法的工艺被称为典型装配工艺。本节主要叙述涡喷、涡扇发动机各种连接件的装配、轴承装配和粘接技术等工艺内容和方法。

6.7.1　螺纹连接件

螺纹连接是将零件固定在一起的最常用的连接方式。这种连接的特点是结构简单,拆卸方便,连接可靠度高,在航空发动机的零、组件连接中占有重要地位[114]。

1. 接合面种类及特点

发动机的各种部件可以根据接合面的种类来划分,即钢制薄壁件、铝镁合金机匣、机匣与轴承密封件、轴端头零部件螺纹、转动件之间的连接和管件螺纹等六种连接方式。

发动机的热端部件多数为耐热合金钢薄壁焊接件,通常有几个薄壁件叠合,其间的相互连接利用多件螺栓串穿固紧,如图 6-13 所示。

发动机低温区传动机匣壳体多为镁、铝材料的铸件结构,机匣壳体利用安装在机匣接合面上的螺桩或通过螺钉彼此相连接。连接时,螺桩一端靠过盈螺纹固定在机匣上,另一端用普通螺纹的螺母拧紧;或者通过螺钉穿过壳体拧入到固定壳体的钢制螺纹套内使壳体固紧,如图 6-14 所示。

在机匣轴承安装孔内安装轴承、磁性密封圈、压紧盖板,必须通过机匣上的螺桩、螺母或另外设置的螺钉固紧,如图 6-15 所示。

轴端头的螺纹件使用螺母压紧轴端头的轴承或传动连接件,如弹性支座、挡油环等,如图 6-16 所示。

发动机上的几个转动件经常采用螺纹连接相互连接成一个整体。例如高压压气机转子盘与盘之间的连接;离心叶轮、甩油盘、鼓筒和涡轮是先靠端齿连接(或者使用无端齿连接),再用长螺栓固紧,如图 6-17 所示。

发动机的燃、滑油管路及通气管路等的相互之间用螺纹或通过法兰盘利用螺纹件连接固紧。

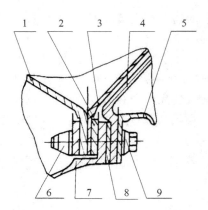

1—屏蔽罩；2—垫圈；3—导向器；4—机匣；
5—轴承座支架；6—自锁螺母；7—封严环；
8—调整垫；9—固定螺钉

图 6-13　钢制薄壁件连接图

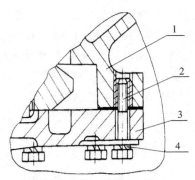

1—铝镁合金壳体；2—连接螺钉；
3—镁铝合金盖；4—弹性垫圈

图 6-14　机匣安装面连接图

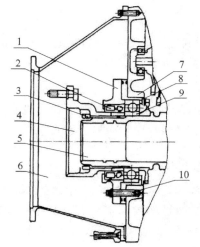

1—盖板；2—磁性密封圈；3—锁紧螺母；4—联轴器；
5—功率轴；6—前支架；7—机匣前部；
8—轴承座；9—轴承；10—固定螺钉

图 6-15　密封件连接图

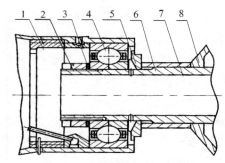

1—弹性支座；2—锁紧螺母；3—垫圈；
4—滚珠轴承；5—挡油环；6—调整衬套；
7—涡轮轴；8—锥形垫圈

图 6-16　轴端头连接图

2. 预紧力

(1) 重要意义

螺纹连接件预紧力指在螺纹结合中，对螺纹件预先拉紧，使其在工作过程中预先承受一个拉紧力。螺纹连接有有预紧力和无预紧力之分，在航空发动机的装配中均采用有预紧力的连接。预紧力大小的选择，必须考虑到结合件(含螺纹件)的结构、材料弹性变形和螺纹件的尺寸大小，以及螺纹件所受的各种负荷[115]。例如在长螺栓连接的压气机转子中，长螺栓除承受气动轴向力外，还承受机动飞行时的陀螺力矩，以及由转子和螺栓材质不同引起的热膨胀应力。

预紧力对螺纹连接的稳固起着重要作用，预紧力的大小决定了拧紧外力的大小。如果螺

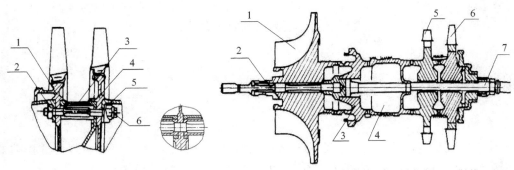

1——一级盘；2——螺母；3——支承环；　　1——离心叶轮；2——连接螺栓；3——甩油盘；4——鼓筒；
4——二级盘；5——三级支承环；6——紧固螺栓　　5——一级涡轮盘；6——二级涡轮盘；7——长螺栓

图 6 - 17　盘与盘的连接图

帽仅拧到零件端面处止住，则没有预紧力，如图 6 - 18(a)所示。工作时承受外力载荷后螺栓被拉伸，零件接合端面处出现间隙，如图 6 - 18(d)所示。如果外力为交变载荷，则产生的间隙使螺纹件承受交变负荷，螺纹件极易疲劳损坏。

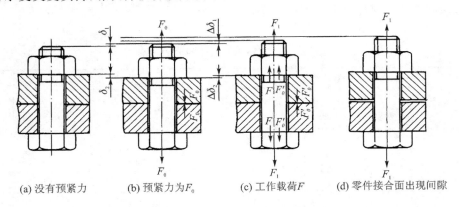

(a) 没有预紧力　　(b) 预紧力为 F_0　　(c) 工作载荷 F　　(d) 零件接合面出现间隙

图 6 - 18　螺栓连接的受力图

试验结果表明，在影响螺纹件疲劳寿命的多种因素中，预紧力的影响最大；并且适当的预紧力能够增加螺纹连接的耐久性，延长螺栓的工作寿命。螺纹件的预紧力可以通过计算获得。

(2) 预紧力的计算

图 6 - 18(b)和(c)表示了螺栓连接受预紧力和工作载荷后的受力和零件变形情况。图(b)表示当螺母拧紧，螺栓受预紧力 F_0 后伸长 δ_1，被连接件压缩量为 δ_2。以 C_1 和 C_2 表示螺栓和被连接件的刚度系数，则螺栓和被连接件产生的变形量为 $L_1 = C_1\delta_1$ 和 $L_2 = C_2\delta_2$。图(c)表示当螺栓被拧紧并承受工作载荷 F 时，伸长量为 $\Delta\delta_1$，被连接件所受压力要减小到剩余预紧力 F_0'，压缩量减为 $\Delta\delta_2$。所以，螺栓所受总工作载荷为工作载荷与剩余预紧力之和，用公式表示为

$$F_1 = F + F_0' = F_0 + \frac{C_1}{C_1 + C_2}F \qquad (6-17)$$

当螺栓的工作载荷过大时，被连接面出现缝隙。为了保证螺栓连接的紧密性，必须使 $F_0' \geqslant 0$。设 $F_0'/F = K$，计算时通常在恒定载荷时取 $K = 0.2 \sim 0.8$；在交变载荷时取 $K = 0.8 \sim$

1.4。为了保证连接的密封性,可以根据垫片的种类和材料取 $C_1/(C_1+C_2)$ 为 0.2～2.4。

在确定了预紧力之后,可根据下式计算只受预紧力的螺栓强度为

$$\sigma = \frac{4 \times 1.3 F_1}{\pi d_1^2} \leqslant [\sigma] \tag{6-18}$$

式中:$[\sigma]$——许用应力;

d_1——螺纹公称直径。

3. 拧紧次序

螺纹件安装位置的排列是依据发动机零、部件的结构而变化的。通常螺纹件的排列形式有一字排列、双排排列、多排排列、正方形排列、圆周分布和半圆分布等。

为了保证螺纹连接件的接合面达到最好的接触,必须有规定的拧紧次序,拧紧次序与排列形式之间存在一定规律。例如,对于一字、双排、三排、多排和半圆排列,拧紧次序为先中间、最后两端;对于正方、圆周排列,遵循双双对称拧紧原则。

4. 紧固标准

航空发动机螺纹紧固件的紧固标准一般遵照航标执行。表 6-6 列出了部分管接头件与螺纹件的紧固标准。发动机上的螺纹与管接头的连接,根据结构情况并参照表 6-7 中的力矩来确定。

表 6-6 管接头螺纹件的紧固标准

直 径	一般管接头拧紧力矩/(N·m)		球形管接头拧紧力矩/(N·m)	
	外加螺母与密封套的拧紧力矩	管接头与壳体的拧紧力矩	外加螺母的拧紧力矩	管接头与壳体的拧紧力矩
$\phi 4$	7～9	11	—	—
$\phi 6$	13～15	18	10～15	10～15
$\phi 8$	13～15	18	10～15	15～20
$\phi 10$	19～21	25	20～25	25～30
$\phi 12$	31～33	39	25～30	30～35
$\phi 14$	39～41	47	—	—
$\phi 16$	45～47	56	35～40	40～50
$\phi 20$	85～87	105	—	—
$\phi 25$	106～108	120	—	—

表 6-7 螺纹件拧紧力矩

螺纹代号	普通螺纹件拧紧力矩/(N·m)	自锁螺母拧紧力矩/(N·m)
M5	3.5～4.8	5.5～6.0
M6	6.1～8.3	9.0～10.0
M8	14.1～19.3	21～23
M10	27.3～37.5	39～44

5．预紧力的检验

当螺纹件的装配工作完成后就不易直接测量装配工作中的预紧力了。一般采用计量螺纹件结合的扭矩、螺母的转角、螺栓(螺柱)的拉伸、相对于检验棒的伸长量、标准垫圈的变形等多种方法对预紧力进行检验。其中按扭矩检验预紧力是最常用的方法。

计量扭矩的方法是使用测力扳手或限力扳手对螺母加一个扭矩，使之在螺栓(螺柱)中造成规定的预紧力。用测力扳手可以直接读出力矩的大小。在使用限力扳手前，将扭力值的读数调到所需力矩的数值，在使用时当拧紧力矩达到此力矩值后扳手将自动脱开。

6．螺纹连接件的防松

（1）防松意义

螺纹拧紧后要承受脉动拉载荷，在其作用下压紧力会发生变化，螺栓自动松脱将使螺纹件的压紧力减小到 30 %～50 %，螺纹件自动松脱的程度与被紧固件零件工作面的尺寸、精度和粗糙度以及环境温度有关。由于连接中的预紧力减小会使连接失效，因此在发动机的装配中需要采用有效的防松措施。

（2）防松方法

正确的防松方法能够保证螺纹连接间无相对转动。防松方法可以分为摩擦防松、机械防松和冲铆防松等种类。常用的防松方法有：螺纹件材料变形、连接锁花键、开口销、保险丝、弹簧垫、鞍形垫圈、自锁螺母、锁紧垫圈、单耳止动、双耳止动、外舌止动、双联锁片、圆螺母锁紧垫圈、双螺母锁紧等。

6.7.2　其他连接形式

1．键和花键连接[116]

（1）分　类

键分为松键和紧键两大类，一般情况下楔键是紧键。键的种类及其连接如图 6-19 所示。

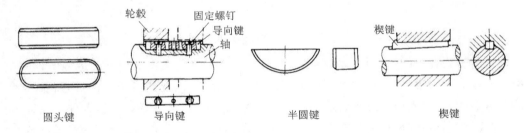

图 6-19　键的类型及其连接

花键可以分为渐开线花键、三角形花键和矩形花键等类型，如图 6-20 所示。

花键的制造精度高，加工方便，多数用于发动机传动系统的轴类传动，尤其是渐开线花键在航空发动机传动中有着广泛的应用。

在发动机上的花键表面均镀有耐磨和防粘接的铅锡合金或紫铜，用以保证良好的配合。使用花键后，轴上的载荷分布均匀；键槽浅使得轴的强度好，应力集中小；键槽的接触面积大使

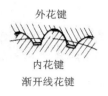 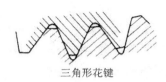 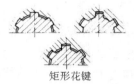

外花键

内花键

渐开线花键　　　　三角形花键　　　　矩形花键

图 6-20　花键的主要连接类型

得轴的承载能力高;零件沿轴移动的导向性好。

（2）装配方法

松键的装配方法是:表面涂润滑剂后,将键黏附在键槽内;检查键与键槽不过紧过松,键突出高度符合规定,半月键能够自由移动;键放正后用压力机轻轻压入槽内套入轮毂。

紧键的装配方法是:表面涂润滑剂后,将楔形键装入槽中;包容件从一端装到被包容件上,或者被包容件装到包容件中,沿轴线敲紧键使被包容件、键、包容件紧密配合。

花键装配前表面涂润滑剂;内、外花键为间隙配合时,配合件直接装上锁紧端头压紧螺母;内、外花键为过盈配合时,包容件应加温,再用静压法将其装到包容件上,然后拧紧螺母。

2．圆锥体连接

圆锥体连接是度数相同的内、外锥体相配合的连接。根据整体结构的需要,可以选用各种度数不同的锥度配合。圆锥体连接类型如图 6-21 所示,包括锥面定心(锥面过盈不大,使用键)连接、锥面压紧固定(传扭无键)连接、多个零件固定连接等形式。

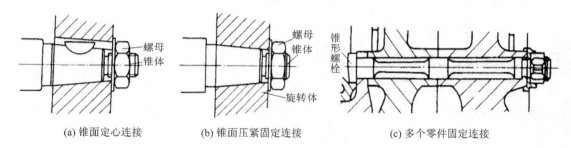

(a) 锥面定心连接　　　(b) 锥面压紧固定连接　　　(c) 多个零件固定连接

图 6-21　圆锥体连接类型

圆锥体需要在装配前进行充分准备,检查内、外锥体着色面积不小于总接触面积的 80%;在配合面端面无尖边毛刺,锥面涂润滑剂;装配时使用静压法或冲击压紧法,即将锥体零件装入锥形体中,拧紧端面压紧螺母(也可采用压床将锥体压入),将锥体拉紧,以保证锥面过盈达到规定;或使用有一定质量的重锤沿心轴自由移动,形成撞击力使内锥体进入外锥体内。

3．配合连接的装配

（1）过盈配合

在航空发动机的结构中,过盈配合多为不可拆卸的配合部位。它们的连接装配常采用一般压合法、热压合法和冷却法。

一般压合法:是在常温下将被包容件由轴向压入到包容件内;主要用于配合过盈量小于 0.02 mm 的连接件,在发动机装配过程中经常采用。操作时一般使用液压设备或手动压力机并配备引导工具。

热压合法：是将包容件加热，在膨胀状态下与常态的被包容件压合，被包容件顺利装入包容件中，冷却至常温状态，包容件与被包容件之间相互形成过盈配合。

冷却法：是冷却被包容件，使其与常温下的包容件压合；用于结构复杂、体积大的包容件。

过盈配合的装配过程为：将包容件或被包容件垂直稳妥地放置在工具夹上；压合前，在包容件配合面涂润滑剂防止磨损和咬伤，并使用拾夹工具，将热、冷零件装于安装部位；压合时使用液压床、手动压力机等机械装置以及引导工具使安装件顺利到位。

（2）过渡配合和间隙配合

过渡配合和间隙配合属于可拆卸配合。例如销轴和齿轮轴结构，如图 6-22 和图 6-23 所示，这两种结构都不传递扭矩，仅支承转动件在其上转动。销轴结构是利用轴销，将零件连接成一个机构。当对这两种结构的零、组件进行装配时，应做到：装配时配合表面应涂润滑剂；销子配合要符合规定要求；对于带有切向定位的轴销，要对正定位部位，以防止轴销不到位。

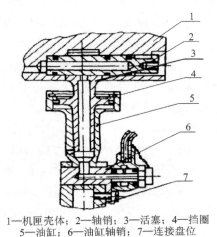

1—机匣壳体；2—轴销；3—活塞；4—挡圈
5—油缸；6—油缸轴销；7—连接盘位

图 6-22　销轴连接形式

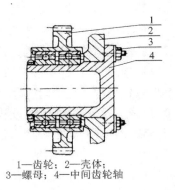

1—齿轮；2—壳体；
3—螺母；4—中间齿轮轴

图 6-23　悬臂式中间齿轮轴连接形式

6.7.3　齿轮传动

航空发动机的传动系统使用了很多圆柱齿轮和圆锥齿轮。这些齿轮的装配过程对传动系统的装配质量起到了重要作用。假定制造的齿轮几何尺寸在公差范围内，那么在装配过程中，齿轮的啮合首先应该满足图纸规定的齿侧间隙；其次啮合位置要正确；最后是传动齿轮的径向和轴向（端面）跳动量不得超过技术条件的允许值[114]。

1. 测定齿侧间隙

齿侧间隙是传动系统中两个啮合齿轮相邻齿型面间的最短距离，它能保证一个齿轮相对于另一个不动齿轮自由地转动某一个角度。齿侧间隙是为了储存润滑油层，也是为了补偿齿轮的制造误差和部件中零件的热变形。

（1）圆柱齿轮

由于一对圆柱齿轮在装配时除了个别情况外，其中心距不能改变，所以该齿轮副轮齿之间

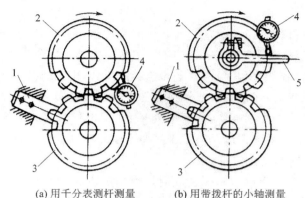

(a) 用千分表测杆测量　　　　(b) 用带拨杆的小轴测量

1—固定杆；2—活动齿轮；3—固定齿轮；
4—千分表；5—带拨杆的小轴

图 6-24　使用千分表测定齿侧间隙

的侧向间隙也不能改变。因此只能靠选配齿轮副的方法，亦即依赖轮齿的厚度变化(在几何参数公差范围内)来改变侧隙。

　　圆柱齿轮侧隙必须在节圆处测量，用塞尺或千分表进行。为此，应将所需厚度的塞尺插入两个啮合轮齿的节圆区域内。这种测量方法不是很准确，因为齿面的曲度使塞尺不能置于所需要的位置上。测量间隙较准确的方法是使用千分表，如图 6-24 所示。

　　测量可以采用两种方式：第一种方式是，如果轮齿部位可以外露，则可将千分表的测杆顶到其中一个齿轮轮齿的一点上，该点大致位于节圆的半径上(图(a))；另一个齿轮则固定不动。晃动自由轮，记录下千分表的读数，此读数就相当于齿轮的侧隙值。第二种方式是，利用一带拨杆的专用小轴(图(b))，将小轴插入齿轮的中心孔内，并用夹簧夹紧装置固定。当然也可利用桃形夹固定在齿轮小轴(或尾轴)上。测量时在拨杆上标注与齿轮节圆半径相对应的标记，然后紧对着标记放置千分表的测杆并测出间隙。

　　(2) 圆锥齿轮

　　圆锥齿轮侧隙的测量是利用齿轮沿其轴线的移动改变量进行的。但是移动齿轮会破坏啮合时，只有两齿轮的节锥顶点相重合时，才能认为是啮合正确。所以实际上有时不是移动一个齿轮，而是同时移动一对齿轮。齿轮的位置用所需厚度的调整环或垫片来确定，安装如图 6-25 所示。

　　圆锥齿轮副的侧向间隙用千分表测量，方法与圆柱齿轮的相同。不允许用塞尺测量间隙。选配间隙不正确时将引起轮齿的过度磨损、产生噪声、振动，以至会增大整个传动机构的调整误差，甚至引起轮齿断裂。

　　2. 涂色啮合检验

　　在一个选定的标准齿轮轮齿的两面涂上颜色，当两齿轮啮合时，将使颜色转印到另一个齿轮的轮齿上。根据着色印痕的情况，可以判明相啮合轮齿齿面接触的正确性。

　　圆锥齿轮副在正确啮合时，着色印痕呈有圆角的长方形，如图 6-26 所示，印痕上部离齿顶的距离 C 称为脱离接触段，其值等于 $0.1\sim0.15$ 倍齿高。印痕离齿间底部的距离 a 等于 $0.2\sim0.25$ 倍齿高，印痕长度约等于 $0.6\sim0.7$ 倍齿长。检验时，可根据为该型齿轮规定的专用着色印痕卡片来确定着色印痕的形状和位置的容许偏差。正确的着色印痕应该是：当没有负载时，在齿的小端方向印痕展宽；当有负载时，由于齿在长度方向上的变形不同，因此印痕的宽度趋向一致。

为了消除由颜料印痕所反映出来的误差（主要是沿齿高的偏移），可用通过选择齿轮副来消除，使它们各自的误差能够互相补偿，不允许用钳工修整的方法来消除误差。经检验后，齿轮副不正确的接触如图 6-27 中的示例所示。

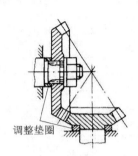
图 6-25　用调整垫圈确定齿轮位置

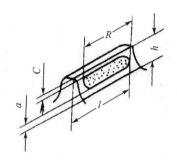
图 6-26　印痕形状

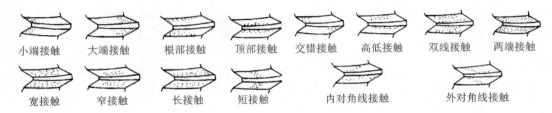

小端接触　大端接触　根部接触　顶部接触　交错接触　高低接触　双线接触　两端接触

宽接触　窄接触　长接触　短接触　内对角线接触　外对角线接触

图 6-27　齿轮副不正确的接触

3. 检查跳动量

由于存在加工或装配误差，因此齿轮装配后会发生径向或轴向跳动，其大小可用千分表确定。在检验圆柱齿轮的径向跳动时，可用齿轮的节圆作为基准。为此，可利用直径为 1.7 倍模数的滚棒放在齿槽间，将千分表触头抵在滚棒外表面上，如图 6-28 所示，在相互垂直的四个点上进行测量。在检验轴向跳动时，千分表触头抵在齿轮的端面上。因为装配时要检查齿轮安装的总误差，所以应该在将齿轮安装在相应的壳体上以后，再来测定径向及轴向跳动量。为了消除齿轮的安装误差，可以更换整套部件或其中的个别元件。

上述齿轮装配与检验的特点适用于发动机各部件内的齿轮，例如传动机匣、减速器、齿轮泵的辅助传动等机构中的齿轮。

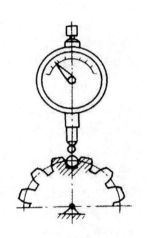
图 6-28　齿轮跳动量检查

6.7.4　滚动轴承

航空发动机使用的轴承可以分为滑动轴承和滚动轴承两大类。滑动轴承主要用于负荷较轻、润滑条件较好或负荷大而转速低的场合。滚动轴承是轴及其他旋转构件的重要支

承,并在零、部件相对回转时工作,是航空发动机中重要的基础件之一,本节仅介绍滚动轴承及其装配。

1. 分 类

滚动轴承可以分为承受径向负荷的向心轴承(一般滚动体为滚子形)、承受轴向负荷的推力轴承(一般滚动体为球形),以及在一套轴承内由两种或两种以上轴承构成的组合轴承,如图 6 - 29[117] 所示。

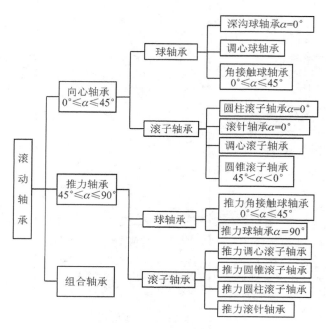

图 6 - 29 滚动轴承类型[117]

此外,按轴承的尺寸可以将轴承分为微型轴承、小型轴承、中小型轴承、中大型轴承、大型轴承及特大型轴承。在航空发动机上,基本使用中小型轴承。

2. 结构特点

滚动轴承由内圈、外圈、滚动体、保持架四部分组成,如图 6 - 30 所示。滚动体的作用是把内、外圈间的滑动转变为滚动,从而把旋转圈上的载荷传递到固定圈上以及机匣壳体上。保持架用来把滚动体分开,以减少滚动体的磨损。

轴承使用轴承代号标识。轴承代号由前置代号、基本代号和后置代号组成。前置代号表示轴承的类型及其组件的内容;基本代号有轴承类型、尺寸系列和内径系列等内容;后置代号表示轴承构件的材料、特殊的技术要求及其他一些特殊要求。

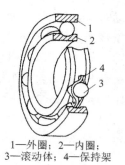

1—外圈;2—内圈;
3—滚动体;4—保持架

图 6 - 30 滚动轴承结构

3. 支承结构及安装方式

滚动轴承的支承能力可以根据支承形式分为单项限位支承、双向限位支承和游动支承三种类型。

（1）单向限位支承

单向限位支承的单向轴向载荷的传递一般通过轴肩传至轴承内、外圈,最后由端盖承受,如图 6 - 31(a)所示;或者由轴端锁紧螺母传至轴承内、外圈,由弹性挡圈承受,如图 6 - 31(b)所示。因此,这种支承的固定方式主要靠轴肩、端盖、制动环、锁紧螺母或挡圈等零件实现。

（2）双向限位支承

双向限位支承会限定轴的两个方向的位移,并使轴承相对于轴和外壳孔形成双向固定。该支承形式的轴承配置可以是一个或两个。为了便于拆卸和调整,轴承大多采用套杯结构。承受双向轴向载荷的向心轴承内圈由轴肩和螺母实现双向固定,外圈由套杯挡肩和端盖实现双向固定,如图 6 - 32(a)所示;承受双向轴向载荷的双列角接触轴承,内圈由轴肩和压板实现双向轴向固定,外圈由弹性挡圈和螺环实现双向固定,如图 6 - 32(b)所示。

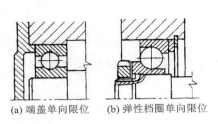

(a) 端盖单向限位　(b) 弹性挡圈单向限位

图 6 - 31　单向限位支承

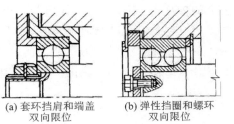

(a) 套环挡肩和端盖　(b) 弹性挡圈和螺环　　双向限位　　　　　双向限位

图 6 - 32　双向限位支承

（3）游动支承

该支承只有径向定位,并只能承受径向载荷;没有轴向定位,不能承受轴向载荷。对于游动端采用内、外端不可分离型向心球轴承(或双列向心球面球轴承),只需轴承内圈双向轴向固定,外圈可在轴承座孔内游动,外圈与轴承座孔之间应为较松的配合,如图 6 - 33(a)、(b)所示;对于内、外圈可分的向心短圆柱滚子轴承,内、外圈均需双向轴向固定,当轴受热伸长时,轴带着内圈相对于外圈游动,如图 6 - 33(c)所示。

(a) 向心球轴承

(b) 双列向心球面轴承

(c) 向心短圆柱滚子轴承

图 6 - 33　游动支承

4. 轴承装配

装配前检查轴承与包容件的配合尺寸,明确每一轴承的装配位置和受载荷情况;测量内、外圈直径,保证轴承内、外圈与轴和壳体采用不同的配合;使用专门的设备进行游隙检查,其数据应符合技术文件规定,对推力或角接触球轴承,应同时有轴向和径向游隙。

当轴承内圈与轴径的配合为过盈配合时,常采用加温装配(加温时间和温度以轴承能够自由装配为准)。安装时使用压装工具将加温过的内圈装到轴径上,再将外圈装到壳体孔内;间隙配合的轴承将外圈直接压入;对于过盈配合的外圈,应先将轴承或外圈冷却,或将壳体安装孔加温再压入,压入前配合表面涂润滑油。

装配轴承时应特别注意:绝对不允许直接敲打轴承,以免打坏滚动体或跑道;轴承安装到轴上或孔中之前,一般使用引导工具引导,以防轴承滚珠被压偏;压装时应使用压床或工装;轴承往轴上安装时,一定压内圈;轴承往机匣中安装时,一定压外圈;当轴承与轴颈或与安装孔为过盈配合时,必须预热轴承或轴承孔。

轴承类型不同,使用的工具和安装、拆卸的方法也不同。常见以下几种轴承的拆装方法[118]:

(1) 圆柱孔向心轴承

通常使用套筒工具将轴承先压装在轴上,然后轴承连同轴一起装入轴承座孔内。如果同时将轴承装入轴上和座孔内,则应在套筒和轴承端面之间加一压板,如图6-34所示。对于过盈量较大的轴承,也必须采用加热安装。当拆卸轴承内圈配合较紧、外圈与座孔配合较松的不可分轴承时,应先将轴连同轴承从轴承座上取出,然后再将内圈从轴上拆下、外圈从轴承座孔内取出。图6-35示出了使用几种工具拆卸轴承的方法,图(a)利用轴承座上的工艺螺纹孔将轴承取出,图(b)使用专用卡块配合压具将轴承压出,图(c)、(d)使用拔轴器将轴承拔出。

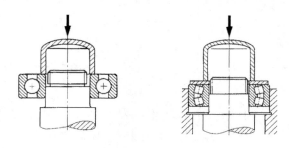

图 6 - 34　圆柱孔向心轴承安装

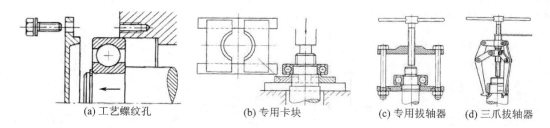

(a) 工艺螺纹孔　　　　(b) 专用卡块　　　(c) 专用拔轴器　　(d) 三爪拔轴器

图 6 - 35　圆柱孔向心轴承拆卸方法

(2) 圆锥孔向心轴承

如图6-36所示,此类轴承一般直接装在有锥度的轴径上(图(a));或者装在紧定套或退卸套的锥面上(图(b)、(c));当把轴承压入有锥度的轴径上时,由于内圈的膨胀使轴承径向间隙减小,因此要用径向游隙减小量来衡量配合的松紧程度,径向游隙一般由螺母控制(图(d))。当圆锥孔轴承采用加热安装的方法时,加热前需要确定轴承在轴上的工作位置,并用垫片定位,待装好冷却后再将垫片去掉。

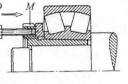
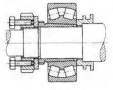
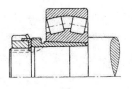

(a) 锥度轴颈安装　　　　(b) 紧定套锥面安装　　　　(c) 退卸套锥面安装　　　(d) 螺母调整径向游隙

图 6－36　圆锥孔向心轴承装拆及调整

（3）向心推力轴承

角接触球轴承和圆锥滚子轴承都只有单项限位能力,无论是用作单项还是双向限位支承,通常都成对使用。当轴承背对背安装时,轴承外圈宽端面相对,安装后需要通过压紧螺母来调整游隙,如图 6－37(a)所示。

（4）推力轴承

对于不能径向定位、只能轴向限位的推力轴承,作为支承必须与其他类型轴承共同使用,并且安装后需要通过垫圈、孔用螺纹套筒和弹簧来调整轴向游隙,如图 6－37(b)所示,图中的 S 是调整游隙。

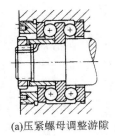

(a)压紧螺母调整游隙　　　　　　　(b) 垫圈调整游隙

图 6－37　推力轴承游隙的调整

6.7.5　粘接技术

粘接是一项古老而又实用的技术。它是利用胶粘剂把两个分离的零件进行连接、密封、堵漏、修复或补偿尺寸的一种方法。目前,在航空工业中已成为不可缺少的工艺方法。它以快速、牢固、节能、经济等优点取代了部分传统的铆、焊及螺纹连接等工艺,成为一种应用领域广、经济效益显著的技术[119]。

在航空发动机的装配中,粘接主要用于密封、两个相互结合的零(部)件之间相对位置的制动,以及金属和金属、金属和非金属之间的粘接。

1. 粘接技术的特点

粘接时温度低,不产生热应力和变形,不改变基体的金相组织,密封性好,接头的应力分布均匀,不会产生应力集中现象,疲劳强度通常比焊、铆、螺纹连接高,接头重量轻,有较好的加工性能,表面光滑美观。

粘接工艺简便易行,一般不需要复杂的设备,胶粘剂可随身携带,使用方便,成本低,周期短,便于推广应用,适用范围广,几乎能连接任何金属和非金属、相同的和不同的材料,尤其适用于产品试制、设备维修和零部件的结构改进。对某些极硬或极薄的金属材料,以及形状复杂、材料不同、结构不同或微小的零件,采用粘接最为方便。

胶粘剂具有耐蚀、耐酸、耐碱、耐油、耐水等特点,接头不需进行防腐、防锈处理,在连接不同金属材料时,可避免电位差的腐蚀。胶粘剂还可作为填充物填补砂眼和气孔等铸造缺陷,进行密封补漏、紧固防松,修复已松动的过盈配合表面;还可赋予接头绝缘、隔热、防振以及导电、导磁等性能,防止电化学腐蚀。

粘接有许多难以克服的不足之处,如不耐高温,粘接强度比基体强度低得多,胶粘剂性质较脆,耐冲击力较差,易老化变质,且有毒、易燃。某些胶粘剂需配制,工艺要求严格,粘接工艺过程复杂,质量难以控制,受环境影响较大,分散性较大,目前还缺乏有效的非破坏性的质量检验方法。

2. 胶粘剂

胶粘剂简称胶。它是由粘料、增塑剂、稀释剂、固化剂、填料和溶剂等配制而成[120]。

（1）分　类

胶粘剂的种类很多,可以按照粘料的化学成分把胶分为无机胶粘剂和有机胶粘剂。按照工艺的特点可以把胶分为溶剂型、反应型、热熔型、厌氧型和压敏型等。按照基本用途可以把胶分为结构胶、通用胶、特种胶和密封胶等。按照形态可以把胶分为乳胶型、糊状型、粉末型和胶膜胶带型等。

（2）常用的胶粘剂

常用的无机胶粘剂主要是磷酸-氧化铜胶粘剂。这种胶粘剂能承受较高的温度（600～850 ℃）,黏附性能好,抗压强度达 90 MPa,套接抗拉强度达 50～80 MPa,平面抗拉强度达 8～30 MPa,制造工艺简单,成本低。但性脆,耐酸和碱的性能差。

常用的有机胶粘剂有环氧树脂、热固性酚醛树脂以及厌氧密封胶。环氧树脂是因分子中含有环氧基而得名。它具有较高的强度,黏附力强,固化后收缩小,耐磨、耐蚀、耐油,绝缘性好,工作温度在 150 ℃ 以下,使用较广泛。环氧树脂种类很多,最常用的是高环氧值,以及低、中分子量的双酚 A 型环氧树脂。它的黏度较低,工艺性好,价格低廉,在常温下有较高的胶接强度和良好的耐腐蚀性能。热固性酚醛树脂也是一种常用的、黏附性很好的胶;但脆性大,机械强度差,一般用其他高分子化合物改性后使用,例如与环氧树脂或橡胶混合使用。厌氧密封胶的黏度低,不含溶剂。使用时常温固化,固化后收缩小,能耐酸、碱、盐以及水、油、醇类溶液等介质,在机械设备维修中可用于螺栓紧固、轴承定位、堵塞裂缝和防漏;但它不适宜粘接多孔性材料和间隙超过 0.3 mm 的缝隙。

3. 粘接工艺

（1）工艺程序

通常情况下,粘接工艺流程按照图 6-38 所示进行。

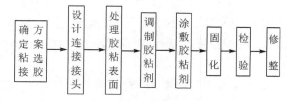

图 6-38　粘接工艺程序

（2）工艺特点

必须根据被粘物的材质、结构、形状，承受载荷的大小、方向和使用条件，以及粘接工艺条件的可能性等，选择胶粘剂。如果被粘物的表面致密、强度高，则可选用改性酚醛胶、改性环氧胶、聚氨酯胶或丙烯酸酯胶等结构胶；对于橡胶材料粘接或橡胶材料与其他材料粘接，应选用橡胶型胶粘剂或橡胶改性的韧性胶粘剂；对于热塑性的塑料粘接，可用溶剂或热熔性胶粘剂；对于热固性的塑料粘接，必须选用与粘接材料相同的胶粘剂；对于膨胀系数小的材料，如玻璃、陶瓷材料自身的粘接，或与膨胀系数相差较大的材料，如铝等的粘接，应选用弹性好又能在室温固化的胶粘剂；当被粘物表面接触不紧密、间隙较大时，应选用剥离强度较大而有填料作用的胶粘剂。

粘接前选择确定接头的形式非常重要。常见的较理想的接头设计如图 6 - 39 所示。接头的受力方向应在粘接强度最大的方向上，尽量使其承受剪切力。接头的结构尽量采用套接、嵌接或扣合连接的形式。当接头采用斜接或台阶式搭接时，应增大搭接的宽度，尽量减少搭接的长度。接头设计尽量避免对接形式，若条件允许，可采用粘与铆、粘与焊、粘与螺纹连接等复合形式的接头。接头的结构设计目前尚没有准确的计算方法与标准模式，因此对重要零件的粘接应进行模拟试验。

图 6 - 39　常用接头粘接形式

表面处理是保证粘接强度的重要环节。对于一般的结构性粘接，被粘物表面应进行预加工，例如用机械法处理，表面粗糙度应达到 $Ra=12.5\sim25\ \mu m$；用化学法处理，表面粗糙度达到 $Ra=3.2\sim6.3\ \mu m$。经表面处理后，表面清洗与黏合的时间间隔不宜太长，以避免沾污需粘接表面。表面处理与清洗的效果决定于被粘物的材质和所选用的清洗剂，要正确选用。

黏合时，按胶的不同形态（液体、糊状、薄膜、胶粉），可采用刷涂、刮涂、喷涂、浸渍、粘贴或滚筒布胶等方法。胶层厚度一般控制在 0.05～0.35 mm 为最佳，要完满、均匀。

固化阶段可以加压，加压是为了挤出胶层与被粘物之间的气泡和加速气体挥发，从而保证胶层均匀。加温要根据胶粘剂的特性或规定的选定温度，并逐渐升温而使其达到胶粘剂的流动温度。同时，还需保持一定的时间，才能完成固化反应。所以，温度是固化过程的必要条件，时间是充分条件。固化后要缓慢冷却，以免产生内应力。

粘接完成后必须进行质量检验，检查粘接层表面有无翘起和剥离现象，有无气孔和夹空，是否完全固化。检验过程中一般不允许做破坏性试验。

大多数胶粘剂固化后是无毒的，但固化前有一定的毒性和易燃性。因此，在操作时应注意通风，防止中毒、发生火灾。

4．应　用

在航空发动机制造领域，粘接主要应用在螺纹件的防松、堵漏和修配等方面。

在环境温度较低的情况下，在螺纹件的防松不能使用常规方法的部位，可使用胶粘替代防松零件。

对铸件、有色金属压铸件和焊缝等微气孔的渗漏部位，可用胶粘剂浸渗密封，现已广泛应用在机匣壳体、泵以及管路螺纹连接处的渗漏等部位。

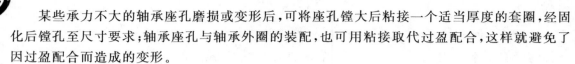

某些承力不大的轴承座孔磨损或变形后,可将座孔镗大后粘接一个适当厚度的套圈,经固化后镗孔至尺寸要求;轴承座孔与轴承外圈的装配,也可用粘接取代过盈配合,这样就避免了因过盈配合而造成的变形。

用粘接替代焊接时的初定位,可获得较准确的焊接尺寸。

各种传感器在发动机上的连接与固定常采用胶粘的方式。

5. 特种粘接技术

特种技术指使用特殊粘接材料、特种胶粘剂和特殊粘接工艺进行粘接操作的一种技术。使用复合材料、智能材料和纳米材料是该技术的一个显著特点。

特种粘接技术分为纯特种粘接技术和复合特种粘接技术两大类。纯特种粘接技术指使用单纯的特种胶粘剂,依靠或通过调整它的性能来完成粘接的全过程,粘接时应注意施胶的方法和粘接工作环境条件等因素。施胶常用刷涂、喷涂、点涂等方法。粘接工作环境条件主要指温度、湿度、清洁度等。复合特种粘接技术指不仅要依靠特种胶粘剂的特点,而且还要按照一些特定的、与其他技术复合构成的方法完成粘接的全过程。例如,在粘接面积受到限制,单一的粘接方案不能获得较理想、可靠的粘接强度,被粘处要承受较大冲击负载等的情况下,就可选择复合粘接方案,即粘接与铆接、粘接与焊接、粘接与机械连接、粘接与贴敷层等。

特种粘接技术是在跨学科、跨专业、跨领域、跨行业的交叉点上成长起来的高新技术。它不仅能解决焊、铆、螺栓连接、过盈配合及一般粘接技术不易或不能解决的问题,还能解决表面处理、热处理等许多传统技术不易解决的难题。

6.8 组合件、部件装配

航空发动机的组合件、部件或单元体指压气机、燃烧室、涡轮、附件传动机匣、排气装置以及燃、滑油系统等部件和系统。对于装配工艺来说,可以将发动机分为静子、转动件、燃烧室部件、尾喷管部件和滑油系统等部件的连接和装配[114]。

6.8.1 静子装配

发动机静子是相对于转动件而言的,是静止组合件的总称。发动机的静子机匣采用整体式和半分式两种结构形式,包括进气机匣、压气机机匣、分流机匣、中间机匣和涡轮机匣。静子组合件分别安装在各自的机匣内。

1. 机 匣

机匣的装配指在机匣上安装整流器,焊接和安装整流叶片或导向叶片,安装可调整流叶片及其构件,组合加工机匣壳体内表面的涂层以及装配机匣组合件等工艺过程。

机匣装配通常是焊接、机械加工和装配工序交叉进行,因此工作过程常在机械加工车间的装配工段或部件装配车间进行。

（1）分开式机匣

分开式机匣一般采用纵向半分形式,在两半分开的机匣上,沿纵向安装边分别由精密螺栓定心,并由小间距的多个螺栓连接。当整个机匣连接后经组合加工来保证同心度。

半分式的涡轮机匣沿圆周方向的刚性不均匀,受热和受力后变形也不均匀,但装配、检验方便,如图 6 - 40 所示。

（2）整体式机匣

整体式机匣通常沿轴向分段安装。在机匣端面的结合处,由机匣之间的过渡配合来保证机匣的同心度,并使用螺栓来连接机匣凸耳。

涡轮静子的分段整体式机匣是圆柱形或锥形壳体结构。涡轮机匣除固定导向器外,其前后安装边分别用螺栓与燃烧室及加力燃烧室或喷管连接。

整体式机匣的特点是质量小、加工量少、周向刚性均匀、定向好;但是压气机转子和整流器的结构及其装配较为复杂。分段式涡轮机匣的刚性均匀,工作时的变形小,装配方便。

混合式结构的机匣,一般先进行半分式机匣的装配,再进行整体式机匣的装配,如图 6 - 41 所示。

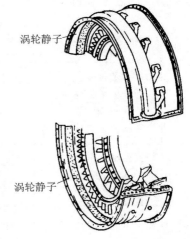

图 6 - 40　涡轮静子机匣

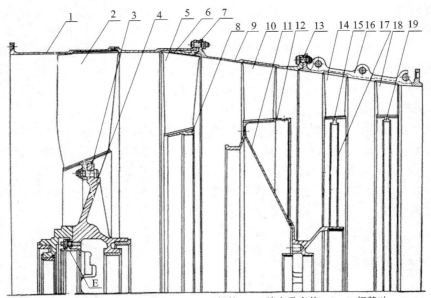

1—前机匣；2——级静叶；3,7,13—螺栓；4—前支承壳体；5—二级静叶；
6—二级外环；8—二级内环；9—三级机匣；10—三级静叶；11—隔板；
12—三级内环；14—四级静叶；15—四级内环；16—四、五级机匣；
17—封严圈壳体；18—五级静叶；19—五级内环

图 6 - 41　压气机静子机匣

2. 叶片和封严装置的安装

发动机静子叶片包括压气机叶片和涡轮叶片。在机匣内侧与叶尖对应处装有级间封严件。装配的主要技术要求是同心度、机匣接合面之间的密封性、封严件装在机匣上时与转子转动轴线的同心度等参数。安装完成后,必须使用专用测量装置对这些参数进行检验。

（1）压气机静子叶片

压气机静子叶片分为直接和间接两种固定方式。叶片安装在机匣内的两级转子之间,其固定方式与转子和机匣结构有关,叶片与机匣的连接情况如表6-8所列。

表6-8 静子叶片与机匣连接形式

连接形式	叶片结构	机匣结构
直接固定 (叶片安装在机匣 外壁的特形 槽内侧)	螺纹轴径、矩形板	有内环双支点或无内环
	T形榫头	有内环或无内环
	燕尾榫头	有内环双支点
	焊接	有内环双支点
间接固定 (叶片安装在 整流器外环上)	点焊	有内、外环双支点整流器
	铆接	有内、外环双支点整流器
	燕尾形榫头	有内、外环或无内环整流器

图6-42表示压气机静子叶片的主要安装形式。

1)带螺纹轴颈的叶片与机匣的装配

将机匣直接放在装配支座上,按技术要求依次将带螺纹轴颈和矩形板的静子叶片直接装在机匣内壁的环槽内,放上锁片,用螺母固定,如图6-42(a)所示。在静子叶片圆柱轴颈一端成对地装配内环的前、后半环,按要求的拧紧力矩限力拧紧螺母,并检查叶片安装板之间的间隙和与相邻表面的凸度。在不满足技术规定时,允许松开螺母来调整或更换叶片,也可在技术条件范围内进行修磨。为了装配方便及防止锁片转动,可并在装配前将锁片的两角弯曲一定角度,并在叶片固定螺母与锁片的接触表面上涂石蜡。

2)带燕尾形或Ⅲ形榫头的静子叶片与机匣的装配

某些发动机静子叶片的榫头做成燕尾形或Ⅲ形,静子叶片利用这些形式的榫头直接固定在机匣的内壁上,如图6-42(b)中上图所示。这种连接形式结构简单、连接可靠、拆卸方便。

3)带T形榫头的叶片与机匣的装配

用静子叶片T形榫头直接插入机匣内壁的T形环槽内,如图6-42(b)中下图所示。此时应进行压气机机匣转子通道的径向尺寸检查。

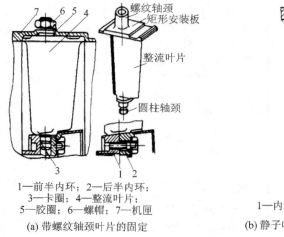

1—前半内环;2—后半内环;
3—卡圈;4—整流叶片;
5—胶圈;6—螺帽;7—机匣
(a)带螺纹轴颈叶片的固定

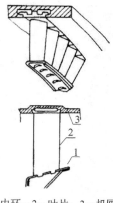

1—内环;2—叶片;3—机匣
(b)静子叶片用榫头直接固定在机匣上

图6-42 压气机静子叶片的主要安装形式

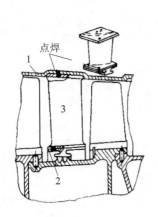

1—机匣；2—内环；
3—整流叶片

(c) 叶片直接与机匣点焊连接

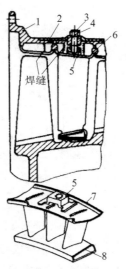

1—安装边；2—机匣；3—螺钉；4—螺栓；
5—凸块；6—定位块；7—外环；8—内环

(d) 间接固定静子叶片

图 6 - 42 压气机静子叶片的主要安装形式(续)

4) 叶片与机匣点焊的组合装配

在叶片外端借矩形安装板用夹具将叶片固定于机匣上，再用专门设计的划线样板在机匣表面上划出焊点位置线，将带夹具的叶片与机匣组件放到焊接设备上，在每个叶片上点焊一点或几点，使叶片直接固定在机匣上。接着卸去夹具，继续补齐其他焊点，如图 6 - 42(c)所示。

5) 间接固定的装配方法

在将静子叶片安装(或焊接)在专门的整环和半环内之后，即构成了整流器或整流器半环，然后再固定在机匣内。此种方法不仅要考虑叶片在外环上的固定，还要考虑整流器与机匣的连接，如图 6 - 42(d)所示。

(2) 涡轮静子叶片

将涡轮外环、静子叶片和内支承环组合成涡轮导向器的过程，称为涡轮静子叶片的装配。在正式装配之前要进行预先装配，其目的是调整叶片的活动量、缘板间隙、排气面积，并进行组合加工。

导向器分为可拆卸和不可拆卸两种形式。

不可拆卸的导向器的叶片与内、外环之间采用焊接或铆接连接，如图 6 - 43 所示。

可拆卸的导向器结构形式如图 6 - 44(a)、(b)、(c)所示，图中表示了静子叶片与内、外环之间采用的连接形式。

1) 浮动安装

内、外环连接时先安放内、外枕垫，再将套装在叶片及管子内的螺栓一端的螺纹拧入内环，依靠穿过空心叶片的长螺栓拉紧，此时长螺栓外的管子起到定位的作用，并保证了内、外环的同心度。之后，在相邻枕垫之间形成了一个异型缝槽，如图 6 - 44(a)所示。

2) 固定在外环和内支承上

以内支承为基础件，使叶片借助于辐条分别用螺栓固定在外环和内支承上。连接后，实心

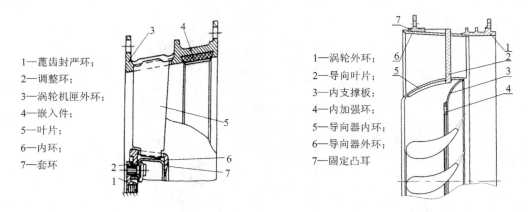

1—蓖齿封严环；

2—调整环；

3—涡轮机匣外环；

4—嵌入件；

5—叶片；

6—内环；

7—套环

1—涡轮外环；

2—导向叶片；

3—内支撑板；

4—内加强环；

5—导向器内环；

6—导向器外环；

7—固定凸耳

图 6-43 不可拆卸导向器

辐条提高了机匣的承载能力，并通过安装偏心衬块使叶片绕辐条轴线旋转，通过改变叶片的后缘角度来改变排气面积，如图 6-44(b) 所示。

3) 径向安装在机匣内

以级间封严环(内支承环)作为基础件，将装好叶片和封严片的级间封严环沿径向安装在机匣定位槽内，角向由定位销定位，之后安装低压涡轮组件、后定位环，并用螺栓固定后定位环，如图 6-44(c) 所示。

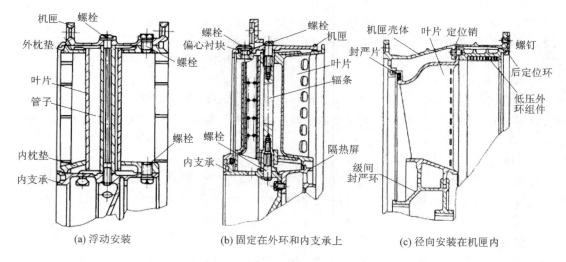

(a) 浮动安装   (b) 固定在外环和内支承上   (c) 径向安装在机匣内

图 6-44 可拆卸导向器

3. 级间密封件的装配

级间密封件指压气机和涡轮各级间的密封件，在转子与静子机匣之间形成封严装置。这些密封件如图 6-45 所示，有滑石封严、石墨块封严、软金属环封严与复合材料封严等形式。

滑石封严是将涂有滑石层并经组合加工的成对封严半环分开，将卡圈套在静子叶片内端带卡圈槽的圆柱轴颈上，将成对的前、后封严半环装在叶片圆柱轴上，装上锁片和螺母并固定。

石墨块封严是在环形夹圈的环槽内安放有分成数块的石墨块,在环形夹圈的弹簧安装座上放置弹簧,再将环形夹圈用螺栓固定在静子叶片内端,如图 6-45(a)所示。

软金属环封严是将用青铜等软金属钣料冲成的薄环,用螺栓固定在整流器的内环上,如图 6-45(b)所示。

复合材料封严形式较简单,在静止件的封严环内喷涂复合材料,然后按要求的尺寸在车床或磨床上加工,如图 6-45(c)、(d)所示。

各种形式的封严装置在装配时都使用专门设计的工艺设备,并对滑石、石墨等易损材料进行特殊保护,在安装时提出专门的技术要求。

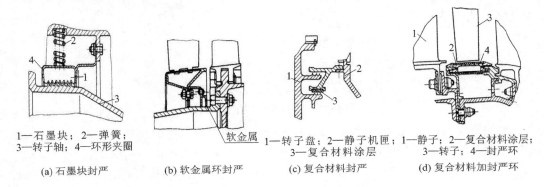

1—石墨块;2—弹簧;　　　　　　　　　　　　　 1—转子盘;2—静子机匣; 1—静子;2—复合材料涂层;
3—转子轴;4—环形夹圈　　软金属　　 3—复合材料涂层　　　 3—转子;4—封严环

(a) 石墨块封严　　　 (b) 软金属环封严　　 (c) 复合材料封严　　 (d) 复合材料加封严环

图 6-45　级间密封件的结构形式

6.8.2　转子装配

绕定轴旋转的零件或组合件称为转动件或转子。航空发动机的转子指压气机转子和涡轮转子[110]。

1. 转子叶片

(1) 叶片结构形式

转子叶片可以分为带阻尼台的压气机转子叶片、带减震装置的涡轮叶片、带冠叶片(或带封严篦齿的带冠叶片)等多种形式。

常见的叶片与盘的连接有销钉式榫头连接、燕尾榫头连接、枞树形榫头连接等连接形式,如图 6-46 所示。对销钉式连接(见图(a))一般采用轴向销钉固定锁片锁紧;对燕尾榫头连接(见图(b))可以采用榫头凸块与锁片固定(Ⅰ)、挡销与锁片固定(Ⅱ)、锁片固定(Ⅲ),以及卡环固定等形式;对枞树形榫头连接(见图(c))可以采用底座与锁片固定(Ⅰ)、直接锁片固定(Ⅱ、Ⅲ)或销钉固定(Ⅳ)以及锁板固定(Ⅴ)。

(2) 叶片安装步骤

为了提高转子的平衡性能,对于一台份的叶片在安装前,应按质量、频率等工艺参数进行筛选。装配步骤通常按下述次序进行:

① 将按配合尺寸、质量、固有频率和静力矩选配的叶片排列整齐;

② 各级叶片按照质量递减的次序进行编号;

③ 当叶片使用卡环轴向固定结构时,应先少装一片叶片,以检查卡环开口端面与止动销直径间的间隙,然后继续装配;

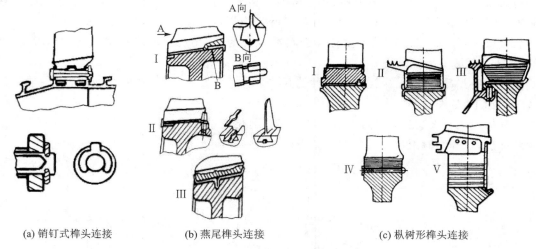

| (a) 销钉式榫头连接 | (b) 燕尾榫头连接 | (c) 枞树形榫头连接 |

图 6 - 46　转子叶片与盘的连接

④ 叶片使用锁片轴向固定结构后,应检查叶片的切向活动量和其他参数;

⑤ 当叶片带冠并采用锁板轴向固定结构时,应严格控制锁板的轴向间隙;

⑥ 采用带减震环结构的叶片,在装配中必须严格控制叶片与叶片、叶片与轮盘之间的相互位置。

2. 压气机转子

(1)离心式转子

双面进气带导风轮的离心压气机转子见装配工艺系统图 6 - 5,它由前导风轮、叶轮、后导风轮、后轴和前轴等零件组成,其装配过程按照图中的工艺程序进行。

(2)轴流式转子

轴流式转子主要分为鼓式转子、盘式转子和鼓盘式转子形式。

1)鼓式转子

鼓式转子的基本构件是圆柱形和圆锥形鼓筒段。图 6 - 47 所示的鼓式转子前段由带轴颈

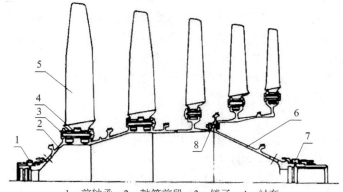

1—前轴承; 2—鼓筒前段; 3—销子; 4—衬套;
5—叶片; 6—鼓筒后段; 7—后轴承; 8—精密螺栓

图 6 - 47　鼓式转子的基本结构形式

的圆锥段和圆柱段焊接而成，后段带有后轴颈。装配时，将带有环形突边的鼓筒前段和后段套装，并在安装边处用 24 个锥形精密螺栓连接成一体。

2）盘式转子

图 6-48 是一个可拆卸式盘式转子。该转子由一根轴和若干个端面带有齿槽的轮盘组成。装配时，先在盘上根据不同形式的榫槽安装叶片，再平衡每级盘。之后用专用轴向拉杆将各级轮盘串联在一起，安装前、后轴颈，最后拧紧螺母，卸掉专用拉杆。

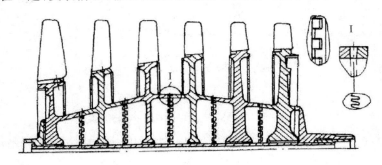

图 6-48　可拆卸式盘式转子的基本结构形式

3）鼓盘式转子

鼓盘式转子可以分为不可拆卸式和可拆卸式两种。图 6-49(a)表明了不可拆卸式鼓盘式转子的基本结构形式。它由若干个轮盘、鼓筒和前、后半轴组成，盘缘上可做成各种形式的榫槽用来安装转子叶片。级间连接采用焊接、径向销子、轴向螺栓或拉杆等形式。装配时，平衡各级盘并以中间盘为基础件组合各级盘，加工盘、鼓筒孔并安装销钉，安装前、后轴颈，最后安装叶片。

可拆卸式转子如图 6-49(b)所示，它的装配程序为：在盘上安装叶片并进行平衡，以第一级盘作为基础件，使用专用定位销连接各级鼓筒、衬套、前轴颈、各级盘和后轴颈，使用长螺栓和螺母将其拉紧，之后检查螺杆的伸长量。最后完成转子上其余零件的安装并进行平衡。

对于可拆卸式短螺栓连接和锥螺栓连接的鼓盘式转子，装配过程与上述过程基本相同。

在使用一组螺杆（拉杆）或螺栓对鼓盘式转子进行装配的过程中，除了保证螺杆（拉杆）或螺栓的预紧力外，还要保证每个杆、栓受力均匀。在对锥螺栓与相配件装配前要进行着色检验（着色面积不小于总接触面积的 85%）；锥螺栓端面与被连接件之间在装配前应有一定的端面

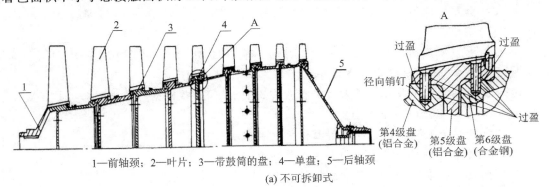

1—前轴颈；2—叶片；3—带鼓筒的盘；4—单盘；5—后轴颈

(a) 不可拆卸式

图 6-49　鼓盘式转子的基本结构形式

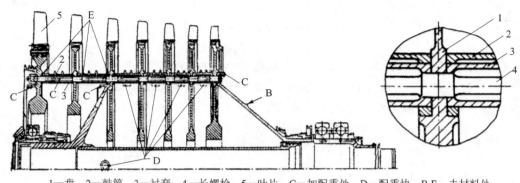

1—盘；2—鼓筒；3—衬套；4—长螺栓；5—叶片；C—加配重处；D—配重块；B,E—去材料处

(b) 可拆卸式

图 6－49　鼓盘式转子的基本结构形式（续）

间隙，以保证安装后连接件之间紧密配合；锥螺孔要进行组合加工，并保证粗糙度；装配后每个锥螺栓要通过着色检测来检查拧紧后的密合度不小于总密合度的 75％。

3. 涡轮转子

涡喷、涡扇发动机是轴向式涡轮，同样分为不可拆卸式和可拆卸式两种装配形式。不同结构形式的涡轮采用不同的装配方法。

由于涡轮转子的工作环境处于高温状态下，因此在结构上有其特殊性：高温涡轮的冷却封严结构复杂，装配要求严格；低压涡轮多采用长叶片，并带有复杂的减震阻尼结构，转子在装配过程中有很高的工艺技术要求。涡轮具有足够的高温强度和耐蚀能力；有足够的刚性、良好的结构和热安定性，并且定心可靠；连接可靠，一般采用端面齿或高强度螺栓以及过盈配合来连接轴、盘。

在单级和双级转子中，涡轮转子通常是盘式结构；在多级转子中，涡轮转子采用盘鼓混合式结构。

（1）不可拆卸式

不可拆卸式的涡轮有多种形式，如图 6－50 所示。图(a)、图(b)是径向销连接结构不可拆卸的形式。装配过程基本按照下述步骤进行：

① 盘与承力环或轴用装配与机械加工工序交叉的方法，并按照严格的技术要求进行组合；

② 盘与承力环及轴的装配选择一级盘或轴作为基础件，将包容件加温，使用专用夹具将其压入轴或盘、承力环、Ⅱ级盘等零件中；

③ 在组合后的盘轴及盘与承力环的相应位置上加工孔，并根据各零件配合的技术要求选配径向销，用专用工艺设备压入销子；

④ 在涡轮轴上安装轴承封严环等其他零件和保险；

⑤ 按照规定的技术要求选配和安装涡轮叶片；

⑥ 按照技术要求检查转子各端面的跳动量；

⑦ 车、磨叶片端面，或者加工封严篦齿和规定端面；

⑧ 对转子进行动平衡。

不可拆卸的涡轮转子还有整体加工和焊接（包括鼓筒轴或盘缘焊接）而成的形式，如图 6 - 50 (c)、(d)、(e)所示。

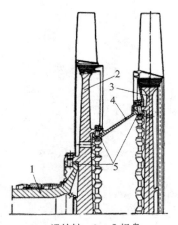

1—涡轮轴；2—Ⅰ级盘；
3—Ⅱ级盘；4—承力环；5—销钉

(a) 径向销连接盘和承力环

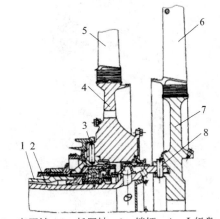

1—高压轴；2—低压轴；3—销钉；4—Ⅰ级盘；
5—Ⅰ级叶片；6—Ⅱ级叶片；7—Ⅱ级盘；8—销钉

(b)径向销连接盘和轴

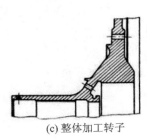

(c) 整体加工转子

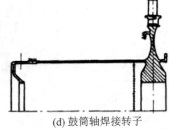

(d) 鼓筒轴焊接转子

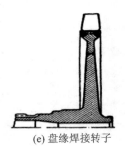

(e) 盘缘焊接转子

图 6 - 50   不可拆卸式涡轮转子

（2）可拆卸式

可拆卸式涡轮转子盘轴一般采用螺栓固定、套齿或端面传扭的形式，可以分为短螺栓固定、长螺栓固定及长、短螺栓混合固定的装配形式，如图 6 - 51(a)、(b)、(c)所示。

使用螺栓连接的涡轮装配方法基本相同，其安装过程是：

① 选择盘或轴作为基础件，采用专用夹具支撑并加紧盘或轴；

② 按照规定的技术要求选配并安装叶片；

③ 对套齿传扭盘轴件进行预装配，检查着色面；

④ 安装或加温包容件后安装盘或轴；

⑤ 安装螺栓，拧紧螺母，并对螺母限力，对于锥形螺栓，检查间隙并对螺母安装保险；

⑥ 对转子进行动平衡。

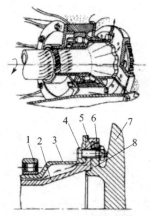 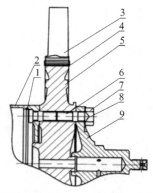

1—轴承；2—轴；3—衬套；4—螺栓；　　　　1—卡簧；2—鼓筒；3,8—叶片；4—锁片；
5—轴安装边；6—套齿；7—盘；8—盘安装边　　　5—盘；6—短螺栓；7—螺母；9—后轴
(a) 短螺栓固定式转子　　　　　　　　　　(b) 长螺栓固定式转子

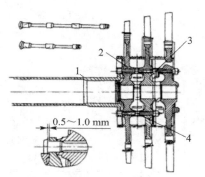

1—涡轮轴；2—盘；3—长螺栓；4—短螺栓；
(c) 长、短螺栓混合固定式转子

图 6 - 51　可拆卸式涡轮转子

6.8.3　转子平衡

现代的动平衡技术是在 20 世纪初随着蒸汽透平的出现而发展起来的。随着航空发动机技术的发展，压气机转子、涡轮转子等转动件的平衡在发动机装配中占有重要地位。在发动机的振动问题越来越突出的情况下，普遍认为"不平衡力"是其主要原因。据统计，有 50% 左右的机械振动是由不平衡力引起的。因此，有必要减小不平衡力，即对转子进行平衡，使其满足发动机总装配后对转子的振动要求[121]。

1. 基本概念

当转子材料分布不均匀或安装不当时，使转子的中心惯性主轴线与旋转轴线不重合，转子上各点产生的惯性离心力和离心力偶被合成为通过质心的惯性主矢和惯性主矩，在支承上造成额外的转动载荷，从而使转子转动不平稳而产生振动。动平衡的目的是通过质量的补充调整（加、减重或移重）使支承上的动载荷减小到允许的范围内。

任何经过平衡处理后的转子仍会有残存的不平衡量（剩余不平衡量），当剩余不平衡量满足允许使用的不平衡量时,就可以允许转子使用。许用动不平衡量目前遵循的标准是 ISO1940,该标准划分了 11 个级别,对不同状态的转子推荐使用不同的等级。

许用动不平衡量的精度可以表示为

$$G = \frac{e_{\mathrm{per}}\omega}{1\,000} \tag{6-19}$$

其中:e_{per}——单位转子质量的许用动不平衡量,g・mm/kg;

　　　ω——转子的最高工作角速度,rad/s。

根据关系式(6-19),可以使用表 6-9 的方式来表示航空发动机的平衡精度以及转子的许用不平衡量与转子转速的关系。

表 6-9　各种类型刚性转子的平衡标准

平衡品质	平衡精度/(mm・s⁻¹)	转子类型
G16	16	螺旋桨及万向节传动轴;有特殊要求的六缸或六缸以上发动机的曲轴部件等
G6.3	6.3	航空发动机整机;泵转子;离心机;电机转子;风扇;涡轮增压器;齿轮;有特殊要求的发动机回转部件等
G2.5	2.5	压气机转子部件;涡轮转子部件;汽轮机发电机转子;机床主轴和驱动部件等
G1.0	1.0	声频、视频驱动装置;磨床驱动部件;小型电动机转子;有特殊要求的发电机转子等
G0.4	0.4	微型航空发动机转子;陀螺仪;高精密系统的主轴和驱动部件等

2. 平衡机

现代动平衡机分为软支承机和硬支承机。通常由机械振动系统、通用或专用平衡夹具、驱动系统、电子测量系统、校正装置和安全防护装置等部分构成。平衡时,由传感器和闪光管输出信号,通过计算机处理后记录并显示转子不平衡量的大小和位置。图 6-52 表示了平衡机的基本构成和工作原理。

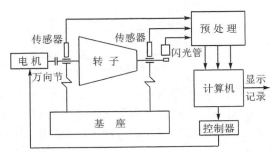

图 6-52　平衡机示意图

软支承动平衡机的机械振动系统的弹性元件一般由截面为矩形、各向不等刚度的、局部有加厚或削弱(挖空)的变截面的薄弹簧片(簧)组成,也可由截面为圆形、各向等刚度的弹簧杆组成,或者由这两者的组合组成。常用的平衡机有倒置式、悬挂式和框架式等,悬挂式的结构形式如图 6-53(a)所示。

硬支承动平衡机的机械振动系统的特点是系统刚度大,其单 H 形摆架的结构形式如图 6-53(b)所示。由于地面存在弹性误差,因此硬支承机必须有结实的混凝土地基,并要求两者有良好的连接。

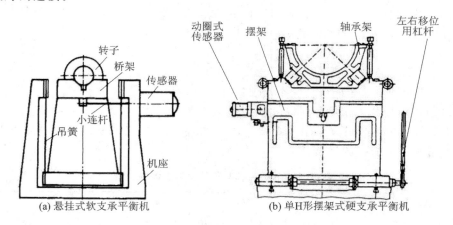

(a) 悬挂式软支承平衡机　　　　(b) 单H形摆架式硬支承平衡机

图 6-53　平衡机结构示意图

　　按照转子平衡的放置方式,平衡机又可分为卧式和立式两类。卧式平衡机使用平衡夹具放置被平衡的转子,并承受被平衡转子的载荷,使转子能在摆架上以规定的平衡转速转动构件。而立式平衡机则要使用各种定心卡紧装置对被平衡的转子进行定心和夹紧。

　　在平衡过程中,转动件处于试验高速旋转状态。为了人员安全,对某些平衡机设置了防护设备,图 6-54 是覆盖整个平衡机的伸缩型防护罩的示意图。

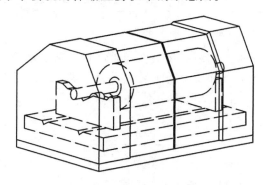

图 6-54　带伸缩防护罩的平衡机

　　平衡机测量系统能够使用的测振传感器有动圈式速度传感器、压电式力传感器、电容式力传感器、电容位移传感器、差动变压式位移传感器和应变片式位移传感器等。

　　平衡机的驱动有多种形式。大型机采用联轴器驱动,中型机可同时具有联轴节和圈带驱动两套系统。此外还有摩擦轮驱动、旋转磁场驱动和压缩空气驱动等形式。

　　3. 平衡的实施

　　按照设计图样和平衡技术条件制订工艺路线,并选用平衡机、转动件驱动方式、工艺装备、工艺参数、平衡精度及检验方法等。

　　对组合转子应采用分步平衡,即先平衡单个转子的单面或双面,然后逐步组合,并以组合转子的形式再次平衡。组合平衡时,校正面应重新安排,并以不破坏已平衡好的转子为原则。对带叶片的转子,先按叶片的重径矩分组选配,然后再装配进行动平衡。

转子图样给出动不平衡的公差,并标出校正平面的位置。动不平衡的公差一般以每校正面允许多少克·毫米来表示。

在进行平衡前,需要进行机器的调整和标定,以实现左、右校正面的平面分离,并确认机器读数与加在转子特定平面、特定半径上的试重数值之间的关系。在检验部门确认读数有效后,才能根据机器的读数来确认转子的剩余不平衡量。

在进行转动件的动平衡时,一般先测出不平衡量的大小和相位,之后进行质量校正,最后再检验不平衡量是否符合允许值,若不符合允许值,则去除或增加材料后继续进行动平衡。

4. 平衡方式

选择转子平衡方式的原则是:在满足转子平衡后的用途需要的前提下,能做静平衡的,就不做动平衡,能做动平衡的,就不做静平衡。

各类机器使用的平衡方法较多,例如单面平衡常使用平衡架,双面平衡常使用各类动平衡试验机。静平衡精度太低,平衡时间长;动平衡试验机虽能较好地对转子本身进行平衡,但是对于转子尺寸相差较大的情况,往往需要不同规格尺寸的动平衡机,而且试验时仍需将转子从机器上拆下来,这样做明显是不经济的。特别是动平衡机无法消除由装配或其他随动元件引发的系统振动。

将组装完毕的发动机在运转状态下进行的平衡操作称为整机平衡。这种方法是发动机作为动平衡机座,通过传感器测量转子有关部位的振动信息并进行数据处理,以确定在转子各平衡校正面上的不平衡量及其方位,再通过加、减重量来消除不平衡量,最终达到高精度平衡的目的。国际标准 ISO1940—2005《刚体旋转体的平衡精度》中规定,平衡精度为 G0.4 的精密转子必须使用现场平衡,否则平衡毫无意义。

6.8.4 转动部件装配

按照装配工艺的观点,转动部件的装配分为压气机和涡轮两大部件的装配。

由于压气机存在单转子、双转子等结构形式,因此可将压气机的装配分成在一个独立装配单元中进行的装配,以及在发动机总装的传动装配过程中进行的装配两种类型。

在现代航空涡轮发动机中,单轴多级涡轮和双轴涡轮都不是独立的装配单元。因此,涡轮的装配过程通常是发动机总装配中的传动装配过程。涡轮部件在已完成了装配的压气机与燃烧室的工艺装配单元上进行装配。

1. 压气机部件

(1) 工艺装配单元

某些单转子压气机(图 6-55)的装配过程按照下述主要工序进行:

① 配套工序。进行零件、组合件、轴承等配合件的选配,并作标记。

② 预装工序。选择前机匣作为基础件固定,顺序安装转子、中机匣和后机匣的半匣,测量叶片、封严等部位的间隙。

③ 最终装配工序。调整和确定各部位的间隙—重新按照预装工序装配半机匣—增加另半机匣的安装工步。

结构如图 6-56 所示的低压压气机转子在组装以后,以工艺装配单元往发动机上安装的主要工序如下:

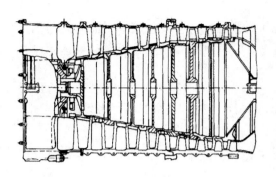

图 6-55　轴流式单转子压气机

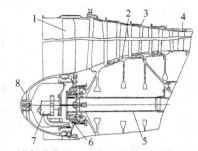

1—进气整流器；2—低压转子；3—低压静子；
4—低压出口整流器；5—管子；6—前支承；
7—滑油回油泵；8—整流器

图 6-56　单元体结构低压压气机

① 测量压气机的轴向和径向间隙。以进气整流器前端安放在平台上作为基准—转子前轴颈装在工艺衬套上—顺次安装各级机匣、整流器—依次检查各级的间隙。

② 装配转子和静子。将转子组件的前轴颈朝下作为基础件—顺次安装机匣和两半的整流器—装配转子—进气整流器作为部件基础件，安装工艺夹具和工艺衬套，形成工艺件的部件—将转子掉转方向安装在基座夹具上，并以此作为基础件，拆下进气整流器和工艺衬套，完成转子和静子的基础组件的装配。

③ 组装进气整流器，并安装在转子和静子组件上。

④ 进行并完成控制机构的装配，并将其装在静子机匣上。

⑤ 进行低压压气机单元体装配后的最终检验。

（2）传动装配单元

1）装配特点

转子盘可以拆卸，机匣是整体或分段整体式，转子和整流器不能单独装配，因此装配过程要在传动装配过程中进行。装配时需要在机匣中交替进行整流器和转子盘的安装，并且对于压气机径向和级间的间隙，需要根据计算结果确定。

2）装配基准

通常选择机匣壳体作为装配基础件。双转子压气机的装配基础件是高压压气机机匣，高压压气机的装配基础件是燃烧室机匣（壳体）。

3）径向尺寸测量

转子和静子的测量都在机械加工车间的装配工段使用专用夹具进行。

4）低压压气机装配（图 6-57(a)）

以装配好的高压压气机机匣为基础件，分为下述工序进行装配：

① 配套准备。计算转子、静子间隙—装配相应轴承零件—零组件作配套标记；

② 安装顺序。第Ⅲ级机匣—不带第Ⅰ级盘和第Ⅱ级转子叶片的低压转子—第Ⅱ级整流器—第Ⅱ级转子叶片—第Ⅰ级机匣—低压涡轮和低压压气机。

③ 最终工序。安装第Ⅰ级盘—安装整流罩。

5）高压压气机装配（图 6-57(b)）

装配工序如下：

① 配套准备。根据测量数据确定转子、静子的间隙 B，D—燃烧室机匣基础件安装在专用

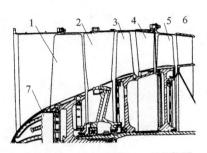

1—Ⅰ级盘；2—Ⅰ级机匣；4—Ⅱ级机匣；
3,5—Ⅱ,Ⅲ级盘轴组合件；
6—Ⅲ级机匣；7—整流罩

(a) 低压压气机

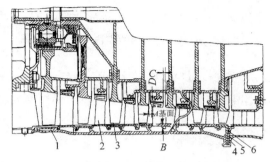

1—机匣；2—整流器；3,6—工作环；
4—燃烧室壳体；5—隔板

(b) 高压压气机

图 6 - 57　压气机装配示意图

夹具上,并做好定心。

② 安装顺序。在燃烧室机匣上安装第Ⅴ个隔板和前Ⅷ级工作环 3—将转子悬吊垂直并在盘与盘之间安装第Ⅲ级工作环—吊装转子到燃烧室机匣并使Ⅷ级盘与Ⅷ工作环接近同一水平位置—顺次将Ⅶ,Ⅵ,Ⅴ级整流器和Ⅶ,Ⅵ,Ⅴ级工作环 3 以及Ⅳ级整流器安装到Ⅷ级工作环 6 上。

③ 检验间隙。利用托架上的调整螺钉调整转子Ⅳ级叶根端面与整流器凸肩端面之间的轴向间隙 A—装配开始时,往Ⅷ级工作环上安装Ⅶ级整流器的一半—检查级间间隙—安装另一半—重复此工步对其余各级轴向间隙进行检查。

2. 涡轮部件

根据涡轮的结构,其转动部件的装配可以有以下几种工艺方案。

(1) 方案一

涡轮转子不可拆卸,涡轮机匣(导向器)具有纵分解面(分半式机匣),如图 6 - 58 所示。其安装步骤为:Ⅰ级导向器与燃烧室机匣壳体连接并固定—Ⅲ级涡轮转子与压气机转子连接,并检查Ⅰ级涡轮与Ⅰ级导向器叶片的轴向间隙—在Ⅰ级导向器的后安装边上安装涡轮静子机匣的下半部—叶片间隙测量准备—安装涡轮静子机匣的上半部,检查叶片的径向间隙—检查转子的轴向间隙。

(2) 方案二

导向器的装配分为可以分解和不可分解两种形式。

1) 导向器可分解

a. 双级涡轮

对于可拆卸式转子,机匣(导向器)在垂直轴线的平面半分开,平衡时不带导向器,如图 6 - 59 所示两级转子结构的部件。其主要安装步骤为:在燃烧室机匣的后安装边上安装Ⅰ级导向器—安装并连接转子—检查第Ⅰ级导向器与封严篦齿间的间隙—检查并调整涡轮后轴承的轴向位移和间隙—安装并连接Ⅱ级盘和Ⅱ级导向器——在Ⅱ级盘上安装涡轮叶片——检查Ⅱ级轴向间隙并锁紧锁片。

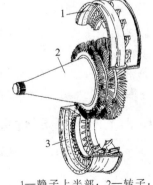

1—静子上半部；2—转子；
3—静子下半部

图 6 - 58　三级涡轮转子和静子机匣

b. 多级涡轮

多级涡轮的装配与两级涡轮的装配相似。其主要安装步骤为:安装带第Ⅰ级导向叶片的静子机匣(或导向器)—将涡轮转子与压气机转子连接—顺次装配各级导向器—安装涡轮叶片。

2)导向器不可分解

如图6-60所示,这种形式的转子部件的装配分为两个主要阶段。

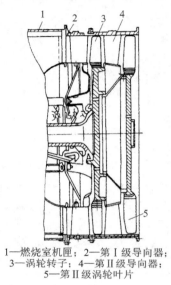

1—燃烧室机匣; 2—第Ⅰ级导向器;
3—涡轮转子; 4—第Ⅱ级导向器;
5—第Ⅱ级涡轮叶片

图6-59 导向器可分解

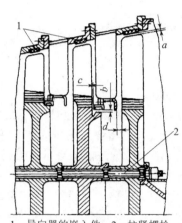

1—导向器的嵌入件; 2—拉紧螺栓

图6-60 导向器不可分解

预装配阶段:用专用夹具对嵌入件镗孔(保证径向间隙)—在专用夹具上与轴同心固定第Ⅰ级导向器,套装第Ⅰ级盘并测量间隙—在第Ⅰ级导向器上安装第Ⅱ级导向器并安装Ⅱ级盘—重复检验间隙和镗孔工序—当所有嵌入件加工后,将导向器和盘从专用夹具上拆下并标记。

最终装配阶段:将涡轮前轴与压气机转子连接。

(3)方案三

涡轮转子可以拆卸,机匣具有垂直于轴线的分解面(分段式整体机匣)。在这种方案中,转子与导向器一起装配和平衡,在平衡过程中必须使用专用夹具固定导向器。

6.8.5 燃烧部件装配

发动机的燃烧部件有主燃烧室(燃烧室)、加力燃烧室和尾喷管。

1. 燃烧室

燃烧室分为单管式、环管式和环形三大类。它们都有进气装置、外壳体、火焰筒、内壳体、喷嘴和点火器等零件和组合件,装配过程根据结构形式确定。

(1)单管式燃烧室

单管式燃烧室如图6-61所示。若干个单管燃烧室安装在发动机上,成为一个装配单元,可以分别在传动装配线和整机装配线上进行装配和检验。其装配次序为:选择燃烧室外套作为基础件并用夹具固定—将火焰筒安装在燃烧室外套内并用空心固定销固定—检查外套与火焰筒的间隙—在外套上安装燃烧室头部并固定—总装配时安装喷嘴。

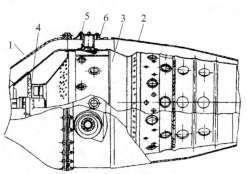

1—燃烧室头部；2—燃烧室外套；3—火焰筒；
4—喷嘴；5—固定销；6—联焰管

图 6 - 61　单管式燃烧室

（2）环管式燃烧室

环管式燃烧室（图 6 - 62）是将一组管式火焰筒均匀地安装在外壳与内壳所形成的环腔内，火焰筒之间用传焰管连通。环管形和环形燃烧室大多不是一个工艺装配单元，不能单独进行装配，在传动装配过程中需要按照顺序来安装燃烧室的结构件。

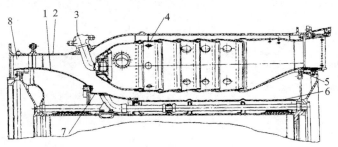

1—前内套；2—燃烧室外套；3—喷嘴；4—火焰筒；
5—固定环；6—隔热罩（内套）；7—中套；8—承力机匣

图 6 - 62　环管式燃烧室

典型环管式燃烧室的安装有 3 个装配单元。第 1 单元：安装喷嘴等各系统附件。第 2 单元：选择带整流叶片的承力机匣作为基础件，将装好中支承的高压压气机转子安装在承力机匣上，再安装中套并固定，往承力机匣上安装燃烧室外套，以燃油喷嘴定心，顺次安装并连接火焰筒，在火焰筒燃气导管端的内安装边上用圆环固定火焰筒，安装隔热屏。第 3 单元：安装导向器组件，火焰筒轴向用固定环固定在燃烧室与导向器之间，用螺栓将燃烧室与导向器外环固定。

（3）环形燃烧室

环形燃燃烧室（图6-63）在装配时以燃烧室机匣（包括内、外机匣与空心支板的连接）作为基础件，分为预装配和最终装配两个阶段。

预装配阶段：把环形火焰筒以涡流器向上安装在专用支架上—试装带喷嘴的燃油总管与涡流器—用工艺固定销连接总管与火焰筒—将喷嘴自由装入火焰筒涡流器衬套内—分解下燃油总管。

最终装配阶段：将燃油总管安装在燃烧室机匣的内腔，将总管的两个进油管插入机匣外壳体的孔中，并将其用工艺销钉固定在全部支架上—检查燃油总管与燃烧室机匣沿圆周的间隙—将燃烧室机匣翻转使其前安装边朝上，测量进油管安装凸边的尺寸—翻转燃烧室机匣使其前安装边朝下—拆下喷嘴上的堵头，拆下工艺销—在燃烧室机匣上换装火焰筒的固定销—检查火焰筒头部的活动性—将堵头拧入机匣壳体内并锁紧—测量机匣与火焰筒之间的间隙，以及火焰筒外壁对机匣直径的跳动—检查并依次将左、右点火装置安装到机匣和火焰筒内。

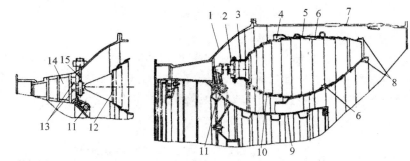

1—外机匣；2—涡流器；3—掺混室；4—进气口；5—火焰筒；6—掺混孔；7—换热器机匣；8—安装边；9—内机匣；10—环槽；11—燃油总管；12—环；13—支架；14—支板；15—销钉

图6-63　环形燃烧室

（4）装配要求

1）一般要求

保持喷嘴、火焰筒及其他构件彼此间的间隙并具有正确的位置。

2）工艺要求

所有螺纹部位涂白垩膏，燃烧室壳体与轴承座等有关接合面进行着色检查，密合度不小于密合面积的80%；接合面涂封严胶或高温漆；所有密封件在第二次装配时都要更换新品；环形火焰筒及燃油喷嘴位置和流量组别按照设计图样装配；火焰筒的装配顺序按照连通结构确定；后端是浮动环连接的火焰筒，按顺序组装后，用吊具装入燃烧室外机匣；在安装环形火焰筒时，定位销要到位；对于直接点火的点火器，应选配合适的调整垫；装配前应对机匣内腔和滑油管路用热滑油仔细冲洗，并用绢布检查清洁状况，滑油喷嘴或喷油环应进行流量及方向的检查。

3）工艺流程

燃烧室装配的典型工艺流程如图6-64所示。

（5）燃油喷嘴及点火器

燃烧室采用的喷嘴有离心式、气动式、蒸发管式和甩油盘式等结构形式。

图6-65表示了离心式燃油喷嘴装配的工艺过程和技术要求。在装配完成后，还要进行单个喷嘴和所连接燃油总管的试验，以便对流量、喷雾的锥角和质量、燃油喷雾分布的不均匀

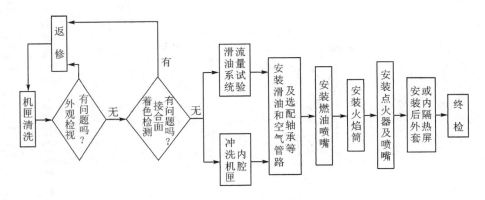

图 6 - 64 燃烧室典型装配工艺流程图

度以及油路的隔离情况进行检查。

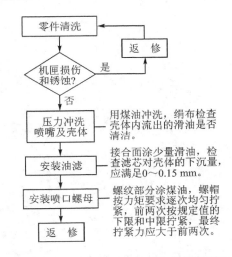

图 6 - 65 离心式燃油喷嘴的装配流程图

发动机主燃烧室的点火器分为直接点火和间接点火两种形式。间接点火的点火器的装配顺序为:清洗并作外观检查—安装启动喷嘴—检查密封性—清洗—装配电嘴—油封。装配完成后必须进行放电试验和点火试验。

2. 加力燃烧室

加力燃烧室由扩压器、混合器、火焰稳定器、供油和点火装置以及燃烧室筒体等部件组成,如图 6 - 66 和图 6 - 67 所示。

加力燃烧室可以分为带单火焰稳定器扩散器和带双火焰稳定器扩散器的加力燃烧室以及混合加力燃烧室等结构形式,其装配过程可以分为准备工序和装配工序。

(1)单火焰稳定器扩散器

准备工序:配齐经过试验的点火电嘴、燃油总管、预燃室、稳定器、空气管、扩散器壳体等零、组件并做标记。

装配工序:将扩散器壳体固定在装配架上—安装预燃室—将点火器拧入预燃室—安装带电嘴的预燃室,并与扩散器内藏锥壳体前的安装边连接和固定—将导电杆及汇流片与电嘴连

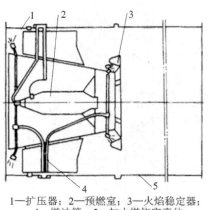

1—扩压器；2—预燃室；3—火焰稳定器；
4—燃油管；5—加力燃烧室壳体

图 6 - 66　单火焰稳定扩散器简图

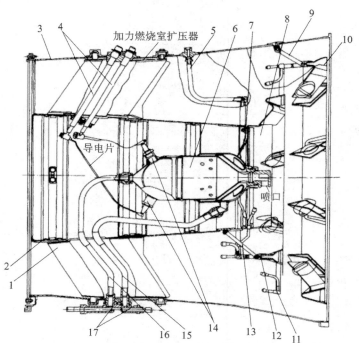

1—整流支板；2—内壁；3—外壁；4—导电杆；5—内输油管；
6—预燃室；7—隔热屏；8—稳定器壳体；9—拉杆；10—外圈；
11—外输油管；12—内圈稳定器；13—拉杆；14—电嘴；
15—空气管；16—油气混合器；17—管接座

图 6 - 67　带双稳定器的加力燃烧室

接—将空气管与预燃室连接—装大、小燃油总管—安装稳定器并固定在截锥壳体上—检查规定的间隙—安装堵块。

（2）双火焰稳定器扩散器

准备工序：配齐全套零件并做标记。

装配工序:将扩散器壳体固定在装配架上—将安装好电嘴的预燃室用工艺螺母固定在内壁内腔—在内壁后安装边上安装隔热屏和稳定器壳体,用正式螺栓将预燃室、隔热屏、稳定器壳体连接固定在内壁后安装边上—在预燃室上拧紧喷口并锁紧—安装导电杆—在预燃室接头上安装油气混合器管和空气管并装保险—安装管接座—在内壁上安装五个拉杆并固定—往壳体内安放内输油圈,输油管经外壁的安装座伸出—用五个拉杆将内圈稳定器固定在内壁上—将内圈输油管用耳环铰接在内圈稳定器上,在外壁上安装拉杆并固定—将传焰肋径向朝向内圈稳定器后,用拉杆将外圈稳定器铰接在外壁上—外输油管用耳环铰接在外圈稳定器上—检查各部位的间隙。

3. 尾喷管

根据使用条件,发动机的尾喷管被设计成收敛形和收敛扩散形,喷口被设计成面积固定式和可调节式。喷口面积固定的尾喷管结构简单,主要由固定的内锥和排气端固定直径的收敛段构成。喷口面积可以调节的尾喷管有多种形式,如双调节片式、多调节片式、锥体为机械移动式以及气动调节式等。

不带加力燃烧室的发动机一般安装固定式尾喷管。带加力燃烧室的发动机安装可调式尾喷管。两种尾喷管的装配工艺明显不同。

(1) 面积固定式尾喷管

准备工序:使卡箍(卡环)、热电偶、喷口面积调整块处于待安装状态。

装配工序:将尾喷口定位孔对正定位销钉并顶住后机匣(或顶住无销钉的机匣)—安装卡箍—调整尾喷口与机匣的同心度—安装热电偶等附件—卡箍锁紧螺钉保险,如图 6 - 68 所示。

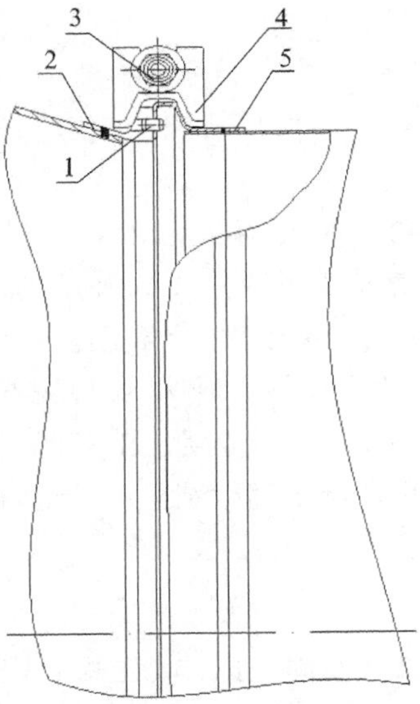

(2) 可调式尾喷管

图 6 - 69 是一种超声速带有外调节片的可调喷管,它的最大特点是需要在喷口壳体上安装拉杆、调节片和密封片。安装时需要把前安装边安装到专用设备平台上,检查尺寸后分部安装各结构件的零件,顺序安装调节片和密封片,安装限动器、摇臂限动杆等零件,最后连接液压管路以及壳体上的密封件。

完成尾喷管的装配后,需要在专用的试验器上进行试验。某些可调式尾喷管需要与发动机状态操纵调节器协调试验,配套调整并配套装机。对尾喷管进行调整和配套试验的内容主要有调整喷口直径,调整喷口转换时间使其与作动筒行程同步,进行协调试验,之后还需要进行液压操纵系统在规定条件下的密封性检查。

1—定位销钉;2—后机匣(燃烧室机匣);
3—螺栓;4—卡箍;5—尾喷管

图 6 - 68　固定式尾喷管

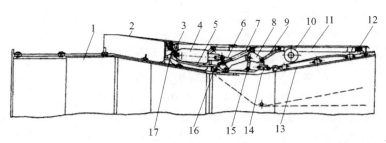

1—加力燃烧室机匣；2—弹性元件；3,9,15—拉杆；4—液压作动筒；5—摇臂；
6,8—杠杆；7—伸缩制动支板；10—气动作动筒；11—外调节片；12—限动块；
13—扩散调节片；14—调节片；16—铰接座；17—环

图 6-69　超声速带有外调节片的可调喷管

6.9　发动机整机装配

航空燃气涡轮发动机的整机装配由发动机
传动机构的装配过程（或称传动装配、裸机装配）及发动机外部涵道和各工作系统的元件、组合件、附件、管路的装配过程（或称总装配）组成。由于这些过程是将所有零件组装成发动机进而形成产品的过程，因此在发动机的制造活动中，整机装配占有非常重要的地位[110]。

6.9.1　概　述

1. 整机装配过程

由于航空发动机产品的特殊性，使得整机装配必须经过第一次总装配（初装配）和第二次总装配（再次总装配）的过程。

两次总装配的目的不同。第一次总装配是将新零件和附件组装成发动机后进行工厂试车，磨合发动机零件、部件、组件和单元体，调整性能，并以此检验零件加工和装配的质量。此次总装配要对零件、部件和组件进行标印，测量调整选配的工作量较大，外部连接件的保险可以不锁紧。第二次总装配安排在工厂试车后，经故障检验，鉴定零件、部件和组件完好，或者在排除故障后进行检验。总装配的发动机进行检验试车和调整性能合格后，提交订货方验收。再次总装配时对零件、部件、组件进行洗涤和故障检验，对机件做出继续装机的结论，按出厂技术要求进行装配工作，如搭铁检查、外部保险锁紧等。

2. 整机装配特点

传动装配和整机装配通常在两个工作地进行，一般在部装车间完成传动装配（或称部件装配），之后在总装车间进行整机装配。整机装配时，零件、部件、组件、单元体和附件要配套，台次标号要一致；不能破坏转子的平衡性、转动件与静止件之间的间隙以及支点的同心度等；整机装配过程的串件和换件应履行手续，在同一截面上，螺纹连接件的拧紧力矩要均匀，锁紧安全可靠，外部接口、接嘴及敞开孔必须装有工艺堵盖和堵头，导管应连接可靠、封严良好。最后完成总装配。

6.9.2 传动装配

传动装配包括压气机、燃烧室、涡轮、主传动机匣或减速器等部件、组合件的安装和连接，安装过程中进行支点同心度和转子轴向活动量的测量，以及转子与静子机匣之间间隙的测量、调整和试验[121]。

1. 装配基础部件、组件的选择与装配方式

装配前首先要确定装配基础，即发动机的所有部件、组件是在哪一个部件或组件的基础上进行装配的。装配基础的选择实际上指对装配部件、组件的选择，一般由发动机部件、组件的结构设计决定。

选择基础部件、组件的原则为：该基础部件是有足够强度和刚性的整体机匣或承力框架，并靠近径向推力轴承；便于其他部件、组件和零件的安装、分解及其过程中的尺寸测量、调整和试验；尽可能进行多工序装配，不需要将发动机从装配车（架）上拆下；便于组织生产，装配时程序简单，工艺装备数量少，结构简单。

装配基础部件确定后，再根据不同发动机的结构特点，选择并确定其他部件、组件的装配方式，如表 6 - 10 所列。

表 6 - 10 装配基础部件的装配方式

发动机和压气机的类型		装配基础部件	装配方式
涡轮喷气	离心式	压气机机匣	整体机匣，可以翻转机匣进行前后装配
	轴流式单转子	前机匣组合件	整体机匣，进行发动机的垂直装配
	轴流式双转子	压气机后机匣与轴承机匣组件	主要承力件，可以前、后交叉翻转地进行装配
涡轮风扇		中介机匣和零级可调叶片机匣	整体机匣、主要承力件、发动机可以翻转装配内、外涵的全部组件

2. 主要装配程序

选定了装配基础部件，也就确定了发动机传动装配的工艺流程。例如某单转子发动机的传动装配以前机匣作为基础部件，并采用垂直装配，如图 6 - 70 所示。

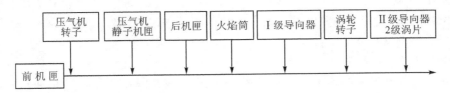

图 6 - 70 单转子涡喷发动机典型传动装配程序

某风扇发动机中介机匣与零级可调叶片机匣组件作为基础组件，采用垂直、水平交叉翻转的装配方式，如图 6 - 71 所示。

某小型涡喷发动机用燃烧室外套作为基础部件，采用垂直、水平交叉翻转的装配方式，如图 6 - 72 所示。

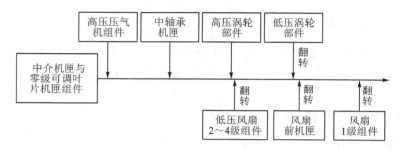

图 6-71　涡扇发动机典型传动装配程序

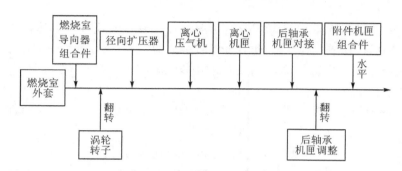

图 6-72　某小型涡喷发动机典型传动装配程序

3. 主要工艺要求

传动装配的工艺程序是发动机总装配的重要程序,在实施这一程序的过程中,对装配的各方面工作都有很严格的工艺要求。

（1）基础部件的固定

基础部件和组件在车(架)上的固定要牢靠、稳定,必要时在基础部件和组件上增设辅助工艺支架。

（2）确定装配工艺路线

根据发动机的具体结构和装配基础来确定装配工艺路线,采用与装配方式相适应的装配车(架)和工艺装备。

（3）工具、卡具和量具

选用结构简单、通用性强并能进行组合安装的工具和卡具;对于轴向尺寸长的发动机,装配车设计要有辅助支承安装节。

（4）部件和组合件的安装

部件和组合件的安装必须采用吊具吊装,并使用一定数量的工艺定位销穿过安装边或壳体上的螺栓孔来定心;在连接安装边时,应保证安装边之间的连接件受力均匀。

（5）间隙的测量和调整

在常温下测量和调整下述间隙:转子处于工作位置时的各项尺寸和间隙;叶片处于受力状态下叶片的各项间隙;部件装配时各部件的间隙。

6.9.3　转子连接

航空发动机的涡轮转子与压气机转子通过联轴器连成一体。对于多转子发动机的高压涡轮转子与高压压气机转子,一般采用安装边及螺栓刚性连接。

1. 联轴器连接特点

通常联轴器是根据发动机转子的支承结构进行设计的,其主要特点是:对二点支承的转子,涡轮转子与压气机转子一般通过安装边及螺栓刚性连接,既传扭又传轴向力;对三点支承的转子,联轴器除了传递涡轮转子的扭矩和轴向力以外,还需补偿涡轮与压气机转子两轴线间的不同心值;对于四点支承的转子,涡轮和压气机转子各有止推轴承,此时联轴器仅传递扭矩给压气机转子。

2. 联轴器结构及连接方法

发动机的联轴器分为刚性和柔性两大类。

(1) 刚性联轴器

刚性联轴器的结构形式如图 6-73 所示,可以分为圆柱定心短螺栓连接(图(a))、端面圆弧齿定心短螺栓连接(图(b))和套齿式连接(图(c))等形式。

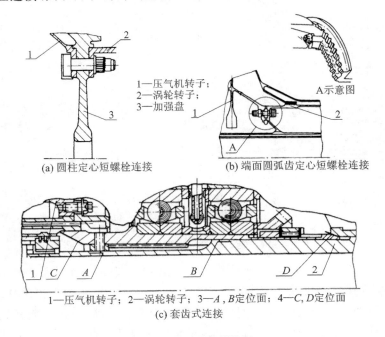

1—压气机转子;
2—涡轮转子;
3—加强盘

(a) 圆柱定心短螺栓连接　　(b) 端面圆弧齿定心短螺栓连接

1—压气机转子;2—涡轮转子;3—A,B定位面;4—C,D定位面
(c) 套齿式连接

图 6-73　刚性联轴器

圆柱定心短螺栓连接,要求转子与加强盘的定心圆柱面为过盈配合,检查两转子轴的周向位置标记,要求螺栓的预紧力与拧紧力相同,装配时测量两定心圆柱面的配合,组装后测量基准端面和圆柱面的跳动值。

套齿式联轴器在组装前需测量两圆柱定位表面 A 与 B 的配合,着色检查两锥面 C 与 D 的密接度,组装时测量在两转子轴向方向所施加的规定的压紧力,保持稳定的压力直至 10～15 min 后拧紧螺母,以保证所要求的预紧力。组装后必须测量基准面的跳动值。

(2) 柔性联轴器

柔性联轴器如图 6-74 所示,可以分为球形接头套齿联轴器(图(a))、简单套齿联轴器(图(b))和带浮动球形垫圈的套齿联轴器(图(c))等形式。

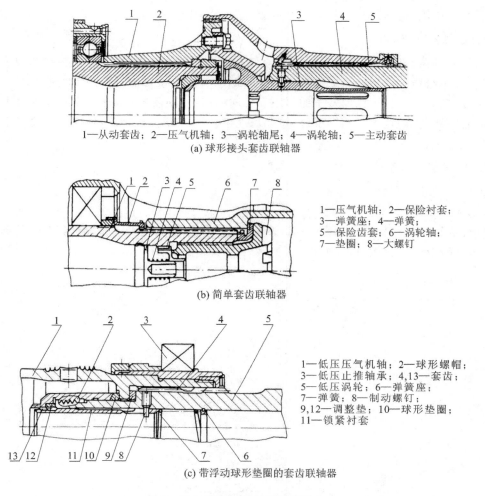

1—从动套齿；2—压气机轴；3—涡轮轴尾；4—涡轮轴；5—主动套齿
(a) 球形接头套齿联轴器

1—压气机轴；2—保险衬套；
3—弹簧座；4—弹簧；
5—保险齿套；6—涡轮轴；
7—垫圈；8—大螺钉
(b) 简单套齿联轴器

1—低压压气机轴；2—球形螺帽；
3—低压止推轴承；4,13—套齿；
5—低压涡轮；6—弹簧座；
7—弹簧；8—制动螺钉；
9,12—调整垫；10—球形垫圈；
11—锁紧衬套
(c) 带浮动球形垫圈的套齿联轴器

图 6-74　柔性联轴器的连接形式

对于球形接头的套齿联轴器，装配时应保证良好的平衡性，每个零件均应有良好的定心和轴向定位，并选择调整垫来获得球面间的间隙。装配时，在压气机轴上组装从动套齿、调整垫圈和球头，在涡轮轴上安装涡轮轴尾、球头盖及主动套齿。转动止动环，使其宽齿与涡轮轴的宽齿重合，把主动套齿沿轴向向后移动至固定螺钉完全暴露，固定球头盖，推动主动套齿使之啮合，并锁紧弹簧销。

在装配简单套齿联轴器时，通过吊拉涡轮转子轴向位移量来选择调整垫，以达到所要求的间隙值，并由大螺钉把涡轮转子和压气机转子连接起来。

在装配前，带有浮动球形垫圈的套齿联轴器根据标准工艺垫圈来选择调整垫。装配时，应保证联轴器上锁套的套齿与涡轮轴上的套齿啮合。

6.9.4　典型传动装配

1. 单转子轴流式压气机的发动机

选择压气机前机匣为基础件，按照下述顺序垂直安装(图 6-70)：压气机转子—前、中(其中的一半)、后机匣预装配—检验压气机间隙—压气机最终装配—燃烧室—Ⅰ级涡轮导向器—检验轴承—涡轮转子—检验涡轮间隙—Ⅱ级涡轮导向器—在Ⅱ级涡轮盘上安装叶片并检验间隙。

2. 单轴和双轴涡喷发动机

选择轴承机匣为基础件并固定在装配架上,按照下述顺序安装:检查轴承支承的同心度—高压压气机转子—燃烧室—检查第Ⅰ级涡轮导向器与转子及第Ⅰ级涡轮的间隙—第Ⅱ级涡轮导向器—压气机的第Ⅳ级机匣和第Ⅴ级机匣(带整流器)—中间轴承支承—压气机的第Ⅲ级机匣(带整流器)—低压压气机的第Ⅱ级和第Ⅲ级转子—压气机的第Ⅱ级机匣(带整流器)—在压气机的第Ⅱ级轮盘上安装叶片—前机匣—第Ⅱ级涡轮转子—带叶片的低压压气机的第Ⅰ级盘。

6.9.5 总装配

发动机的总装配需要将外部部件、组合件(附件传动机匣、扩散器、加力燃烧室和喷口等)、元件和电气系统、外部管路、调节和操纵系统及附件与传动机构进行安装、连接、调整和试验,进而形成完整的发动机。

1. 外部装配

发动机的附件是发动机各工作系统的重要组成部分,随着结构的不同,各附件在发动机上的安装位置也不相同,但多数附件安装在发动机附件传动机匣或冷端机匣上,少数安装在发动机内部或热端机匣上。外部附件的装配包括附件传动机匣、滑油系统附件、燃油系统附件和电气系统附件在发动机上的安装、连接、调整和试验。

(1)附件传动机匣

根据发动机的不同结构特点,附件传动机匣在发动机上的安装位置也有所不同,例如某些发动机设有多个附件机匣,有主附件传动机匣,前、后附件传动机匣等。附件机匣的装配情况如表 6-11 所列。

表 6-11　附件机匣的装配

安装位置	与发动机的连接形式	安装方法
压气机机匣前方	通过螺栓或螺桩与机匣连接	①对附件机匣内腔进行热滑油加压冲洗至洁净。②测量附件机匣传动杆的中心偏移量和纵向活动量,并调至合格。③检查密封圈,不应损伤,并在表面涂润滑油。④附件机匣应放正安装,通过转动转子来保证传动轴的套齿正确啮合,并用工艺导杆引导来保证连接孔对正。⑤按顺序将连接螺栓拧紧至规定力矩值。⑥检查附件机匣传动的灵活性,应无滞止现象和杂音
前机匣上方	通过长螺栓与机匣凸肩连接	
压气机机匣与燃烧室机匣下方	通过长螺栓与固定于机匣上的转接支架连接	
中介机匣与水平线下方呈30°角	通过销轴或螺栓与固定在机匣上的吊耳连接	①通过可转动或可调节的转动装配架来安装附件机匣,并保证安装角度正确。②测量连接销轴与吊耳的配合,应符合要求
双附件机匣分别装在中介机匣的左、右下方	分别通过销轴与固定在机匣上的吊耳连接	①安装应保证角度正确。②测量销轴配合应符合要求

(2)滑油系统附件

滑油系统附件的安装包括油箱、散热器、滑油泵或泵组、滑油滤、油气分离器、离心通风器及屑末信号装置等组件与机匣的连接和调整。其装配情况如表 6-12 所列。

表 6-12　滑油系统附件的装配

附件名称	安装位置	连接形式	安装方法
油箱	压气机进气机匣和前机匣安装边上	通过箍带固定在与机匣安装边连接的支架上	①油箱内腔用热滑油加压冲洗至洁净。②支架与机匣连接位置应正确,连接孔应能使连接螺栓通过。③连接螺栓拧紧力矩应符合要求值。④油箱与支架接触处及油箱与箍带接触处应有软质胶垫,箍带拧紧后不应使油箱变形。⑤油箱与周围件应有符合要求的间隙
	风扇机匣前部安装边上	通过销轴或螺栓固定在与风扇机匣安装边连接的耳环上	①耳环与机匣连接位置应正确。②耳环间及销轴、耳环的配合应符合要求。③连接螺栓拧紧力应符合要求值
散热器	压气机机匣安装边上	通过卡箍或螺栓固定在与机匣安装边连接的支架上,并由连接螺栓固定在安装座上	①散热器内腔用热滑油加压冲洗至洁净。②支架与机匣安装边的连接位置应正确,连接螺栓应能自由通过连接孔。③连接螺栓拧紧力矩应符合要求值。④用卡箍连接散热器与支架时,两者之间应加软质胶垫,不应使散热器损伤。⑤散热器与周围件应有间隙
	发动机短舱进气道口处		
滑油泵或泵组以及油气分离器和离心通风器等	发动机附件机匣安装座上或减速器安装座上	通过螺栓连接固定	①应保证传动轴套齿正确啮合。②安装的角向位置应正确。③保证连接的密封性。④连接螺栓应能自由通过连接孔,拧紧力矩应符合要求值。⑤装配后附件转子应转动灵活,无杂音
	直接安装在发动机机匣上	通过螺栓固定在与机匣连接的安装座上	①测量传动杆的纵向活动量。②安装时通过转动转子来保证传动杆套齿正确啮合。③保证连接处的密封性。④装配后传动应灵活。⑤与其他连接件的安装、调整应符合要求

（3）燃油系统附件

发动机的燃油系统由增压泵、主燃油泵,调节器、加力泵,以及调节器、油滤和燃油调节控制元件等构成。其装配情况如表 6-13 所列。

表 6-13　燃油系统附件的装配

附件名称	安装位置	连接形式	安装方法
增压泵、主燃油泵、加力泵	附件机匣安装座或传动盒安装座	通过快卸环固定或通过螺栓固定	①安装的角向位置应正确。②保证传动轴套齿正确啮合。③快卸环连接时应做到:定位槽口对正安装座与附件连接的凸边,使结合正确;两半快卸环连接的对口间隙应均匀,两间隙差不大于 0.2~0.4 mm。④保证连接的密封性。⑤螺栓连接应保证拧紧力矩符合要求值
油滤或单独组件	发动机机匣安装边或附件机匣安装座	通过支架或通过螺桩固定	①附件连接支架的安装位置应正确,连接螺栓应能自由通过连接孔。②用卡箍固定油滤时,与油滤接触的表面应有软胶垫且不能损伤油滤。③按规定力矩拧紧连接螺栓。④与周围件应有间隙。⑤调节控制附件的安装方向使其符合要求
燃油调节控制附件(元件)	机匣安装边、凸边或附件机匣	通过转接支架固定	

（4）起动和电气系统附件

构成起动系统的附件有起动机(起动发电机、燃气起动机、空气涡轮起动机)、电缆组件、点火线圈、点火电嘴,等等。其装配情况如表 6-14 所列。

表 6-14　起动系统的装配

附件名称	安装位置	连接形式	安装方法
起动发电机	附件机匣转接安装座	通过快卸环固定	①安装角度和传动轴套齿的安装与增压泵的方法相同。②当用快卸环连接时,快卸环槽口与起动机的安装应全接触,其对口处的间隙应均匀
点火电嘴	点火器安装座或直接从外涵机匣插入到内机匣的安装座	通过螺纹连接	①安装前点火电嘴应进行打火试验。②通过调整垫来保证电嘴深度。③电嘴陶瓷头不应有油污,用手自由地将接头拧至牢靠
点火线圈	在机匣安装边上或在机匣凸肩上	通过支架固定或螺栓连接	①点火线圈的固定位置应正确,与支架或凸肩的连接应牢靠。②当用陶瓷头连接时不应有油污,应能用手自由地将接头拧紧。③点火线圈与相邻件应有间隙
电缆总插头及电缆导线	在发动机机匣安装边上	通过支架或卡箍固定	①检查电缆的绝缘电阻。②进行电缆插头安装前的检查:对准插头与插座的周向定位销齿,使其能沿轴线移动;用手将外套螺母拧至止点,用工具轻微拧紧。③在安装电缆导线卡箍与支架时应做到:导线之间用夹片捆缠,卡箍与导线间应装氟塑料衬套或橡胶衬套,卡箍支架由螺栓固定在机匣安装边或凸边上

2. 外部管路

发动机外部管路包括燃油、滑油、调节、漏油、空气、氧气等系统中的管接头和导管密封件,以及导管的固定卡箍和支架。

导管和接头的材料及形式的选择按照部标准选用,一般常用航空标准(HB)。导管接头的连接有刚性和柔性两种形式。刚性连接的接头有锥面接头、球面(带安装边)接头、圆柱面(可分式、带安装边)接头、平面(带安装边)接头等形式;柔性连接有直插入式、压套插入式和混合式等连接形式。

发动机导管接头的连接大多需要密封件,这些密封件通常按照 HB 标准执行,分为弹性封严圈和金属封严圈形式,不同形式的封严圈在不同的环境温度条件和接触介质下使用。

由于发动机工作时振动的影响,因此在安装导管时需要用卡箍或支架进行固定。卡箍和支架也有常用的形式,但在特殊部位,有时也需要专用的卡箍或支架。

对发动机外部管路装配的一般要求是:安装前,导管应具备成套性、完好性和内腔洁净性;连接时,应保证有足够的刚性并不产生应力;与相邻件之间应保证所允许的间隙值;应保证密封性要求;最大包容轮廓尺寸应在允许的范围内;在特殊情况下导管需要进行频率测量。

3. 外部机械控制机构

发动机的外部机械控制机构主要指油门操纵机构和防喘调节机构。对这些机构的安装程序和要求可根据结构形式来确定,如表 6-15 所列。

表 6 - 15　机械控制机构的装配

机构类型	机构名称	结构形式	安装程序、方法和要求
油门操纵机构	油门操纵机构	带操纵组件的操纵机构	①在发动机机匣安装边的支架上安装操纵组件。②在连接轴端安装状态操纵器摇臂杆,并保证连接的角向位置正确和套齿正确啮合。③安装连接拉杆。④调整连接拉杆的长度,或者改变调节器摇臂杆与连接拉杆连接螺栓的中心距,使调节器摇臂杆与连接拉杆在停车和各状态下的角度可调整到规定范围
防喘调节机构	放气机构	链带式	①安装放气链带、连杆和扇形齿轮,并保证齿轮正确啮合。②安装作动筒并与连杆连接。③通过试验检查链带的开和关使之符合要求。④检查作动筒及连接导管的密封性
		活塞式	①用滑油压力试验检查放气活门通和断的压力,调整弹簧力使其符合要求。②放气活门应该正确地安装在压气机机匣聚气室的安装座上,并用规定的拧紧力拧紧螺栓
		环带式	①安装两半放气环并保证圆度值。②按照选配的位置号安装主、从动摇臂,并保证连接销的配合。③在机匣座中安装主、从动摇臂。④在机匣座中安装作动筒并与摇臂连接,并保证与连接销的配合。⑤进行压力试验并检查
	可调导流叶片	作动环传动的导流叶片	①在操纵杆套齿端安装摇臂,并保证连接角度正确。②在机匣壳体上安装作动筒。③进行油压试验:调整作动筒活塞尾杆及调节钢索长度,以保证作动筒的行程,检查密封性
		外传动环传动的导流叶片	①正确连接外传动环与主动叶片。②在机匣座上安装作动筒,并将拨叉机构和拉杆与传动环连接。③检查连接件的配合间隙。④进行油压试验:调整并保证角度正确,调整左、右作动筒的同步性,检查密封性
		齿轮传动的导流叶片	①安装外传动的齿轮并保证正确啮合。②检查主动叶片的转动范围。③检查传动是否灵活
		可转动的静子叶片调节机构	①各级叶片小连杆与作动环同步连接。②各级作动环与摇臂连杆及作动筒摇臂同步连接。③在机匣安装座上分左、右安装作动筒。④作动筒及导管进行油压试验:检查并调整作动筒的同步性;调整作动筒活塞尾杆长度及调节钢索长度,以保证调节器刻盘的角度与叶片内的角度在规定范围内一致;检查密封性

4. 全机检查

在完成发动机的总装配后,一般先进行滑油系统清洗,再进行全机的密封性检查,然后进行发动机通电检查,最后进行外廓尺寸的检查。最终应使得发动机的滑油系统内部清洁度达到使用要求;燃油、滑油、空气等各系统附件安装面和管接头的密封无渗漏;消除了电气系统因静电荷集聚而发生放电所带来的危害和对无线电的影响。

5. 物理参数的测定

发动机的物理参数主要指发动机的外廓尺寸、发动机的质量和质心。根据发动机的型号和每一批产品,需要按照订货代表的要求,抽出一台或几台发动机,对发动机总装配后的外廓尺寸进行检测,并在完成检验试车后,对某些定型后的发动机画出用户所要求的外形尺寸线;对发动机的总质量和干质量称量;对一定数量的发动机进行质心的测量,在进行质心测量前,发动机上所带的附件、组合件及其质量应与在飞机上安装的相同。

6. 发动机装配流程图

图 6 - 75 表示某型涡喷发动机整机装配和分解的工序流动过程[110]。

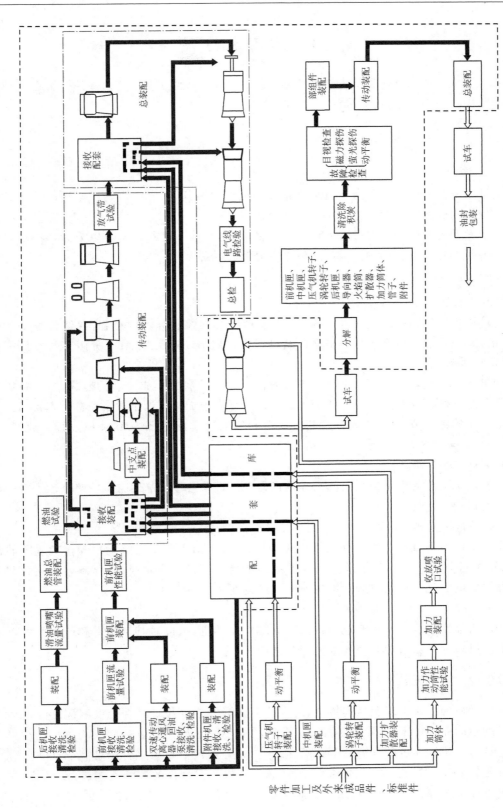

图6-75 某型涡喷发动机整机装配流程图

6.10　发动机分解

航空发动机的分解是将整机拆解成部件、组合件或零件的过程。发动机的分解在发动机的制造或装配过程中是不可缺少的一个环节[121]。

6.10.1　概　述

1. 分　类

航空发动机的分解可以分为新发动机总装配过程中的分解、发动机返厂修理的分解和排除故障过程中的分解等类型。

由于新发动机在生产过程中的流程环节较多，因此在这一过程中又可以分为两次总装配之间的分解、附加工厂试车后的分解、故障检查分解和拆解，等等。

2. 目　的

（1）新发动机

在发动机生产过程中的两次总装配之间，发动机必须经过分解的过程，以便检查发动机零、组件的加工、装配等情况。特别是在研制过程中，零、组件的反复装配、分解容易造成零件的损伤，甚至导致尺寸不一致。

发动机在工厂试车过程中若出现不正常或技术参数不满足性能要求的情况，则需要对发动机进行分解、检查，以至更换不合适的零、组件，直至在附加工厂试车后发动机达到要求。

在生产中的特殊情况下，如果发动机的制造和装配质量稳定，全寿命使用过程无故障，一次装配、一次试车合格出厂，则可以不进行分解。

（2）发动机返厂修理

航空发动机达到规定的使用时间后需返回修理厂进行修理。修理时应按照修理大纲的规定，对发动机进行分解。

（3）专项试车和排除故障

在发动机的专项试车之后以及在其他试车过程中，当出现需要分解检查和排除故障的情况时，都要进行分解和做故障检验。当在有故障的情况下进行分解时，需要制订特别分解程序，积累结构变化经验、试验目的的特殊要求和结构变化等项内容。

（4）拆　解

对于不再使用而且需要拆卸成零件状态的航空发动机，可以对其进行拆解。拆解可以根据需要而不受航空发动机规范和要求的限制进行。

6.10.2　工艺过程

根据发动机的工作情况和结构特点，对发动机分解的范围和对零件的检测深度因发动机分解的目的不同而有所不同。一般情况下，分解的工艺过程如图6-76所示。

由于针对预研发动机的分解较为特殊，因此在分解过程中要求随时记录。记录的内容主要有分解步骤，零件、部件、组件的名称、代号、数量，以及配合件的各种间隙、活动量等参数。对于分解不开的零件，应仔细分析后再拆解。在排故分解时，应明确故障部位，寻找最佳分解

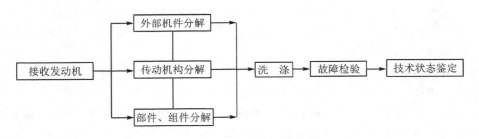

图 6 - 76　分解工艺过程图

路线,同时确定分解步骤,再编写工艺卡片。

6.10.3　分解特点

发动机分解的目的根据不同的试车形式来确定。在研制过程中,试车后的分解与批生产试车后的分解有所不同,各种试车之后的分解特点如表 6 - 16 所列。

表 6 - 16　分解特点

阶　段	试车种类	检查项目及特点
研制阶段	磨合试车	检查工厂试车装配磨合后的技术状态,按要求测量与零件、部件、组件有关的相配尺寸
	试验性试车	①按设计的单位的要求;②按对所试验的零件、部件、组件的技术要求;③对试车中出现故障的发动机进行故障件的部分分解;④按工厂试车后、长期试车后分解检查零件的技术状态;⑤按设计部门要求测量相关项目
	首飞前 60 小时以及 150 小时鉴定试车	①按发动机首飞前 60 小时及 150 小时试车后所要求的分解深度进行分解,检查零件、部件、组件的磨损和变形,测量配合尺寸,与设计图样和试车前的测量值比较;②有关零件、部件、组件按规定进行特殊检查及无损探伤,对燃油、滑油、电气系统附件进行试验;③对零件、部件、组件的技术状态作出评价
批生产阶段	工厂试车	按工厂试车后的要求进行分解,检查、测量与装配时相应的各种间隙和与故障相关的尺寸;鉴定试车后的零件、部件、组件的技术状态,以确定是否继续装机
	检验试车过程中	分解至与试车中出现故障相关的零件、部件,并检查它们的技术状态,鉴定零件、部件的故障性质,确定排故方法,排除故障
	长期试车	按发动机长期试车后所要求的分解深度进行分解,检查、测量零件的配合尺寸和几何形状;检查零件的磨损和变形;按规定进行无损检验;对零件、部件、组件的技术状态做出结论及改进措施

6.10.4　主要要求

一般情况下,分解过程中的工艺要求是:分解前打开各种连接螺栓和螺母的保险;管接头螺母必须用双扳手拧松分解;分解时应防止滑油、燃油滴入电气元件、电缆插头和点火电嘴以及滑石涂层和石墨涂层处;对钛合金的叶片、盘和轴件禁止用铅、铜和含镉的手锤及心棒敲击,并在分解时用标签作临时标记,严禁使用含铅或容易形成积碳物的笔具作标记;分解后的小零件应按部件、组件存放在专用盒或袋内,并有明显的号码和数量标志;在分解的电气插头和燃油、滑油附件的敞口处安装工艺堵头(帽);双排轴承分解后应成套存放,不得混串。

特殊情况下应增加下述内容:分解中的调整件和测量件应保持原状态;对接合面紧度大的转动、静止相关件分解时应采用限位工装;对故障件的分解应按特殊程序进行,并且注意保护

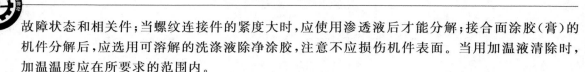

故障状态和相关件;当螺纹连接件的紧度大时,应使用渗透液后才能分解;接合面涂胶(膏)的机件分解后,应选用可溶解的洗涤液除净涂胶,注意不应损伤机件表面。当用加温液清除时,加温温度应在所要求的范围内。

对转子部件进行加强检查:检查和记录转子、静子机匣之间的径向和轴向间隙及其变化,检查和记录转子盘心、端面的跳动及其变化;检查和记录重要零件的尺寸和变化等;检查零件、部件、组件出现故障的位置、性质、特点及磨损和变形等;测量导向器面积的变化;检查转子不平衡量的变化;串装新件或已工作过的其他发动机的机件,并作好标记,记录好原始技术状态。

6.10.5　故障检测

一般情况下按照工艺文件进行故障检测。检测的内容为:分解后无法直接获得的间隙值或尺寸值;规定的发动机转子的径向间隙、轴向活动量和轴向间隙;转子盘、轴端面和柱面的跳动值,检验的测量点应与装配时的测量点位置相同;特殊要求的测量值;发动机分解后,零件、部件、组件应按照规定进行清洗;根据所要求的方法,对零件、部件、组件进行检验。

习　题

1. 简述航空发动机装配工艺的基本内容。
2. 简述航空发动机装配单元的划分原则。
3. 简述航空发动机装配中配合特性的检验方法。
4. 简述航空发动机装配过程中需要重点检验的工序。
5. 简述航空发动机工艺规程编制的注意事项。
6. 简述航空发动机传动装配的概念。

第7章　试车工艺

航空发动机的试车是发动机设计和制造过程中的重要环节,是研制过程中对发动机进行检测、试验和改进设计的重要手段,也是发动机批生产前以及生产过程中对发动机产品的最终考核。

7.1　试车台简介

航空发动机试车台包括发动机试车台架设备、各类工作系统、电气设备、测量设备、厂房建筑以及噪声控制等设施,由这些设备以及建筑物所形成的发动机试验场所统称发动机试车台。

7.1.1　功　能

试车台的主要功能是完成发动机试车大纲和试车规程所规定的试车(或整机试验)项目。

发动机制造厂或修理厂试车台的主要工作内容是进行发动机磨合运转、调整发动机参数、测量发动机性能参数、检查发动机装配质量、进行发动机持久试车等。研究单位和教学单位通常按照科研或教学任务所要求的试车大纲进行试车(或整机试验)。

7.1.2　类　型

发动机试车台建在室内或室外,并且按照发动机的机种、推力级别、构造形式、进气条件和用途等情况进行分类[110]。

根据航空涡轮发动机的类型,试车台架可以分为涡喷、涡扇发动机试车台,涡桨发动机试车台和涡轴发动机试车台。本节主要介绍涡喷、涡扇发动机试车台。

通常涡喷、涡扇发动机试车台的推力级别为 $50\sim350$ kN,中间每隔 50 kN 为一个级别。近年来,随着小型、微型发动机的出现,已经使用 10 kN 甚至比 1 kN 更小的试车台。

对于室内试车台,为了不对环境造成影响,需要对发动机的进气、排气噪声进行处理。按照试车台进排气的结构形式可以分成无塔型、双塔型或三塔型、单塔型,如图 7-1 所示。无塔型试车台的进气道、试车间以及排气道都在地面水平安装,没有进气消音塔,因此进、排气阻力小,占地较长,多用于大功率涡桨发动机试车台。双塔或三塔型试车台前后的进气道和排气道都是垂直的,成为塔状建筑,有的试车台有两个垂直进气道(消音塔);其特点是便于对气动和噪声控制综合处理,占地面积小。单塔型试车台综合了前两种形式试车台进、排气结构的特点,只有进气道或消音塔是垂直的。

试车台按照进气条件可以分为地面试车台和高空试车台。将发动机装在高空试验舱内,使其处于飞行中所承受的压力和温度的条件下进行试验,测取发动机的性能参数,并以此评定发动机在实际飞行条件下的功能、性能和工作极限,这样的平台称为高空试车台。

按照用途还可以将试车台分为生产和科研试车台。生产试车台是制造或修理厂建造的试车台,在这里,被试发动机品种单一,数量大,台架数量较多。科研试车台用于发动机试验以及培养专业人员和教学,还可以进行多种发动机的试车,试车项目多,试车台数量少,设备先进且齐全。

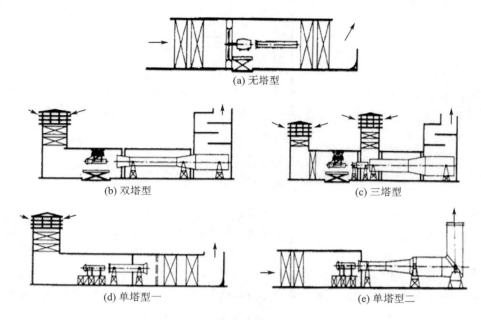

(a) 无塔型

(b) 双塔型   (c) 三塔型

(d) 单塔型一   (e) 单塔型二

图 7 - 1   试车台按结构形式分类

7.1.3   试车台组成

通常试车台由建筑物和试车设备两大部分组成。

（1）建筑物

试车台的建筑物是给试车设备和人员提供的必要的工作场所。建筑物的构成一般有：进气道、试车间、排气道、操纵间、测试间、机械系统设备间、电气设备间、辅助房间及生活用品间。

（2）试车设备

试车设备主要包括：试车台主要设备、工作系统（包括燃油系统、滑油系统、尾喷管操纵系统等）、电气设备、测量系统以及辅助设备（如导流片、引射筒、消声装置和起吊运输设备等）。

7.2   试车台主要设备

7.2.1   试车台架

1. 概 述

航空发动机试车台架历经几十年的发展，其在准确性、方便性和灵巧性等方面都有长足的发展。对于涡喷、涡扇发动机，在工作时，进、排气流量大，气流速度高，并产生极大噪声；在试车台架上试车时，需要对发动机推力以及耗油率等性能参数实施测量；发动机正常运行需要各种辅助工作系统配合工作。

涡喷、涡扇发动机试车台架一般由与地基刚性连接的定架、安装发动机并传递推力的动架、定架与动架连接的弹簧片（或悬臂吊杆）以及推力测量系统等组成，该系统一般包括测力装置和校准装置等，如图 7 - 2 所示。

试车台架是试车台的最主要设备,其他设备均以其为中心进行布置和安装。对台架的主要要求有:能够承受短时间内由发动机损坏引起的破坏载荷;推力测量系统稳定可靠;固有频率不应高于慢车转速的80%;主体结构不得对发动机进气流场造成影响;为发动机型号改型和发展留有足够的裕度;系统的管道与动架应为软弹性连接;台架结构紧凑、简单,使用方便;推力测量系统的灵敏度和精度等指标应满足国军标要求。

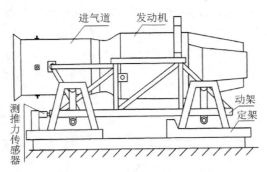

图 7 - 2　试车台架基本结构

2. 基本类型

试车台架因发动机类型的不同,形式各异。按发动机在动架上的固定方法分类,试车台架有支撑式和悬挂式,它们都是测量发动机的轴向推力。悬挂式使用较多,分别有壁柱挑梁悬挂式、屋顶悬挂式和支撑悬挂式等形式。

(1) 支撑式试车台架

支撑式试车台架指发动机固定在动架上部,如图 7 - 3 所示。发动机在工作过程中,推力信号通过动架的簧片或悬臂吊杆传至推力传感器,再由传感器将信号传至操控台。

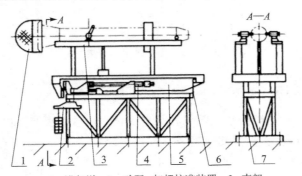

1—进气道；2—砝码—杠杆校准装置；3—支架；
4—推力传感器；5—动架；6—弹簧片；7—定架

图 7 - 3　支撑式试车台架

这类试车台架的特点是结构简单,造价便宜;一般设有固定平台(定架)和活动平台(动架),两个平台占据了从平台前端到后面试车间后段的整个下部空间,使得发动机下部设备拥挤;不易实现发动机在台架上的快速装卸;当附件在发动机下部时,拆装和调试都不方便。对于附件在发动机上部及中、小型发动机,则选用这类台架较适宜。

（2）悬挂式试车台架

悬挂式试车台架的发动机吊装在动架下面。一般台架自身设有起吊装置，而且当发动机的中心线距地面 2.5 m 以上时，还设有升降平台。当发动机装上预装架后，通过运输车运至台架下方；使用起吊装置吊起预装架和发动机，当预装架的上平面与动架的下平面接触时，用叉形连接件及楔销将预装架快速固定在动架上，再连接各类油管、气管、测量管及电气插件等。试车后快速拔出楔销，预装架与动架脱开并下降；将发动机卸下并装在运输车上运出试车间，图 7-4 示出了屋顶悬挂式试车台架的基本结构。从图中可以看出，台架主体构件固定在试车间上部，下部空间宽敞、整齐，气流流场较通顺；对附件在下面的发动机，调试方便；容易实现发动机在台架上的快速装卸；但是辅助系统设计复杂，设备种类多，成本较高。

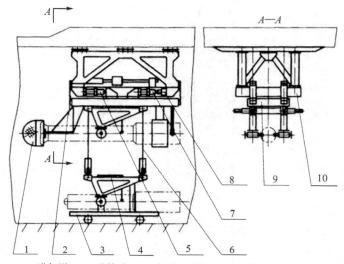

1—进气道；2—弹簧片；3—专用运输车；4—预装架；5—推力传感器；
6—起吊装置；7—标准推力传感器；8—液压加载器；9—动架；10—定架

图 7-4 悬挂式试车台架

7.2.2 进气加温装置

由于热试车时进入发动机的空气需要符合有关试车文件的要求，即空气流量、进气温度和流场都需要进行调整，因此在试车间要设置进气加温装置。

涡喷、涡扇发动机的进气加温既可以使用成熟的、由发动机排出的高温气体作为热气源（图 7-5），又可以使用多个单管燃烧室直接加热空气，当被试发动机的空气流量小于 5 kg/s、加热温度小于 80 ℃时，一般使用电加热器。使用发动机热源的加温装置的体积和重量庞大，因此一般在地面设置轨道运输，这样同时也保证了作为热源的发动机与被试发动机的轴线重合。

加温装置工作时，加温发动机的高温燃气经两个阀门分流，一部分排入大气，另一部分通过进气管，在掺混段使热空气与引射的冷空气掺混，由蜂窝器整流后经稳定段进入被试发动机进气道；若再进入将整台发动机罩住的长筒形通道内，即可模拟流经发动机周围空气的试验项目。

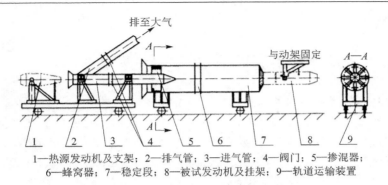

1—热源发动机及支架；2—排气管；3—进气管；4—阀门；5—掺混器；
6—蜂窝器；7—稳定段；8—被试发动机及挂架；9—轨道运输装置

图 7-5   进气加温装置及其工作原理示意图

7.2.3   进气道

试车用进气道的作用是把足够量的外界空气以较小的流动损失导入发动机。按照进气型面划分主要有喇叭口形和维托辛斯基型两种类型，如图 7-6 的(a)和(b)所示。

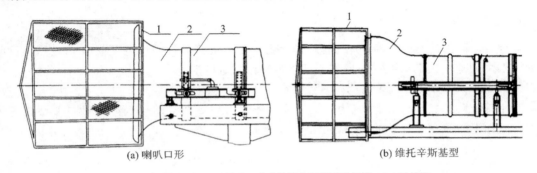

(a) 喇叭口形   (b) 维托辛斯基型

1—防尘网；2—喇叭口形或维托辛斯基型进气道；3—转接段

图 7-6   喇叭口形和维托辛斯基型进气道示意图

发动机试车台架的进气道由防尘网、转接段、中间环、橡胶密封圈、固定支架等零件，以及测量进气参数及防冰的装置等组成，某些发动机还要求在转接段或工艺转接段设置滑油系统的油箱。全部的零件和附件都安装并固定在试车台架的动架上，试车时随发动机做轴向移动。

7.2.4   排气引射段

排气引射段又称引射筒，是试车台架的重要组成部分。发动机排出的热气需要通过引射段进入排气消音塔，因此，引射段也是排气消音系统的重要组成部分。

引射段的主要作用是将从发动机内排出的热气导入消音塔，同时也将试车间内流经发动机外部的气流引射入消音塔，以便对发动机热气流进行冷却。

引射筒的尺寸是根据发动机的外廓尺寸和推力级别确定的。对于某些发动机，排气口平面到引射筒进口平面之间的距离可以调节，以适应发动机引射流量的要求。因此，控制并选择合理的引射参数，使排气气流顺利地扩散并降低排气噪声是至关重要的。

对于某些发动机，由于排出的热气温度太高，因此需要在发动机与引射筒之间增加一套装置，以便对进入引射筒的空气降温，该装置被称为喷水降温装置；或者使用二次引射空气降温装置，即在引射筒与发动机之间增加一个消音隔段和引射筒，对发动机的排气进行二次冷却，以便达到最终降温的目的。

7.3　试车台工作系统

试车台的常用系统可以分为通用系统与专用系统。

与发动机试车直接相关的系统可以称为通用系统,主要有推力测量系统,汽油、燃油(航空煤油)、滑油、空气、氧气等的供应系统,发动机油门、尾喷口状态等的操纵系统,交、直流电源及其负载的试验系统,抽真空、引气、空压机、液压泵、发动机油封等的附属设备系统。这些系统应该满足发动机的技术要求及试车大纲的规定,并等效于飞机上的相应系统。

专用系统是试车设备和试验项目所需的系统。系统有多种相关的设备,如试车台架的挂架升降、活动消声段等的液压操纵系统,发动机加力筒体及交、直流发电机等的冷却吹风系统,引射筒内喷水降温等的供水系统,等等。这类系统主要根据设备的使用性能及试车要求设置。

7.3.1　推力测量系统

1. 推力定义

合理、准确地确定航空发动机的推力成为航空发动机研制过程中的关键技术之一。目前发动机推力的确定大都借助不同形式的试车台进行测量校准。

(1)发动机推力的一般定义[122]

对于单流路的发动机,飞行推力定义为远离喷管出口截面上的排气流动量与发动机进口远前方截面上的流动量之差的函数,如图7-7所示。

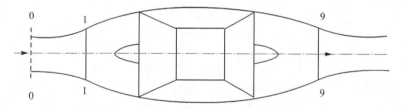

图7-7　简单发动机的气体流动示意图

假设:从0至∞的截面为轴对称或二元的定常流,且设发动机相对静止,气流相对运动;在进口前、出口后的无限远处,发动机周围足够远处的静压均匀且相等,发动机的净推力表达式为

$$F_n = F_g - F_r \tag{7-1}$$

若尾喷出口截面的气流压力和速度分布均匀,且气流平行于自由流流线,则式(7-1)变为

$$F_n = W_9 V_9 + A_9(P_{s9} - P_{s0}) - W_0 V_0 \tag{7-2}$$

式中:F_n——净推力;

$\quad\quad F_g$——总推力;

$\quad\quad F_r$——自由流动量(或冲压阻力);

$\quad\quad W_9, W_0$——发动机9,0截面处的质量流量,单位 kg/s;

$\quad\quad V_9, V_0$——9,0截面处的气流速度,单位 m/s;

A_9——9 截面处的截面面积,单位 m^2;

P_{s9},P_{s0}——9,0 截面处的静压,单位 N/m^2。

（2）室内试车台推力的一般定义

评定航空发动机的推力和性能有下述基本条件：

① 标准大气采用国标《标准大气》（GB1920）；

② 工质为理想的干空气；

③ 按照设计点所确定的航空发动机进气总温,其偏差不超出 ±3 ℃；

④ 地面试车时发动机的进口和出口（或距进出口足够远处）为未扰动的静止大气；

⑤ 航空发动机的外部无气流流动；

⑥ 无进气畸变；

⑦ 进气压力恢复系数按型号规范规定；

⑧ 指定排气管和喷口、风扇排气管和风扇喷口,且尽量用刚性喷管；

⑨ 无飞机系统引气和功率分出。

进行地面试车台试验时,空气喷气发动机的地面推力被认为是静止状态下的推力。发动机处于地面静止状态,飞行器相对运动的冲压阻力 F_r 为零,由式（7-1）可知净推力 F_n 和总推力 F_g 应该相等。

由于地面试车台的空间有限,发动机在室内试车台上试车相当于发动机在管流中工作,发动机前方有迎面气流,周围有空气流动,且存在着台架进气系统和进气道的进气总压损失,加之围墙等的物理边界可引入作用于发动机和附属结构上的附加力,喷气发动机在室内台架上试车实际上是处于一个比当地高的高度下的低速飞行状态,此时发动机的净推力小于总推力,如图 7-8(a)。

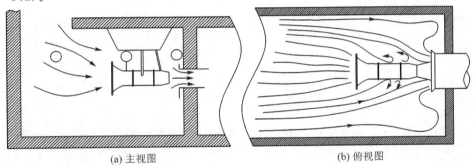

(a) 主视图　　　　　　　　　　　　　　(b) 俯视图

图 7-8　室内试车台发动机试车时周围的空气流线

在室内试车台试车时,相当于迎面自由流与周围气流共同产生对发动机和动架的阻力,如图 7-8(b)所示。同时由于室内试车时气动外流的存在,排气不通畅会引起部分空气回流,发动机进口的空气温度可能高于当地大气温度,从而引起发动机的状态误差。故室内试车台的单流路总推力与台架实际测量推力的关系表达式为

$$F_g = F_M + W_{00}V_{00} + \Phi_B + \Phi_D \tag{7-3}$$

式中：F_M——测力系统测得的推力；

　　　W_{00}——发动机进口处气流的质量流量；

　　　V_{00}——发动机进口处的气流流速；

$\Phi_B = A_1(P_{sa} - P_{sb})$——进气道的压力面积力；

Φ_D——作用于发动机和支承结构上的气流冲刷阻力；

A_1——发动机的进口面积；

P_{sa}——发动机进口前足够远处的试车间静压；

P_{sb}——尾喷管出口的环境静压。

由于通过试车间的总空气流量是发动机的空气流量与排气引射而产生的二次流量之和，而二次流量与气流冲刷力和压力面积力有关。对于有前部隔板的试车间，气流的冲刷可以忽略不计，但是通过试车间前部的总空气流量有所降低，其结果可能导致试车间前、后部的压力差增加。因此对于给定横截面积的试车间，其推力修正值应该随着室内流量的增加而提高。

2. 普通试车台架测量系统

（1）系统测量原理

普通推力测量台架的主要部件包括定架、动架、柔性件（弹簧片）、测量装置和校准装置。各种形式试车台架的推力测量原理大同小异，现以弹簧片连接的推力测量装置为例说明试车台的测量校准原理，如图 7-9 所示。

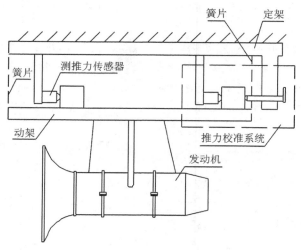

图 7-9　悬挂式推力测量校准装置的组成

首先应明确推力测量的传递过程，如图 7-10 所示。当发动机工作时，发动机产生的轴向推力通过动架作用于固定在定架上的压力传感器上，传感器将感受到的信号输出送入主控微机进行处理，得到发动机的推力数据，从而实现对推力的测量。

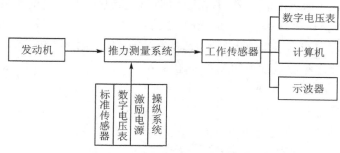

图 7-10　推力测量传递过程图

（2）系统校准原理

为了保证推力测量的准确度，需要使用校准系统校准推力。在校准推力时，力的加载系统通过校准装置施加力至标准传感器，调节加载系统，使标准传感器二次仪表的输出值恰好等于所规定标准力对应的输出值，此时，可以认为是一个标准力加到了传感器上。通过受力分析可知，标准传感器上所受的力对工作传感器的作用，与发动机试车时产生的推力对工作传感器的作用是一致的。这样可以得到工作传感器的拟合曲线方程，从而拟合出真实的发动机推力。

3. 空气起动系统

在使用空气起动机的发动机中，空气起动系统的作用是向使用空气起动的发动机提供压缩空气。空气起动系统满足发动机起动时对空气、流量、压力、温度及起动时间等的要求。

空气起动系统通常由气源、减压阀、调控阀等附件组成，如图 7-11 所示。该系统有如下特点：气源一般采用储气罐及空压机充压等装置；储气罐的压力及容量应能使发动机连续起动三次以上，并在约 1 小时内再充满，若压缩空气管网能满足发动机的要求，则也可作气源使用；电动组合调节阀 5 主要是保证发动机起动装置入口处的压力恒定；若要求空气干燥或加温，则可在调节阀前增加干燥器或加温器，例如采用电、蒸汽、发动机火焰筒等加温装置进行加温。

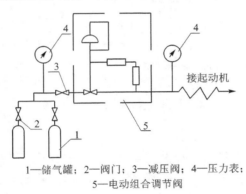

1—储气罐；2—阀门；3—减压阀；4—压力表；
5—电动组合调节阀

图 7-11　空气起动系统示意图

7.3.2　汽油供应系统

该系统提供航空汽油，为使用汽油起动的发动机在起动时供油。系统介质为航空汽油。汽油供应系统一般由汽油箱、油滤、汽油泵和控制电磁阀组成，其基本结构如图 7-12 所示。

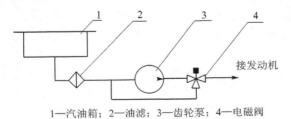

1—汽油箱；2—油滤；3—齿轮泵；4—电磁阀

图 7-12　汽油供应系统示意图

汽油箱的容积按能够起动发动机 10～20 次的耗油量考虑；油箱上有指示油量的液位传感器；在最低液位时，操纵台有指示或报警。汽油泵一般采用齿轮油泵。

试车前将汽油注入汽油箱。试车起动时,操纵控制台上的按钮开关以开启电磁阀及齿轮泵,汽油即进入发动机起动电磁阀使其达到起动发动机的目的。

7.3.3 燃油供应系统

1. 组 成

航空发动机一般使用航空煤油作为燃油。燃油放置在油库的油罐内。向发动机供油可使用油泵供油(图 7-13)、压缩空气加压供油及高位油箱供油等方法,通常使用前两者的情况较多。压缩空气压力式的供油系统常用于小型发动机试车台。

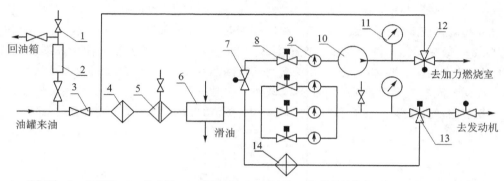

1—放气阀;2—密度计;3—截止阀;4—粗油滤;5—细油滤;6—燃滑油散热器;7,12—电动截止阀;
8—电磁阀;9—涡轮流量计;10—油泵;11—压力表;13—电动调节阀;14—加温器

图 7-13 燃油供应系统示意图

2. 工作原理

以油泵供油的方式为例,说明燃油供应系统的工作原理。在做试车前的准备工作时,开启油罐输油泵,打开截止阀。在发动机工作时,燃油经油滤、容积流量计(或涡轮流量计)和电动阀等部件向发动机供油。燃油的供油压力根据发动机型号中发动机入口油压的要求确定。带加力燃烧室的发动机在试车中,需要使用油泵来提高加力燃烧室的燃油入口压力。

在测量发动机各状态的燃油流量时,分别开启流量计前的各个电磁阀,同时使并列的其他管道的电磁阀关闭,使燃油只流经一路通道向发动机供油。当需要向加力燃烧室供油时,开启油泵及电动截止阀(关闭加力燃烧室时阀门向油箱泄油)。若需供加温的燃油,则起动加温器对燃油加温,再调控燃油调节阀,让未加温的燃油与加温的燃油掺混来达到所要求的温度值。

压力式供油系统通常使用增压空气将燃油压出,再流经燃油系统的附件向发动机供油。

燃油系统工作时,油泵、加温器及阀门等元件的操控、检视均由操纵台的人员实施。

3. 系统特点

试车台的燃油供应系统与发动机的燃油系统配合使用,共同向发动机供油。系统的设计应满足试车大纲对发动机的要求。

按燃油流量的测量要求,燃油流量计一般采用涡轮流量计,测量精度为 0.2%~0.5%;分别测量发动机慢车、最大、加力等状态下的流量。

系统的管道通径及其各种附件等的总阻力应满足发动机入口处的压力、温度及最大流量的要求,并保证在加速状态下试车时能连续不断地向发动机供油。特别是对压力供油方式,对系统的供油管道直径和长度均有限制,以防止因流阻过大而导致发动机在工作过程中出现燃油入口压力不能满足要求的问题。

设置粗、细油滤以清除油中的杂质,细油滤的过滤精度为 $5\sim10~\mu m$(纸质或金属网滤芯)。有时还需设置油气分离器以清除油中空气。

系统按需要可以安装燃油密度计,测量每次试车中燃油消耗量的容积流量,并定时对燃油流量计校准。在密度计、油滤和燃油入口等处设置了放气阀,以排出系统内的空气。

系统中设置的燃、滑油散热器,主要为冷却滑油使用。

为了安全防火,通常在发动机燃油入口处设置遥控的电动或气动开关(或称防火阀门),其管道还应作静电接地,接地电阻一般为 $100~\Omega$。

在现代燃油供应系统的油罐中填充了防爆材料,可以有效防止油罐起火后爆炸。

7.3.4　滑油供应系统

通常情况下涡喷、涡扇发动机自身携带滑油系统,试车台不需要提供滑油。当对发动机的燃油加温试车时(此时发动机上的燃、滑油散热器不起冷却滑油的作用),需要设置机外滑油散热器,以保持发动机的滑油系统正常工作。

但对于某些仅带部分滑油系统附件的发动机来说,试车台滑油系统通常要配置油箱、油滤、传感器、截止阀、油气分离器及其管路等附件,如图 7－14 所示。该系统应按发动机的要求和试车大纲的规定,与发动机滑油泵及其附件组成一个回路,并进行循环工作。在发动机工作时,发动机上安装有滑油压力传感器,以测量滑油压力。

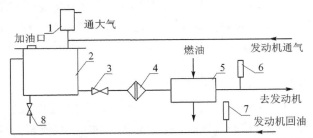

1—油气分离器;　2—油箱;　3—截止阀;　4—油滤;　5—燃、滑油散热器;
6—进油温度传感器;　7—油温度传感器;　8—放油活门

图 7－14　滑油供应系统示意图

7.3.5　发动机尾喷口操纵系统

在尾喷管面积可调节的发动机中设置尾喷口操纵系统,是为了在试车前检查发动机尾喷口液压作动筒的全行程时间和尾喷口直径,以便在试车时操纵尾喷口的收放。

尾喷口操纵系统通常由液压油箱、油泵、油滤、蓄能器、阀门及管路等组成,如图 7－15 所示。该系统与发动机尾喷管电磁阀操纵开关相连,形成一个闭式液压循环系统,与飞机上的尾喷口操纵系统情况一致。

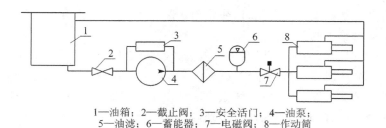

1—油箱；2—截止阀；3—安全活门；4—油泵；
5—油滤；6—蓄能器；7—电磁阀；8—作动筒

图 7-15　发动机尾喷口操纵系统示意图

7.4　试车台电气设备

7.4.1　电　源

在选择电源的种类、容量、电压和频率时，必须满足发动机的试车技术条件及用电设备对电源提出的要求。

常用电源有交流和直流两大类。国内常用的交流电源有 380 V/220 V(50 Hz)；直流电源一般使用 24 V/48 V(或 27±3 V)，对于某些进口发动机需配置直流电源。交流电源主要用于试车台电力设备、电气照明、发动机和试车台常用系统的控制、测量和数据采集及处理系统。直流电源用于发动机是电启动的启动系统，以及试车台的控制和测量系统。

试车台应配备独立的备用电源系统，以便在试车中出现突发情况时使用。

对于测量、数据采集及处理系统和发动机电调装置的电源要考虑使用防干扰措施。一般应采用经过隔离措施的"干净"电源。

7.4.2　操控台

发动机操控台是为了便于对各类常用系统、辅助设备以及发动机进行控制，并可靠监视试车过程而设置的。操控台一般由控制元件、控制装置、仪器仪表、计算机系统等设备组成，并根据发动机型号的特殊要求来设置控制单元和装置。

在发动机试车过程中，操作人员通过控制元件来达到满足试车技术条件和工艺规程提出的要求，以及各项联锁、保安要求，并保证发动机和试车设备安全工作。

7.4.3　测试和数据采集系统

测试系统最基本的组成部分包括传感器、信号传输与变换及参数显示等，在实际测量中，这些部分又可由若干的不同环节组成，试车时根据不同类型发动机的试车技术要求来确定测试项目和选择相应精度等级的传感器和指示仪表，并连接自动数据采集及处理系统。

试车过程中测量的物理参数经过传感器或前端仪器转换成电压或电流模拟量，或者转换成频率或编码的数字量，送入显示设备，或送入数据采集系统进行分析，而后传入计算机进行处理和保存。同时由计算机系统发出指令显示发动机参数，并在特殊情况下实施对发动机的控制。

数据采集系统是对发动机各工作参数实行先进管理所形成的系统(使用人工记录参数的

试车台经过改造可以实现数据采集）。通用数据采集
系统结构如图 7 - 16 所示。

　　数据采集系统测量通道有电模拟量和数字量输
入，可以完成对电压、电流、电阻、应变频率、周期、数字
编码和开关状态等的测量。通常，系统还配备了模拟
量输出和数据输出通道，以完成电压、电流和数字量的
输出，使系统功能更加完备，便于实现测量控制一
体化。

7.5　航空发动机高空台

7.5.1　概　述

　　航空发动机模拟高空试验设备（The Simulated
Altitude Test Facility）是在地面模拟高空飞行的工作
环境条件，并进行全尺寸航空发动机高空飞行状态试
验的战略性大型试验设备。一般被称为航空发动机模
拟高空试车台或航空发动机高空台。

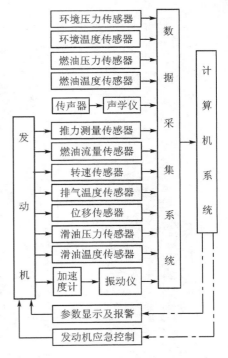

图 7 - 16　通用数据采集系统基本结构

　　随着飞行器飞行范围的扩大、机动性的提高、安全
性和经济性的改善，对发动机的性能和稳定性的要求越来越高。航空发动机高空台具有如下
特点：高空台的试验飞行范围宽广；安全性好；能够重复模拟发动机的飞行包线和各种恶劣环
境；试验不受天气和地域以及时间的限制；试验周期短，节省费用；可以安装较多的精密仪器设
备；测取的数据多，试验结果的准确度高；试验状态的调节灵活方便，既能很快地通观发动机高
空飞行的工作情况，又能控制或变换各种飞行条件，以及研究细小区域的局部情况。

　　航空发动机的发展对高空试验台的依赖性越来越强，因此航空发动机高空试验台已经成
为航空发动机高空性能特性、结构完整性和可靠性试验研究的关键设备；是航空发动机高空状
态研究、调试、鉴定和使用不可缺少的重要手段，也是设计、研制先进航空发动机强有力的
工具。

7.5.2　高空台设备

1. 基本组成和工作原理

　　高空台设备由供气系统、试验舱和抽气（或排气）系统以及辅助系统组成。其基本构成和
工作原理如图 7 - 17[110] 所示。

　　供气系统由气源、供气和降噪设备、空气加温和降温系统以及调压系统等主要设备组成。
它的作用是供给发动机符合模拟要求的温度、压力和流量的空气。压气机和调压阀用来满足
对试验空气压力和流量的要求，加温和降温装置则用来满足对空气温度调节的要求。

　　高空试验舱安装被试发动机，试验时发动机借助供气和抽气系统来产生所要模拟的高度
和速度等条件。

　　抽气系统由抽气机、排气扩压器及降噪、排气循环冷却和排气调压等系统组成。抽气系统

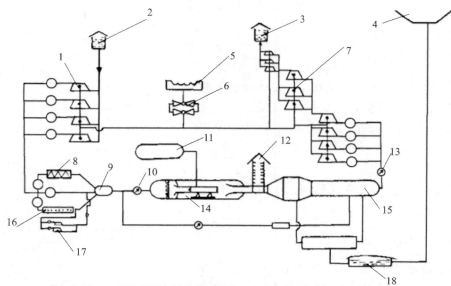

1—供气气源；2—压气机进气过滤及降噪；3—抽气机排气及降噪；4—供水池；
5—变电站及供电设备；6—变频启动设备；7—抽气设备；8—空气加温装置；9—混合气；
10—进气调压系统；11—燃油供应系统；12—发动机高温排气降噪设备；13—排气调压系统；
14—高空试验舱；15—排气冷却设备；16—空气降温设备；17—膨胀涡轮；18—循环冷却系统

图 7-17 高空台的组成及工作原理

的作用是将发动机排出的高温大容量的低压燃气进行冷却增压后排入大气，使高空试验舱内保持相当于模拟高度的静压。排气扩压器将发动机排出的高温燃气进行冷却并达到抽气机进口所承受的温度。在排气冷却的同时，排气气流的流量也大大降低，从而起到了减少抽气机负担的作用。最后，抽气机将大量低压气流压缩至略高于大气压的气流后排到大气中去。

高空台的辅助系统包括供水系统、供电系统、燃油供应系统、高空舱压力调节系统和发动机的各工艺系统，等等。

航空发动机模拟高空试验设备按照连续试验的时间长短和气源形式可以分为连续式和暂冲式。而模拟方法和模拟程度以及试验段的结构主要有两种形式，即直接连续式模拟高空试验设备和自由射流式模拟高空试验设备。模拟高空试验设备的规模取决于它的类型和高空试验舱的形式，可以长时间工作的高空试验设备属于连续式的；适当增加气源的流量，连续式的就可以发展成为自由射流式的。

2. 直接连续式模拟高空试验设备

直接连续式模拟高空试验的试验舱以及涡喷、涡扇发动机的安装示意图如图 7-18 所示。图中舱体被分隔成前室和试验舱，在前室内模拟飞行中飞机进气道前后的总温和总压，在高空试验舱内模拟试验高度下的大气压。

直接连续式模拟高空试验设备是一种基本的高空试验设备，可用于分析研究在标准大气和非标准大气的各种飞行条件下，从发动机进口截面到尾喷口出口截面整个发动机内部的气动和热力过程，鉴定发动机及其附件和系统在不同飞行环境条件下的工作可靠性，研究和考核各种飞行条件下的发动机结构完整性；完成我国和发达国家的航空发动机通用规范所规定的全部高空试验任务。

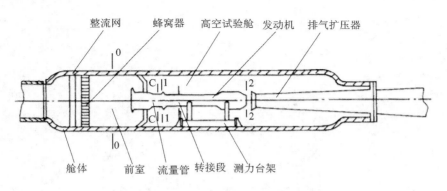

图 7 - 18　直接连续式模拟高空试验舱示意图

3. 自由射流式模拟高空试验设备

自由射流式模拟高空试验设备的结构形式和工作原理如图 7 - 19 所示。这种试验设备的气源供气量是直接连续式设备的 2～3 倍,消耗的能量较大。因此,其连续试验的时间受到限制,气源一般为暂冲式。它所执行的试验任务也与直接连续式设备有所不同。

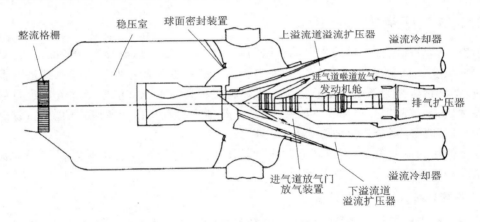

图 7 - 19　自由射流式模拟高空试验舱示意图

4. 推进风洞式模拟高空试验设备

从发动机安装性能的鉴定角度讲,推进风洞式设备的功能最强,模拟最充分,凡是自由射流式高空舱能够进行的试验项目,推进风洞都能够进行,反之则不能。但是推进风洞式试验设备要求全尺寸推进系统及其喷管尺寸很大,导致推进风洞式设备的规模庞大,气源的供气量一般为发动机空气流量的 8～15 倍,运转费用非常昂贵,从而限制了推进风洞式设备的使用。

推进风洞式模拟高空试验设备的组成及工作原理如图 7 - 20 所示。

目前国外现有的推进风洞的最大超、跨声速试验段的尺寸为 $(4.88 \times 4.88)\,\mathrm{m}^2$,功率为 $23 \times 10^7\,\mathrm{W}$。一般来说推进风洞式试验设备可以进行小型发动机的全尺寸试验;而对于大多数超声速发动机来说,则只能进行缩尺寸模型试验,或者飞行载体模型与进气道-发动机的联合试验,或者发动机-尾喷管-飞机后机身的联合试验。

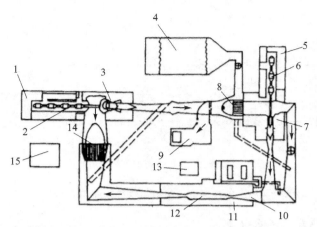

1—主动力间；2、6—传动；3、7—压气机；4—空气干燥间；5—第二动力间；
8、14—冷却器；9—排气消声器；10—整流网和整流片；11—挠性壁喷管；
12—试验段；13—燃料泵房；15—燃料库和低压泵

图 7-20　推进风洞式模拟高空试验舱示意图

7.5.3　高空模拟试验

航空发动机高空模拟试验由发动机研制单位根据其发展规划和研究情况提出,目的主要分为研究试验、调试试验和鉴定试验三大类。研究试验主要针对发动机的方案进行探索和研究分析;调试试验是为新研制的航空发动机顺利通过高空稳态性能鉴定试验所进行的预备性及摸底性试验,试验项目可反复修改和试验,不断排故后直至达到所规定的要求;鉴定试验需要按照合同和型号规范规定的方法及程序进行试验。

根据使用的试验设备,模拟高空试验可以分为直接连接式模拟高空试验、自由射流式模拟高空试验和推进风洞式试验三种类型。

1. 直接连接式模拟高空试验

这种试验仅模拟整个飞行工作范围内发动机从风扇或低压压气机进口到尾喷管出口的内部气流流动,一般不模拟飞行时发动机的外部气流流动。此时,试验用发动机不带飞机进气道,因此试验只在发动机进口建立与所要模拟的飞行高度和飞行速度相对应的进气道进口总温、总压和发动机空气质量流量,并在高空舱内发动机的周围建立相应飞行高度的大气环境压力状态,或者使发动机尾喷管处于临界或超临界工作状态。这样,就使得在不同飞行状态下整个发动机的内部流动状态都能得到充分的模拟。

这种发动机模拟高空试验的特点是:供气量只需稍大于发动机的空气质量流量,相比于其他类型的发动机模拟高空试验,其设备简单、运行费用低,设备功能较强,功能/价格比高。但是它不能精确地模拟发动机在飞机上的安装条件,特别是外部散热条件,因而不能模拟由飞机机动飞行带来的过载和瞬变条件。

根据航空涡轮发动机通用规范的规定以及其中某些需要鉴定试验的项目,使用直接连接式高空舱可以完成的试验任务有:高空性能试验,功能试验,推力和流量瞬变试验,启动和再启动试验,高空风车旋转试验,进气加温加压持久试车,进气畸变试验,发动机在飞行包线中的整机振动测量,振动与应力测量试验,高、低温启动和加速试验,环境结冰试验,吞入大气中液态水试验,修正系数的验证,发动机进口压力和温度瞬变试验,高原启动试验等。

2. 自由射流式模拟高空试验

这种试验使用自由射流式模拟高空舱进行,能够研究飞行条件下进气道与发动机内部气动热力的过程,评定全尺寸飞机进气道和发动机联合工作的性能和稳定性,鉴定局部飞机机体对进气道-发动机共同工作的影响。

能够进行的试验项目主要有:全尺寸进气道-发动机相容性试验,全尺寸进气道-发动机瞬变试验、模拟典型飞行路线试验,进气道-发动机结构完整性试验,进气道调节系统与发动机调节系统匹配和鉴定试验,全尺寸进气道性能试验,全尺寸进气道-发动机操纵特性试验等。

3. 推进风洞式试验

推进风洞式试验可鉴定飞行器与喷气推进系统在飞行中的匹配性能特性,研究飞行条件下全尺寸推进系统的外部流动特性和内部气动热力过程。

推进风洞式试验主要包括的内容有:鉴定小型推进系统与飞行器匹配安装的性能和确定动力装置有效推力的试验;飞机载体模型与进气道-发动机的全尺寸联合试验;飞机部件与尾喷管的全尺寸试验;全尺寸进气道-尾喷管的联合试验;全尺寸(或模型)发动机-尾喷管的联合试验;外部环境干扰对推进系统的影响试验;推进系统适航性试验(包括推进系统结构完整性,短舱温度及压力的测量,附件的冷却,风车和刹车时发动机的运转,防火控制程序等试验)。

7.6　航空发动机试车

7.6.1　概　述

1. 试车目的和任务

在发动机制造过程中,发动机试车的主要任务是进行发动机性能和可靠性的质量验证,以调整和鉴定设计阶段对发动机所作的技术要求。

在发动机研制、改型设计或因排除故障需要等原因而进行的研究试车,其目的在于测量发动机某些工作状态下的性能、气动热力参数和零(部)件的强度数据,以满足分析研究和鉴定的需要。

2. 试车对发动机的要求

对自行研制的涡喷、涡扇发动机,按型号规范中的规定执行;对于申请领取中国民航适航合格证的发动机,除执行该机型号规范所规定的要求外,还须执行民航发动机适航标准所规定的要求。对于从国外引进和出口外销的发动机,除按发动机原产国型号规范所规定的要求执行外,还须执行双方合同补充的要求。

对于研究性和故障试车,应按照任务要求来确定发动机的技术状态。

3. 质量验证试车

按照国军标和民航适航标准的规定,为了验证新研制的发动机在试验飞机上进行飞行试验的适应性并取得试飞资格,要求发动机必须完成所规定的至少 60 小时飞行前持久试车。

为了验证发动机生产和服役的可能性并取得设计定型资格,要求在两台甚至多台发动机上各进行一次规定的长期持久试车,试车时间按照型号规范的要求执行。

短寿命发动机的试车,依照型号规范所规定的试车时间进行试车。

若对批量生产发动机的结构进行了改进、重大工艺变化或发动机转厂生产,以及为了考核批量生产中的质量稳定性等项工作,必须要进行持久试车。对于试车程序,在取得订货方同意后按专门制定的文件执行。

对于成批生产的发动机,为了验证发动机的装配和性能是否达到了型号规范中所规定的标准,应根据合同规定对提交验收的发动机进行验收试车。

7.6.2 试车类型

在发动机的制造过程中,每一种型号发动机的试车形式都由型号规范确定,主要有验收试车、持久试车和专项试车等类型,用框图表示如图 7-21 所示。科研和教学的试车形式根据具体的试车任务来确定。

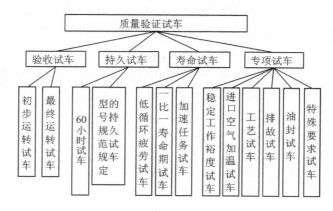

图 7-21 主要试车类型

1. 验收试车

验收试车是为了验证发动机的装配质量和性能是否达到型号规范或合同规定的验收标准,其程序一般由初步运转和最终运转两部分内容构成。

初步运转要对发动机进行磨合运转,调整并检查发动机和附件的工作过程及发动机性能的基本参数,同时检查零件的加工和装配质量。

最终运转是对发动机最终装配质量进行检查的重要环节,以验证发动机的性能是否符合型号规范的要求,以及各系统与发动机及附件的匹配工作情况。

2. 持久试车

研制和生产中的持久试车应根据型号规范确定,主要包括 60 小时、150 小时或 300 小时试车,低循环疲劳寿命试车,1:1 寿命期试车,加速任务试车,以及持久试车中所规定的试车。试车的主要任务是对发动机进行寿命评估和考核。

3. 专项试车

专项试车主要包括对发动机稳定裕度的检查,对进口空气加温后的检查,对故障试车检查和排除故障,以及对因生产需要而进行的发动机改型改进、工艺改进、转厂生产等任务的试车。因生产需要进行的试车就是为了解决在批量生产阶段出现的发动机的特定技术问题。

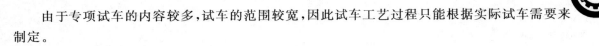

　　由于专项试车的内容较多,试车的范围较宽,因此试车工艺过程只能根据实际试车需要来制定。

7.6.3 试车工艺流程和工序内容

1. 主要工艺流程

发动机典型试车的工艺流程如图7-22所示。

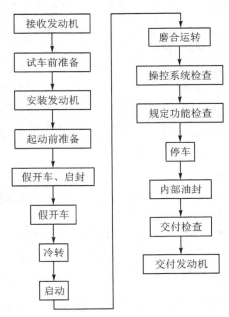

图 7-22 典型试车工艺流程

2. 工序内容

　　按照接收工艺规程中列出的内容,对发动机外观、附件和调整部位的保险以及压气机和涡轮转子的灵活性进行检查,对随发动机交付的工艺文件及质量文件进行核对。

　　清洁试车台工作场地,对即将使用的测试仪器、仪表进行校验,准备并安装各种工艺件、辅助材料、工艺吊架等设备。

　　按照发动机的安装工艺规程将发动机安装到试车台架上。

　　起动前,检查发动机与试车台架各接口的连接、发动机外部的清洁、台架设备准备情况、工作现场的安全,通电检查发动机及试车台架的电气设备,检查各种试车文件是否齐备和有效。

　　对发动机进行内部启封并对各系统注油,假开车检查发动机的内部情况。

　　冷转检查,对某些发动机还要进行假热开车检查。

　　起动观察发动机的工作情况,及时处理起动时出现的故障,防止出现安全事故,记录起动过程中发动机的各项数据。

　　按照发动机试车工艺规程的要求,进行磨合运转、暖机和冷机。

　　对试车台架和发动机操纵系统进行检查和调整。

　　进行发动机的功能检查、录取,并验证发动机的性能、推力瞬变和功率变换参数,检查加力

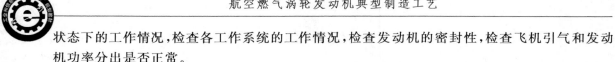

状态下的工作情况,检查各工作系统的工作情况,检查发动机的密封性,检查飞机引气和发动机功率分出是否正常。

检查发动机正常停车和应急停车功能,在停车过程中检查发动机转子的灵活性等参数。

对要交付的发动机,在停车后,待发动机冷却之后进行发动机的内部油封(发动机下台架后进行外部油封)。

按照发动机的拆卸工艺规程将发动机从试车台上拆下,装在专用架(或运输车)上;对发动机进行外观检查、各部位的保险检查、各接合面的密封性检查;对试车数据和交付文件进行检查和整理。

按照交付规程的要求将发动机交付到下一道工序。

7.6.4　主要单元程序

试车中的主要单元程序指在试车中可以独立,并具有特定要求的检查、调整和考核环节。主要包括冷运转、起动、磨合运转、发动机规定的性能及状态验证、接通加力过程的检查和持久试车等程序。

1. 冷运转

由起动机驱动,在规定时间内,将发动机从静止状态带转到规定转速,燃油系统不供燃油也不点火的运转称为发动机的冷运转,或简称冷转。

冷转也用于低循环寿命试车中发动机停车后的加速冷却。

2. 起　动

(1) 分类和定义

把发动机转子从静止状态加速到慢车状态称为起动。起动有多种形式,型号规范规定了发动机应该具备的起动形式。

冷起动:发动机停车冷却后再起动,称为冷态起动或地面冷起动。

热起动:发动机熄火或停车后在规定时间内的再起动,或按排气温度指示不低于规定值的再起动称为热起动。

单电嘴点火起动:分别单独用发动机两个电嘴中的一个电嘴进行点火的起动称为单电嘴点火起动。

补氧起动:模拟空中起动过程中向点火器补充供给氧气的起动称为补氧起动。

自动起动:按压起动按钮后,全部起动过程由自动装置完成的起动称为自动起动。

等效电源起动:对于使用电机起动的发动机,具备以机上电瓶为电源成功起动发动机的功能的起动称为等效电源起动。试车台要备有模拟外场电源输出特性的等效电源,以进行模拟外场电源起动验证和调整。

(2) 起动极限

在起动过程中,符合最长允许时间、最高排气温度、冷热悬挂持续时间、引气和功率能够分出极限等限制要求的,才能认为是起动成功。

3. 磨合运转

(1) 定　义

新装配的发动机,在台架初次试车时,应首先按照规定的程序,使机械和热力负荷由低逐

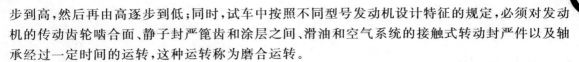

步到高,然后再由高逐步到低;同时,试车中按照不同型号发动机设计特征的规定,必须对发动机的传动齿轮啮合面、静子封严篦齿和涂层之间、滑油和空气系统的接触式转动封严件以及轴承经过一定时间的运转,这种运转称为磨合运转。

（2）运转程序

磨合运转程序是在机械传动和传热分析的基础上使配合磨量渐进地进行,以达到发动机各种状态的良好运行。磨合运转程序因发动机结构设计的特点及主要磨合目标部位的不同而有所区别。一般情况下,当发动机从启动到慢车后,在一个规定的转速下和缓地从冷态过渡到热态（大状态）后,再从热态和缓地过渡到冷态。在磨合运转中,应采用转速递增、递减的台阶程序。

4. 发动机规定的性能及状态验证

型号规范给定的发动机的状态性能指标准大气海平面静止条件下的性能,是发动机交付验收的最低性能。发动机试车时的实测性能数据应换算为上述条件下的性能数据,再与规定的验收标准比较。

（1）涡喷、涡扇发动机

性能状态包括:

① 最大推力状态（军用发动机的全加力状态）:油门置于最大推力位置,在工作包线内规定的任一点上,发动机能够在限定时间内持续工作的一种推力最大的工作状态。

② 最小加力推力状态:油门放在最小加力推力位置,在工作包线内规定的任一点上,发动机能够在限定时间内通过加力燃烧而持续工作的推力最小的工作状态。

③ 中间推力状态:油门放在中间推力位置,在工作包线内规定的任一点上,发动机至少能持续工作 30 分钟的推力最大的工作状态。

④ 最大连续推力状态:油门置于最大连续推力位置,在工作包线内规定的任一点上,发动机能持续不断工作时推力最大的工作状态。

⑤ 最大反推力状态:油门置于最大反推力位置,在反推力工作包线内规定的任一点上,发动机能持续工作的反推力最大的工作状态。

⑥ 慢车状态:油门放在慢车位置,使发动机在最低转速下稳定工作的状态。

⑦ 过渡工作状态:发动机在运转过程中,状态参数随时间改变。通常指两个不同状态之间的加速、减速或接通与断开加力状态的过渡过程。

（2）验证方法

一般经地面台架试车来验证发动机标准海平面静止条件下的性能,或者在高空模拟试车台上对某些飞行中的控制功能做必要的模拟检查。

5. 接通加力的检查

（1）要　求

在规定的接通加力条件、操作方法和接通加力过程时间内,以及对发动机转速、压力、温度等参数波动的限制下,要求加力燃烧室能够在不影响主机稳定工作的情况下可靠地点火燃烧。为了达到这些要求,加力控制系统必须对加力燃烧室的进口条件、加力点火、加力供油、加力喷口面积及主机工作状态实施准确的协调控制。

（2）检查和调整

按试车工艺规程规定的程序进行接通加力燃烧室的试验,并采集规定的参数。

通常检查和调整的参数有:加力点火时间及加力点火器的有关参数,发动机喷口转换时间及转换速度,加力燃油供给时间及供油规律,以及接通加力过程中的发动机转速等相关参数。

6. 持久试车

持久试车是航空发动机的一种重要的试车,是考核发动机寿命的必要手段。不同型号的发动机,持久试车的内容不同。

(1) 规定内容

根据国军标通用规范要求和民航试航标准的规定,已经定出型号规范的军用航空涡轮发动机,必须进行飞行前规定的试验中的 60 小时持久试车和定型试验中的长期持久试车。

(2) 低循环疲劳试车

按照通用规范的要求,发动机至少进行一个首翻期或翻修间隔寿命期的低循环疲劳持久试车。这种试车应在温度和压力的边界条件下进行,在启动、再启动、加速时应接近或等于最大允许温度;引气量应为最大值,作为电力、液压负荷的功率分出也应等于最大允许值;循环工作状态和循环方式按使用中可能的恶劣负荷条件进行。

(3) 1:1 寿命期试车

在按照模拟实际飞行任务全过程综合得出的发动机工作循环、运转次数的条件下,1:1 寿命期试车使得总的有效运转时间和工作循环数都达到了发动机的预定寿命。这种试车的发动机的第一次翻修寿命一般在 500 小时之内。

短寿命发动机对寿命的考核一般采用 1:1 寿命期试车。

(4) 加速任务试车

加速任务试车是为了解决 1:1 寿命持久试车周期长、代价大的问题,以典型飞行任务剖面为依据,推导出在持久试车阶段循环中无损伤或损伤较小的状态,或者将这种状态折算成大功率高负荷状态,使发动机达到与在一个寿命期实际使用中相当的损伤(形式及程度)。它的特点是以寿命损伤等效为原则,提高了持久试车循环的苛刻性,缩短了总试车时间。

加速任务试车在批量生产阶段主要用于发动机的寿命定期抽检、局部结构改进和重大工艺改进等项目的效果考核。

7. 主要试车文件

(1) 试车大纲

对规定的试车科目,列举出要进行试车的目的、内容、要求等文件,例如表 7-1 中列出了军用航空涡轮发动机 60 小时和 150 小时持久试车大纲。

表 7-1 试车大纲

持久试车	飞行前规定 60 小时持久试车	定型试验中的 150 小时持久试车
试车目的	验证该型号发动机在实验飞机上进行飞行试验的适应性	验证该型号发动机取得定型合格证并作为生产型发动机的可靠性;在两台发动机上分别进行 150 小时持久试车。如果型号规范规定应使用两种以上的燃油和滑油,则两台发动机各使用其中一种
试车前的检验和系统校准	①发动机净重量测量;②油门杆力矩测量;③温度传感系统校准;④发动机控制系统校准;⑤发动机状态监视系统校准	

持久试车	飞行前规定 60 小时持久试车	定型试验中的 150 小时持久试车
校准试车	①调整发动机的稳态、瞬态性能,使之分别符合型号规范要求的海平面性能参数、推力瞬变及起动参数;②检查发动机规定的放油口及其他部位的漏液渗漏;③在最大连续状态下,从飞机引气口取样确认污染度	
持久试车程序	①根据要求制定试车程序;②启动并满足要求	
重新校准	完成持久试车后,发动机的温度传感系统、控制系统及状态监视系统均须进行与持久试车前的初始校准试车及与系统校准内容、程序和要求相同的重新校准。其与初始校准试车和系统校准不同的要求是:①发动机重新校准要求在规定的进气温度下把发动机推力(功率)调整到初始校准试车时得到的推力(功率)值;②使用与初始校准试车相同的燃油和滑油	
发动机分解检查和试验资料的提交	持久试车后,对发动机进行全部分解,对所用零件进行清洗前、后的对比检查,并做出书面结论	
持久试车完成	满足以下要求后则认为是完成了持久试车:①发动机及其组件满足型号规范要求的使用限制;②没有发现可能危及飞行安全的零件失效或隐患;③在重新校准期间不调整发动机,在中间和最大推力状态下,发动机的推力不少于初始校准值的 95%,单位燃油消耗率不超过初始校准值的 105%;④在重新校准期间且调整发动机后,对应于初始校准期间的同一推力值,单位燃油消耗率不超过初始校准值的 105%;⑤引气分析符合型号规范要求	

(2) 试车工艺文件

试车工艺文件是发动机试车环节的必备文件,可以分为多种类型并包含多项内容。

发动机试车文件主要有验收试车工艺规程、持久试车工艺规程、附加试车工艺规程、发动机各单元体试车工艺规程等工艺文件。在试车工艺规程中规定了发动机在本科目过程中的程序,例如表 7-2 列出了某型涡喷发动机的初步运转试车程序。

表 7 - 2　某型涡喷发动机的初步运转程序

序号	程序	时间/min	说明	序号	程序	时间/min	说明
1	假热开车	—	检查起动系统	6	80%转速状态	3	磨合运转
2	假冷开车	—	检查主油路	7	最大连续推力(95%转速状态)	2	性能参数采集
3	冷运转	—	吹除积油	8	中间推力(98%转速状态)	1	
4	起动	—	—	9	最大推力(100%转速状态)	1	
5	慢车	2	外部检查	10	中间推力(98%转速状态)	1	

序 号	程 序	时间/min	说 明	序 号	程 序	时间/min	说 明
11	最大连续推力（95%转速状态）	2	性能参数采集	15	39%转速状态→98%转速状态→39%转速状态	1次	加负载,检查加速性
12	80%转速状态	2		16	慢车→中间→慢车	1次	
13	慢车	2		17	慢车	—	检视、测量灵活性
14	最小推力（39%转速状态）	1		18	停车	—	

在发动机试车过程中应该填写试车记录单,在试车完成后应针对发动机的性能等试车规程的内容填写技术文件。

在发动机试车前和试车后的工作中,也应该按照工艺文件的规定填写各种工序卡等技术文件。

习 题

1. 试述航空发动机试车台的概念。
2. 试述航空发动机试车台的基本类型。
3. 试述航空发动机试车台的主要组成系统。
4. 试述航空发动机高空试车台的主要类型。
5. 试述航空发动机试车的主要目的。
6. 试述航空发动机的典型试车过程。

参考文献

[1] 曹春晓. 航空用钛合金的发展概况[J]. 航空科学技术,2005(4).

[2] 张凯峰,王国峰. 先进材料超塑成形技术[M]. 北京:科学出版社,2012.

[3] 中国国家标准化管理委员会. 钛及钛合金术语和金相图谱:GB/T 6611—2008[S],2008.

[4] 黄旭,朱知寿,王红红. 先进航空钛合金材料与应用[M]. 北京:国防工业出版社,2012.

[5] 张瑜,罗和平,吴秋爽,等. 钛合金叶片加工工艺研究[J]. 机床与液压,2013,41(22):11.

[6] 李嘉荣,熊继春,唐定中. 先进高温结构材料与技术（上）[M]. 北京:国防工业出版社,2012.

[7] 中国国家标准化管理委员会. 高温合金和金属间化合物高温材料的分类和牌号:GB/T 14992—2005[S],2005.

[8] 赵玉涛,戴起勋,陈刚. 金属基复合材料[M]. 北京:机械工业出版社,2010.

[9] 黄发荣,周燕,等. 先进树脂基复合材料[M]. 北京:化学工业出版社,2008.

[10] 胡保全,牛晋川. 先进复合材料[M]. 北京:国防工业出版社,2006.

[11] 余江. 新一代航空部件用树脂基结构材料[J]. 化工新型材料,1997(4).

[12] 沈尔明,王志宏,等. 先进树脂基复合材料在大涵道比发动机上的应用[J]. 航空制造技术,2011(17).

[13] 贾立军,朱虹. 复合材料加工工艺[M]. 天津:天津大学出版社,2007.

[14] 梁春华. 连续纤维增强的金属基复合材料部件在航空涡扇发动机上的应用[J]. 航空制造技术,2009(15).

[15] 文生琼,何爱杰. 陶瓷基复合材料在航空发动机热端部件上的应用[J]. 航空制造技术,2009(增刊).

[16] 李杰. LEAP-X发动机的创新性技术[J]. 航空制造技术,2011(4).

[17] 于东,张博明,梁军,等. 形状记忆合金在航空工业中的应用研究进展[J]. 金属功能材料,2007,14(6):12.

[18] 郭灵,王淑云,林海. 先进航空材料及构件锻压成形技术[M]. 北京:国防工业出版社,2011.

[19] 曲银化,孙建科,孟祥军. 钛合金等温锻造技术研究进展[J]. 钛工业进展,2006,23(1):2.

[20] 张利军,常辉,薛祥义. 等温锻造技术及其在航空工业中的应用[J]. 热加工工艺,2010,39(21).

[21] 夏春林,魏志坚,叶俊青,等. 近净成形技术在航空锻件中的应用[J]. 新技术新工艺,2014(3).

[22] 胡亚民,车路长. 精锻成形技术的现状及其发展[J]. 模具技术,1996(3).

[23] 马鹏举,史成坤,张兴华,等. 加工工艺学[M]. 北京:北京航空航天大学出版社,2014.

[24] 杨帆,刘涛. 浅谈金属焊接技术[J]. 中小企业管理与科技,2014(2).

[25] 孙启政. 浅谈焊接的分类[J]. 航空精密制造技术,2000,36(1):2.

[26] 张柯柯,涂益民. 特种先进连接方法[M]. 哈尔滨:哈尔滨工业大学出版社,2012.

[27] 王娟,刘强,等. 钎焊及扩散焊技术[M]. 北京:化学工业出版社,2013.

[28] 杨瑞,朱雨生,高福祥. 钛合金的扩散焊连接技术[J]. 材料开发与应用,2013(10).

[29] 尹欣,刘元明,文振华. 摩擦焊及其检测技术[M]. 北京:知识产权出版社,2012.

[30] 张湘君. 某低压涡轮转子与轴的摩擦焊工艺研究[D].沈阳:沈阳工业大学,2007.

[31] 徐可北. 航空工业无损检测的应用与需求[J]. 第三届十省区市机械工程学会科技论坛暨黑龙江省机械工程学会 2007 年年会论文(摘要)集,2007.

[32] 中国国家标准化管理委员会. 无损探伤应用导则:GB/T 5616—2014[S],2014.

[33] 《航空制造工程手册》总编委会. 航空制造工程手册——工艺检测[M]. 北京:航空工业出版社,1993.

[34] 梁春华. 高性能航空发动机先进风扇和压气机叶片综述[J]. 航空发动机,2006,32(3).

[35] Maya. "他山之石,可以攻玉"——第三代战斗机用大推力涡扇发动机巡礼[J]. 航空档案,2008(1).

[36] 陈光. 航空发动机结构设计分析[M]. 北京:北京航空航天大学出版社,2014.

[37] 叶大荣,任光明. 第四代战斗机的强劲"心脏"——F22 战斗机的 F119 涡扇发动机[J]. 现代军事,2006(11).

[38] Maya. 第三代战斗机用大推力涡扇发动机巡礼(二)——核心机衍生发展的经典之作——F110 涡扇发动机[J]. 航空档案,2008(2).

[39] Maya. 第三代战斗机用大推力涡扇发动机巡礼(三)——昔日雄风今犹在——AЛ－31Ф系列发动机[J]. 航空档案,2008(3).

[40] 侯志兴,等.世界航空发动机手册[M]. 北京:航空工业出版社,1987.

[41] 罗尔斯·罗伊斯公司.喷气发动机[M]. 达比:罗尔斯·罗伊斯公司技术出版部,1996.

[42] 陈光. 遄达 1000 发动机的设计特点[J]. 航空发动机,2009.

[43] 韩秀峰,张露,钱凌翼. 固态焊接在民用航空发动机中的应用[J]. 航空制造技术,2012(13).

[44] 曾元松. 先进航空板材成形技术应用现状与发展趋势[J]. 航空制造技术,2012(1).

[45] 陈光,洪杰,马艳红. 航空燃气涡轮发动机结构[M]. 北京:北京航空航天大学出版社,2010.

[46] 梁春华. 现代典型军民用涡扇发动机的先进技术[J]. 航空科学技术,2004(2).

[47] 林左鸣. 世界航空发动机手册[M]. 北京:航空工业出版社,2012.

[48] 刘业胜,曹玮,等. 钛合金空心风扇叶片加工误差对其性能影响的初步分析[J]. 航空制造技术,2013(16).

[49] 国防科学技术工业委员会. 燕尾形榫头、榫槽尺寸标注与技术要求:HB5964—2002[S],2002.

[50] 杨伟,徐伟. BR700 系列发动机高压压气机设计及结构特征[J].燃气涡轮试验与研究,2014,27(3):6.

[51] 刘长福,邓明. 航空发动机结构分析[M]. 西安:西北工业大学出版社,2006.

[52] 藏笑宇,闫龙,史韵琦. 圆弧形榫槽风扇轮盘加工及检测技术研究[J]. 中国新技术新产品,2012(17).

[53] 李惠莲,纪福森,尹峰,等. 大涵道比宽弦风扇叶片连接结构设计及分析研究[J]. 航空工

艺技术,2011(15).

[54] 吕辉停,郝艳华,黄致建,等. 弧形燕尾榫结构设计及形状优化[J]. 航空动力学报,2011,26(6):6.

[55] 倪萌,朱惠人,等. 航空发动机涡轮叶片冷却技术综述[J]. 燃气轮机技术,2005,18(4):12.

[56] 卫海洋,徐敏,刘晓曦. 涡轮叶片冷却技术的发展及关键技术[J]. 飞航导弹,2012(2).

[57] 呼艳丽. 高效涡轮铸冷工作叶片冷却设计[D]. 成都:电子科技大学,2010.

[58] Song Wenbin, Keane Andy, Rees Janet, et al. Turbine Blade Fir-tree Root Design Optimisation Using Intelligent CAD and Finite Element Analysis[J]. Computers and Structures,2002(80):1853-1867.

[59]《透平机械现代制造技术丛书》编委会. 叶片制造技术[M]. 北京:科学出版社,2002.

[60] 刘军. 航空发动机研制中的叶片加工工艺探讨[J]. 航空发动机,2000(3).

[61] 何玉怀,苏彬. 中国航空发动机涡轮叶片用材料力学性能状况分析[J]. 航空发动机,2005,31(2).

[62] 刘家富. 涡扇发动机叶片及其成形工艺[J]. 航空工艺技术,1999(2).

[63] 王乐安. 关于航空叶片锻造工艺及其设备技术改造的建议[J]. 材料工程,1990(5).

[64] 张翼鸣. 法国 SNECMA 公司叶片加工技术[J]. 航空工艺技术,1998(2).

[65] 北京航空制造工程研究所. 航空制造技术[M]. 北京:航空工业出版社,2013.

[66] 钟杰,胡楚江,郭成. 叶片精密锻造技术的发展现状及其展望[J]. 锻压技术,2008,33(1):2.

[67] 潘雄,翟步英. 无余量熔模精密铸造的技术特点及其应用领域的拓展[J]. 重庆工学院学报,2005,19(11):11.

[68] 陈荣章,王罗宝,李建华. 铸造高温合金发展的回顾与展望[J]. 航空材料学报,2000,20(1):3.

[69] 张定华,汪文虎,卜昆. 涡轮叶片精密铸造模具技术[M]. 北京:国防工业出版社,2014.

[70] 潘雄,翟步英,孙梅梅,等. 浅议我国无余量熔模精密铸造技术的发展、现状及其差距[J]. 广西大学学报,2008,33(Super):6.

[71] 孟志强. 基于事例推理的涡轮叶片精铸模分模设计研究[D]. 西安:西北工业大学,2006.

[72] 郭万川,梅碧舟. 六点定位原理及其应用[J]. 现代制造技术,2007(3).

[73] 王苗法. 低熔点合金在叶片生产中的应用[J]. 汽轮机技术,1987(2).

[74] 金福祥. TC4 钛合金压气机工作叶片榫头拉削加工[J]. 航空工艺技术,1979(6).

[75] 王聪梅. 航空发动机典型零件机械加工[M]. 北京:航空工业出版社,2014.

[76] 徐正扬. 发动机叶片精密电解加工关键技术研究[D]. 南京:南京航空航天大学,2008.

[77] 李志永. 发动机叶片电解加工夹具结构设计与密封性能分析[J]. 润滑与密封,2007,32(1).

[78] 梅正蓉. 化学铣削在钛合金精锻叶片中的应用[J]. 材料保护,1991,24(4).

[79] 侯冠群. 宽弦空心风扇叶片制造工艺的发展[J]. 航空制造工程,1994(5).

[80] 周磊,李应红,马壮. 航空发动机风扇叶片两种表面处理方法对比[J]. 航空精密制造技

术,2007,43(3):6.

[81] 马壮,李应红. 航空发动机叶片激光冲击强化机制研究[J]. 航空维修与工程,2007(4).

[82] 姚汪兵. 热障涂层失效过程的声发射检测及统计分析[D]. 湘潭:湘潭大学,2012.

[83] 苏高峰,张秋菊,陈福兴. 叶片型面误差的数控砂带磨削技术研究[J]. 汽轮机技术,2005,47(2):4.

[84] 李海宁,赵赟,史耀耀,等. 航空发动机风扇/压气机叶片制造关键技术[J]. 航空制造技术,2013(16).

[85] 姜雪梅,赵鹏飞. 航空发动机关键转动部件加工技术[J]. 航空制造技术,2014(7).

[86] 李嘉荣,熊继春,唐定中. 先进高温结构材料与技术(下)[M]. 北京:国防工业出版社,2012.

[87] 吴凯,刘国权,等. 新型涡轮盘用高性能粉末高温合金的研究进展[J]. 中国材料进展,2010,29(3).

[88] 《国际航空》编辑部. 斯贝 MK202 发动机应力标准[M],1979.

[89] 《透平机械现代制造技术丛书》编委会. 盘轴制造技术[M]. 北京:科学出版社,2002.

[90] 杨老记,李俊武. 简明机械制图手册[M]. 北京:机械工业出版社,2009.

[91] 曹福泉. 压气机盘燕尾槽的拉削[J]. 机械设计与制造,1991(3).

[92] 冯朝晖,唐志今,郝树本. 钛合金锻造工艺的现状和发展[J]. 金属成形工艺,1998,16(3).

[93] 倪小丹,杨继荣,熊运昌,等. 机械制造技术基础[M]. 北京:清华大学出版社,2007.

[94] He Xinlong, Yang Xinqi, Zhang Guodong, et al. Quenching Microstructure and Properties of 300M Ultra-high Strength Steel Electron Beam Welded Joints [J]. Materials and Design, 2012, 40:386-391.

[95] 王洪光. 特种焊接技术[M]. 北京:化学工业出版社,2009:1.

[96] 黄春峰. 现代航空发动机整体叶盘及其制造技术[J]. 航空制造技术,2006(4).

[97] 张海燕,张连锋. 航空发动机整体叶盘制造技术国内外发展概述[J]. 航空制造技术,2013(23/24).

[98] 《航空制造工程手册》总编委会. 航空制造工程手册——热处理[M]. 北京:航空工业出版社,1993.

[99] 刘珍余. 低压涡轮轴整体锻件的成形工艺及模具设计[J]. 第八届全国塑性加工学术年会论文集,2002(11).

[100] 胡正根. 航空渐开线花键副微动损伤研究[D]. 南京:南京航空航天大学,2013.

[101] 刘志奇. 花键轴冷滚压精密成形理论与实验研究[D]. 兰州:兰州理工大学,2012.

[102] 史前凯,郑琪然,肖丹. 多功能轴的工艺研究[J]. 第五届中国航空学会青年科技论坛,2012(8).

[103] 刘贵生,王俊秋. 轴类零件大批量调质的质量控制[J]. 金属加工(热加工),2010(9).

[104] 《航空制造工程手册》总编委会. 航空制造工程手册——表面处理[M]. 北京:航空工业出版社,1993.

[105] 徐金梅,师俊东,王传滨,等. 大型薄壁铝合金机匣外环加工工艺[J]. 航空制造技术,2014(4).

[106] 张春华,袁仲欣,程卫祥. 低压二级机匣变形控制的工艺研究[J]. 沈阳:第六届中国航空

学会青年科技论坛，2014(6).

[107] 陈震，王铁军，屠晓林，等.K4169 合金涡轮后机匣整体精铸工艺研究[J].第十二届全国铸造年会暨 2011 中国铸造活动周论文集,2011.

[108] 曲伸,宋文清,倪建成,等.大型薄壁复杂结构机匣类零件自动化焊接技术综述[J].金属加工(热加工),2013(2).

[109] 王先逵.机械制造工艺学[M].北京:机械工业出版社,2007.

[110] 《航空制造工程手册》总编委会.航空制造工程手册:发动机装配与试车[M].北京:航空工业出版社,1996.

[111] 李喜桥.加工工艺学[M].北京:北京航空航天大学出版社,2009.

[112] 吴宗泽.机械设计师手册[M].北京:机械工业出版社,2009.

[113] 宁广庆.机械制造质量控制技术基础[M].北京:北京航空航天大学出版社,2007.

[114] 于文怀.装配试车技术[M].北京:科学出版社,2002.

[115] 李瑞琴.机械原理[M].北京:国防工业出版社,2008.

[116] 张应龙.机械设备的装配与检修[M].北京:化学工业出版社,2007.

[117] 刘泽九.滚动轴承应用[M].北京:机械工业出版社,2007.

[118] 王红军.滚动轴承测试技术[M].北京:机械工业出版社,2008.

[119] 黄世强.胶粘剂及其工程应用[M].北京:机械工业出版社,2006.

[120] 曾正明.机械工程材料手册[M].北京:机械工业出版社,2003.

[121] 肖陵.热能动力机械工艺学[M].北京:北京航空航天大学出版社,1993.

[122] 康筱纯,吴虎.航空发动机原理[M].西安:西北工业大学出版社,2005.